Spring Cloud Alibaba

微服务开发 （视频教学版）

零基础入门到实操

孙卫琴◎编著

U0303932

清华大学出版社
北京

内 容 简 介

本书以技术新手阿云的巧妙提问和答主的点睛指导为引线，以Spring Cloud Alibaba微服务开发框架为脉络，带领读者全面系统地探索Spring Cloud Alibaba微服务开发过程中应用到的技术和解决方案。本书技术包含了各种组件及框架的用法，包括注册和配置中心Nacos、负载均衡器LoadBalancer、远程调用组件OpenFeign、远程调用框架Dubbo、流量控制组件Sentinel、网关组件GateWay、消息驱动框架Stream及消息中间件RocketMQ、链路追踪组件SkyWalking、分布式事务管理框架Seata、分库分表中间件ShardingSphere、分布式缓存数据库Redis、分布式任务调度框架XXL-JOB。

技术新手阿云在开发过程中的巧妙提问，能够激发读者主动学习的兴趣；而答主的巧妙解答和本书知识结构的设计，把看似深奥复杂的分布式微服务系统如庖丁解牛般解析得浅显易懂。本书不仅详细介绍了各种组件及框架技术的使用步骤，而且运用了许多生动形象的生活化比喻，帮助读者理解这些技术的运作原理。

本书中的范例具有实用性，整合了Spring Boot、Spring Cloud Alibaba、Hibernate、Mybatis、DruidDataSource、HikariDataSource、lombok软件包、SLF4J等流行的框架或工具软件。

本书主要面向具有Java编程基础的开发人员和在校学生。对于不熟悉Java编程的读者，通过阅读本书，也能了解Spring Cloud Alibaba框架的基本用法和微服务开发的核心思想。本书还可作为高校和企业的微服务开发教材。

版权所有，侵权必究。举报：010-62782989，beiqinquan@tup.tsinghua.edu.cn。

图书在版编目（CIP）数据

Spring Cloud Alibaba 微服务开发零基础入门到实操：

视频教学版 / 孙卫琴编著. -- 北京：清华大学出版社，

2024.9. -- ISBN 978-7-302-67400-9

Ⅰ. TP368.5

中国国家版本馆 CIP 数据核字第 2024FE0155 号

责任编辑：袁金敏
封面设计：杨纳纳
责任校对：徐俊伟
责任印制：杨 艳

出版发行：清华大学出版社
    网 址：https://www.tup.com.cn，https://www.wqxuetang.com
    地 址：北京清华大学学研大厦 A 座   邮 编：100084
    社 总 机：010-83470000   邮 购：010-62786544
    投稿与读者服务：010-62776969，c-service@tup.tsinghua.edu.cn
    质 量 反 馈：010-62772015，zhiliang@tup.tsinghua.edu.cn
印 装 者：定州启航印刷有限公司
经 销：全国新华书店
开 本：190mm×235mm **印 张：**23 **字 数：**572 千字
版 次：2024 年 11 月第 1 版 **印 次：**2024 年 11 月第 1 次印刷
定 价：89.80 元

产品编号：108154-01

前　言

扫一扫，看视频

在传统的 Web 应用中，只用一台 Web 服务器响应各种各样的客户请求。熟悉 Java Web 开发技术的软件工程师阿云在这种 Web 服务器中开发了一个购物网站，如图 1 所示。该购物网站被应用发布到 Web 服务器中后，很多客户通过浏览器访问购物网站，浏览器与购物网站之间通过 HTTP（超文本传输协议）进行通信。

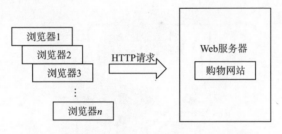

图 1　浏览器与购物网站之间通过 HTTP 通信

随着该购物网站的蓬勃发展，每日访问量由最初的数千人增加到数百万人。为了保证快速响应每个客户的请求，购物网站与时俱进地改进其软件和硬件，如优化访问数据库的性能，将购物网站发布到高性能的服务器中。

即便如此，在"双 11"时，该购物网站还是遇到了瓶颈，服务器马不停蹄地运转，还是应接不暇，无法及时响应每个客户的请求。

阿云: "服务器已经开足马力运行，还是来不及同时响应几十万名客户的并发请求，有什么解决办法来突破瓶颈呢?"

答主: "在现实生活中，如果一个人无法及时完成一个任务，就把该任务划分成多个子任务，分派给多个人同时执行，这样就能及时完成任务了。解决购物网站并发访问的瓶颈，也可以采取同样的思路，把购物网站的服务拆分成多个微服务，这些微服务分布在多台主机中，由多台主机同时执行，就能及时响应更多客户的请求了。"

如图 2 所示，购物网站的服务被拆分成用户管理、订单管理、商品管理、库存管理等微服务模块，把这些微服务模块部署到多台主机上各自独立运行，就能同时为更多的客户提供服务，从而提高购物网站的并发性能和运行性能。

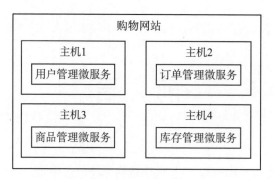

图 2　把购物网站的服务划分成多个微服务

　　阿云："如图 3 所示，从一个网站的业务中拆分出多个微服务，就像把一个西瓜切成好多份，看起来很简单。"

图 3　拆分微服务就像切西瓜

　　答主："切西瓜的比喻很形象。但在具体开发时，会遇到很多复杂的问题。例如，业务逻辑之间有着千丝万缕的联系，如何划分和开发微服务呢？此外，微服务需要部署到什么样的容器中，客户端如何访问微服务，微服务之间又如何相互通信呢？"

　　阿云："这倒也是，微服务分布在不同的主机中，它们的通信比独立的单体应用程序内部模块之间的通信要复杂很多。如果有现成的分布式微服务框架可以使用，就能大大提高开发效率。"

　　答主："那就要请出本书的主角 Spring Cloud Alibaba 框架，本书将揭开使用该框架开发微服务的神秘面纱。"

　　阿云："学习本书内容需要具备什么预备知识呢？"

　　答主："需要熟悉 Java 语言、Java Web 开发、Spring 框架和 Spring Boot 技术。假如仅仅熟悉 Java 语言，也可以阅读本书，不过在动手实践时，还要自行学习相关的 Java Web 开发和 Spring 框架知识，才能熟练地开发和部署微服务。在我写的《精通 Spring：Java Web 开发技术详解》一书中，详细介绍了用 Spring 框架开发 Java Web 应用的技术。"

　　阿云："我的一些同事熟悉其他编程语言，但是不熟悉 Java，他们也能看得懂本书吗？"

　　答主："本书不仅介绍如何编写微服务的程序代码，还介绍了 Spring Cloud Alibaba 框架中各种组件的运行原理、作用和配置，这部分内容适用于所有希望学习微服务开发知识的读者。"

本书资源及服务

本书的学习资源包括本书关键知识点的讲解视频和源代码，读者可以使用手机扫描书中的二维码进行观看，也可以扫描以下资源链接二维码获取本书的代码资源。

作者为本书提供了技术支持网站，该网站提供了与本书相关的学习资源，以及书中提及的软件下载链接地址（分别以链接 1、链接 2、链接 3 等形式标明），请扫描以下技术支持二维码获取相关资源。

作者在写作过程中虽力求严谨细致，但由于时间与精力有限，书中疏漏之处在所难免。如果读者在阅读过程中有任何疑问，也请通过扫描以下技术支持二维码与我们取得联系。

资源链接二维码　　　　　　　　技术支持二维码

本书能够顺利出版，是作者、编辑和所有审校人员共同努力的结果，在此表示深深的感谢。同时，祝福所有读者在职场中一帆风顺。

编　者

2024 年 9 月

目　录

第1章　微服务简介

阿云："在 Java 开发领域中，'服务'这个词在各种场合频频亮相，小小的 Java 对象会对外提供服务，庞大的服务器也会向客户端提供服务。微服务是以什么作为参考体系，来体现它的微小呢？"

答主："把一个软件应用对外提供的整体服务作为参考体系，其局部的实现特定业务逻辑的服务就是微服务了。"

本章将介绍微服务的概念与特征、Spring Cloud Alibaba 框架的基本组成，以及搭建微服务的开发和运行环境的步骤等。

1.1　微服务的概念与特征

扫一扫，看视频

微服务是指从软件应用中拆分出来的模块，这种模块具有相对独立的业务功能，能被客户程序访问，模块之间也能互相访问。

微服务这个词最早由著名的 OO（Object Oriented，面向对象）专家 Martin Fowler（马丁·福勒）提出，他归纳了微服务的基本特征：

- 微服务按照业务进行划分。
- 微服务运行在独立的进程中。
- 微服务采用简单协议通信。
- 微服务采用统一的管理框架。

1.1.1　微服务按照业务进行划分

微服务是高度组件化的模块，提供了稳定的模块边界，微服务相对独立，具有优良的扩展性和复用性。

微服务通常按照业务进行划分。一个大的业务可以拆分成若干小的业务，一个小的业务又可以拆分成若干更小的业务。业务到底怎么拆分才合适，这取决于软件应用的实际需求，由开发人员自己决定。例如，购物网站最常见的业务有用户管理、订单管理、商品管理等，其中用户管理业务又分为用户注册和登录验证、积分和信用管理、会员充值等子业务。如何将复杂的业务划分为多个微服务，是由开发团队决定的。

传统的单体软件应用大致分为 UI 客户层、服务层和数据库层，与此对应，开发团队划分为

UI 团队、服务端团队和数据库团队。

当采用分布式的微服务架构时，每个微服务都有自己的 UI 客户层、服务层和数据库层，如图 1.1 所示。这就要求开发每个微服务的团队都要承担开发 UI 界面、服务端以及维护数据库的职责。

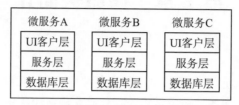

图 1.1　在分布式的微服务架构中，每个微服务都独立分层

1.1.2　微服务运行在独立的进程中

对于单体的 Web 应用，整个应用运行在一个进程中。而在分布式的微服务架构中，每个微服务运行在独立的进程中，这样便于把微服务部署到单独的主机中，所在主机能为微服务提供软件和硬件资源。

1.1.3　微服务采用简单协议通信

微服务的通信采用提供者 / 消费者（Provider/Consumer）模式。到底谁是提供者，谁是消费者，这是相对的。当微服务 A 访问微服务 B 时，微服务 A 就是消费者，微服务 B 就是提供者；当微服务 B 访问微服务 A 时，微服务 B 就是消费者，微服务 A 就是提供者，如图 1.2 所示。

微服务A ←─访问─→ 微服务B

图 1.2　访问服务的一方是消费者，提供服务的一方是提供者

阿云："微服务的提供者和消费者之间如何进行远程通信呢？"

答主："消费者与提供者为了能读懂彼此发送的数据，就需要遵循相同的协议。由于消费者发出请求，提供者返回响应的通信模式与 HTTP 协议的请求 / 响应模式刚好吻合，因此就采用在互联网中非常流行的 HTTP 协议进行通信。"

阿云："使用现成的 HTTP 协议有什么优势呢？"

答主："假如你要给朋友发送一个快递，你是优先考虑自己开发一套物流系统，还是采用现有的非常普及且便捷高效的物流系统呢？"

阿云："当然是优先考虑现有的物流系统。"

答主："微服务的通信也是如此。直接把微服务部署到已经成熟的 HTTP 服务器中，就像搭载了一辆顺风车，可以借助 HTTP 服务器在互联网中畅通无阻。"

阿云："假如微服务的提供者和消费者用不同的编程语言开发，或者运行在不同的操作系统中，也能互相通信吗？"

答主："也能互相通信，因为 HTTP 协议本身与编程语言或操作系统无关。"

> **📢 提示**
>
> 　　除了 HTTP 协议，微服务之间还可以使用其他协议进行通信。第 7 章中介绍的 Dubbo 为微服务提供了基于 dubbo 通信协议的远程调用框架。

　　如图 1.3 所示，消费者发送的是遵循 RESTFul 风格的 HTTP 请求，提供者发送的是遵循 RESTFul 风格的 HTTP 响应。为了叙述方便，把微服务使用的 HTTP 协议称为 RESTFul HTTP 协议。

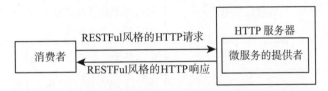

图 1.3　消费者与提供者之间的通信遵循 RESTFul HTTP 协议

　　采用 RESTFul 风格，可以让提供者和消费者发送的数据清晰地表达业务含义，让对方容易理解和处理。

> **📢 提示**
>
> 　　如果读者想了解 RESTFul 风格的 HTTP 请求和响应的具体格式，建议阅读作者编写的《精通 Spring：Java Web 开发技术详解》。

1.1.4　微服务采用统一的管理框架

　　答主："俗话说：一个和尚挑水喝，两个和尚抬水喝，三个和尚没水喝。你是如何理解的？"

　　阿云："当一个团队的人数越来越多时，就需要有统一的管理和协调机制。如果在管理方面存在疏漏，就会出现有的人闲得发慌，而有的人忙得要命的糟糕局面，导致整个团队的工作效率很低，甚至无法正常运转。"

　　答主："同样，把一个软件应用拆分成许多微服务后，统一的管理也至关重要。"

　　在管理微服务时，到底要管理哪些内容，又由谁来管理呢？表 1.1 列出了管理微服务所涉及的主要内容以及承担管理功能的组件。

表1.1　管理微服务所涉及的主要内容以及承担管理功能的组件

管理微服务所涉及的主要内容	承担管理功能的组件	说　明
注册微服务	微服务注册中心	所有的微服务向注册中心注册。注册中心记录每个微服务的信息，并且跟踪它们的状态。消费者通过该中心获得所有微服务的列表
配置微服务	微服务配置中心	所有的微服务通过配置中心进行配置，这种方式便于统一管理所有的配置信息

续表

管理微服务所涉及的主要内容	承担管理功能的组件	说　明
远程调用微服务	远程调用组件	作为消费者的微服务通过专门的远程调用接口访问作为提供者的微服务
流量控制和容错	流量控制组件	控制微服务的调用流程，当一个微服务发生故障时，通过熔断防止故障的传播，降低对整个系统正常运转造成的负面影响
负载均衡	负载均衡器	协调各个微服务所承受的负载
网关	网关组件	网关位于客户端和微服务之间，所有的客户请求先经过网关再派发到相应的微服务，就能由网关对客户请求进行安全验证、过滤、限流以及记录日志等
链路追踪	链路追踪组件	一个微服务为了响应客户的请求，有时会调用另一个微服务。微服务之间的互相调用就形成了链路。链路追踪组件用于监控链路的运行状态，及时发现链路中特定节点发生的故障
消息传送	消息中间件	负责微服务架构中各个组件之间系统性消息的传送。例如，配置文件的更新就属于系统性消息
管理分布式事务	分布式事务管理组件	当分布在不同主机上的微服务需要合作完成同一个事务时，就构成了分布式事务。分布式事务管理组件能确保事务的安全提交或回滚

扫一扫，看视频

1.2　Spring Cloud 框架概述

阿云：“微服务的管理组件从何而来，也需要自己开发吗？这个难度太大了。”

答主：“有一些开源组织或软件公司已经开发了开源的或商业的微服务管理组件，它们各司其职，有的负责注册微服务，有的负责负载均衡，有的负责远程调用微服务，有的负责管理分布式事务等。”

阿云：“要把这些管理组件整合起来，也是很麻烦的事。有没有已经整合好的现成框架呢？”

答主：“Spring Cloud 就是现成的框架，它借助 Spring Boot 来整合各个管理组件，形成了完整的微服务框架。有了 Spring Cloud 框架，就可以确保开发团队把主要精力用于开发与特定业务领域相关的微服务。”

Spring Cloud 框架涉及的管理组件主要由三个软件开发组织提供：Spring 开源组织、Netflix 公司、阿里巴巴公司。表 1.2 列出了这三大组织以及其他第三方组织为 Spring Cloud 框架提供的常用微服务管理组件。

表1.2　Spring Cloud框架的常用微服务管理组件

管理组件	Spring 开源组织	Netflix 公司	阿里巴巴公司	其他第三方组织
微服务注册中心	Consul	Eureka	Nacos	—
微服务配置中心	ConfigServer	—	Nacos	—
远程调用组件	OpenFeign	Feign	Dubbo	—
流量控制组件	—	Hystrix	Sentinel	—
负载均衡器	LoadBalancer	Ribbon	Dubbo	—
网关组件	Gateway	Zuul	—	—
链路追踪组件	Sleuth	—	—	SkyWalking（Apache 开源组织提供）
消息中间件	Stream	—	RocketMQ	RabbitMQ（最初由 Rabbit 公司提供）Kafka（Apache 开源组织提供）
分布式事务管理组件	—	—	Seata	—

　　OpenFeign、LoadBalancer 等属于微服务管理组件，而 Sentinel 和 Dubbo 等更确切地说，是属于 Spring Cloud 框架中的分支框架。本书后面章节会对这些组件以及分支框架进行详细介绍。

1.3　Spring Cloud Alibaba 框架概述

扫一扫，看视频

　　狭义地理解，Spring Cloud Alibaba 是指由阿里巴巴公司开发的一系列微服务管理组件，如 Nacos、Dubbo 和 Sentinel 等。广义地理解，Spring Cloud Alibaba 是指以阿里巴巴公司开发的微服务管理组件为主导，并整合 Spring 开源组织、Netflix 公司以及其他第三方提供的微服务管理组件共同搭建的微服务框架。

　　阿云："不同组织开发的微服务管理组件是否互相兼容呢？面对各种微服务管理组件，到底该如何搭配，才能搭建出互相兼容的 Spring Cloud Alibaba 框架？"

　　答主："微服务管理组件之间有些可以兼容，有些不可以兼容。微服务管理组件本身也在不断更新换代，因此没有一成不变的搭配套餐。不过，在任何时候，业界都会推出经过实践证明的优质'全家桶套餐'。"

　　阿云："Spring Cloud Alibaba 框架与其他的微服务框架相比，有什么突出的优势吗？"

　　答主："多数微服务框架中的组件都是由国外的软件开发组织开发的，而 Spring Cloud Alibaba 框架中的许多组件是由国内的阿里巴巴公司开发的，它们经过了淘宝'双11'的亿级流量数据的考验。俗话说，实践出真知，Spring Cloud Alibaba 框架在实践中不断完善并得到检验，是大家公认的性能卓越的微服务框架。"

　　以下是本书中将要介绍的 Spring Cloud Alibaba 框架的"全家桶套餐"。

- 微服务注册中心：Nacos。
- 微服务配置中心：Nacos。
- 负载均衡器：LoadBalancer。
- 远程调用框架及组件：Dubbo 和 OpenFeign。
- 流量控制组件：Sentinel。
- 网关组件：Gateway。
- 消息驱动框架及消息中间件：Stream 和 RocketMQ。
- 链路追踪组件：SkyWalking。
- 分布式事务管理组件：Seata。

除了上述组件，本书还会介绍分库分表中间件 ShardingSphere、分布式缓存数据库 Redis、分布式任务调度框架 XXL-JOB 的用法。尽管这些软件不是 Spring Cloud Alibaba 框架的标配，但也常常整合其中，以提高分布式微服务的功能和运行性能。

扫一扫，看视频

1.4　各种软件的版本匹配

Spring Cloud Alibaba 框架依赖 Spring Cloud 和 Spring Boot，要求三者的软件版本匹配，才能顺利地整合到一起。介绍这三者的软件版本匹配关系的网址见本书技术支持网页的【链接 1】。访问该网址，会显示图 1.4 所示的版本匹配信息，这些信息会随着软件本身的升级而实时更新。

Spring Cloud Alibaba 版本	Spring Cloud 版本	Spring Boot 版本
2022.0.0.0*	Spring Cloud 2022.0.0	3.0.2
2022.0.0.0-RC2	Spring Cloud 2022.0.0	3.0.2
2022.0.0.0-RC1	Spring Cloud 2022.0.0	3.0.0

图 1.4　Spring Cloud Alibaba、Spring Cloud、Spring Boot 的版本匹配关系

在以上网址中，还列出了 Spring Cloud Alibaba 框架和各个微服务管理组件的版本的匹配关系，如图 1.5 所示。

Spring Cloud Alibaba 版本	Sentinel 版本	Nacos 版本	RocketMQ 版本	Dubbo 版本	Seata 版本
2022.0.0.0	1.8.6	2.2.1	4.9.4	~	1.7.0
2022.0.0.0-RC2	1.8.6	2.2.1	4.9.4	~	1.7.0-native-rc2
2021.0.5.0	1.8.6	2.2.0	4.9.4	~	1.6.1
2.2.10-RC1	1.8.6	2.2.0	4.9.4	~	1.6.1

图 1.5　Spring Cloud Alibaba 框架和各个微服务管理组件的版本的匹配关系

扫一扫，看视频

1.5　搭建微服务的开发和运行环境

本书选用 Intellij IDEA 作为微服务的开发平台。此外，在 Spring Cloud Alibaba 框架中，Nacos 服务器是最核心的微服务管理组件。在运行微服务之前，要确保已经安装了 Nacos 服务器，并且先启动该服务器。

1.5.1　安装 Intellij IDEA

Intellij IDEA 是一个功能强大的 Java 软件开发工具，它能够与 Spring、ANT、Maven、Tomcat 等多种 Java 软件整合，为软件开发提供统一便捷的开发环境。以下将 Intellij IDEA 简称为 IDEA。

IDEA 的官方下载网址参见本书技术支持网页的【链接 2】。IDEA 的安装软件分为两种：终极商用版和社区免费版。读者可以从官网下载终极商用版的 30 天试用版，也可以下载社区免费版。本书中提供的 IDEA 界面图都来自终极商用版。

默认情况下，IDEA 的终极商用版集成了 Spring Boot，而社区免费版没有集成 Spring Boot。如果读者使用的是社区免费版，在安装 IDEA 后，还需要安装 Spring Assistant 插件。在 IDEA 中选择菜单 File → Settings → Plugins，即可安装 Spring Assistant 插件，如图 1.6 所示。

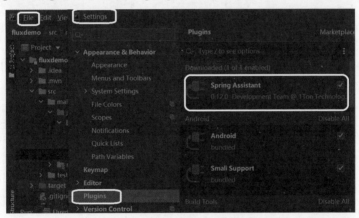

图 1.6　安装 Spring Assistant 插件

Spring Assistant 会启用 Spring Boot 工具。Spring Boot 为开发微服务及整合各种微服务管理组件提供了自动部署功能。

1.5.2　为 IDEA 配置 Maven

IDEA 集成了 Maven，通过 Maven 来管理软件项目的依赖类库。在开发采用 Spring Cloud Alibaba 框架的项目时，需要加载很多依赖类库。在实际开发中，用户会遇到类库的版本不匹配，或者无法从远程下载类库等问题，从而导致 Maven 无法解析 pom.xml 文件中的依赖配置，或者在程序运行时抛出 ClassNotFoundException、MethodNotFoundException 等异常。

为了顺利地下载各种依赖类库，读者可以按照以下步骤为 IDEA 配置 Maven，加入依赖类库的仓库镜像。

（1）Maven 的官网地址参见本书技术支持网页的【链接 3】，从该网址下载 Maven 安装压缩包。

（2）把 Maven 安装压缩包解压到本地，假定根目录为 C:\maven。

（3）修改 C:\maven\conf\settings.xml 配置文件，增加如下配置代码，指定下载依赖类库的阿里云镜像网址。

```
<mirrors>
<!-- 指定从网上下载依赖类库的阿里云镜像网址 -->
<mirror>
  <id>alimaven</id>
  <name>aliyun maven</name>
  <url>
http://maven.aliyun.com/nexus/content/groups/public/
  </url>
  <mirrorOf>central</mirrorOf>
</mirror>
...
</mirrors>
```

当 settings.xml 中配置了多个镜像时，优先从前面的镜像中下载依赖类库，如果找不到，再从后面的镜像中下载。

（4）选择 IDEA 中的菜单 File → Settings → Build,Execution,Deployment → Build Tools → Maven，指定 Maven 的配置文件的路径，以及本地仓库的根目录，如图 1.7 所示。

图 1.7　设置 IDEA 的 Maven 的配置文件

图 1.7 中的 Local repository 选项指定 Maven 所下载的依赖类库文件的存放路径，可以采用默认值，也可以指定其他的存放路径。

做好上述设置后，IDEA 自带的 Maven 就会使用指定的 settings.xml 配置文件来管理软件项目的依赖类库了。图 1.7 中的 Maven home path 选项采用默认值，表示采用 IDEA 自带的 Maven，也可以把该选项设为外部 Maven 的根目录，即 C:\maven，这样就会使用外部的 Maven。

1.5.3　安装和启动 Nacos 服务器

Nacos 是阿里巴巴公司推出的一个开源项目，它是微服务的注册中心和配置中心。Nacos 的官网地址参见本书技术支持网页的【链接 4】，该网站中提供了 Nacos 的使用说明文档。

1. 安装 Nacos 服务器

安装 Nacos 服务器的步骤如下：

（1）下载 Nacos 的安装压缩包，下载网址参见本书技术支持网页的【链接 5】。

（2）把 Nacos 的安装压缩包（nacos-server-2.2.3.zip）解压到本地。

（3）在操作系统中把 JAVA_HOME 系统环境变量设为 JDK 的安装根目录，如图 1.8 所示。Nacos 本身用 Java 语言开发，需要依靠 JDK 来启动。

图 1.8 设置 JAVA_HOME 系统环境变量

2. 启动 Nacos 服务器

在 DOS 命令行窗口中转到 Nacos 的 bin 目录下，执行如下命令，启动 Nacos 服务器：

```
startup -m standalone
```

以上命令中的 -m standalone 参数是在单机环境中必须提供的参数，如果是在集群环境中，则无须提供这一参数。

1.5.4 访问 Nacos 服务器的管理平台

Nacos 服务器在其实现中嵌入了 Tomcat，默认的监听端口为 8848。Nacos 服务器有一个网页版的管理平台，该管理平台的网址如下：

```
http://localhost:8848/nacos
```

Nacos 服务器的管理平台的默认用户名和口令都是 nacos。在登录窗口中输入默认的用户名和口令，就会登录到该管理平台，如图 1.9 所示。

图 1.9 Nacos 服务器的管理平台

1.5.5 查看 Nacos 服务器的日志

Nacos 服务器在运行中把日志写到 logs 目录下。通过查阅该目录下的 nacos.log 等日志文件,用户可以跟踪 Nacos 服务器的运行状态。

扫一扫,看视频

1.6 云原生的概念

技术的变革,一定是思想先行。伴随云计算的滚滚浪潮,云原生(CloudNative)的概念应运而生。云原生是一种构建和运行应用程序的方法,是一套技术体系和方法论。从字面意思上讲,它包含以下两个部分。

- 云(Cloud):和本地对应,传统的应用运行在本地服务器上,而现在的许多应用会选择运行在云端,即分布式的网络架构中。
- 原生(Native):出生时的定位。云和原生组合起来,意味着开发人员在设计开发应用时,就考虑到应用将来会运行在云环境中,会充分运用云资源的优势。

如图 1.10 所示,云原生可以简单概括为以下 4 个技术要点。

- 微服务:把软件应用拆分成多个微服务。每个微服务都独立部署,这样,当一个微服务出现问题时,其他微服务还能正常对外提供服务。
- DevOps:包含开发和运维两个方面。开发和运维不再分开,而是一个整体。
- 持续交付:在不影响用户使用服务的前提下,持续把新功能发布给用户使用。
- 容器化:容器为微服务提供实施保障,起到对应用的隔离作用。每个服务都能被无差别地部署到容器里,而且容器可以无差别地对其进行管理和维护。

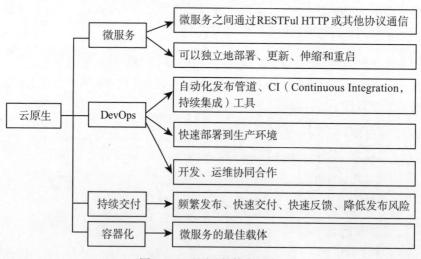

图 1.10 云原生的技术要点

1.7 小 结

答主："随着建筑业的迅猛发展，盖楼的速度越来越快。三年可以建造一栋摩天大楼，一周就可以盖好一层。一个庞大建筑用如此短的时间建成，有什么诀窍呢？"

阿云："采用统一的框架结构，进行模块化部署，整合第三方的现成材料和部件，实施流水线操作。"

阿云："纵观近三十年来 Java 软件开发技术的发展，软件行业和建筑行业的发展有一些共同特点，可以总结一下吗？"

阿云："都是同时往宏观和微观两个方向发展。对于软件应用，在宏观方面，软件应用的规模越来越庞大，要处理大数据、高并发请求、高吞吐量、海量运算；在微观方面，软件应用内部的结构越来越精细，先划分成颗粒度的微小模块，再进行整合。"

答主："古人说其大无外，其小无内。大和小是对立统一的。越是庞大的软件体系，越需要精细的、相对独立的微小模块来整合，便于软件开发的分工、代码的可重用以及可维护，提高软件开发效率。微服务就是对软件应用中最核心的业务逻辑进行精细分割的产物。"

第2章 范例：helloapp 项目

阿云："我对微服务的概念和原理已经略有所知。俗话说，百闻不如一见。用 Java 语言实现的微服务到底长什么样呢？"

答主："本章会创建一个简单的 helloapp 项目，隆重邀请微服务登台亮相。"

helloapp 项目包括两个模块：hello-provider 模块和 hello-consumer 模块。1.1.3 小节已经介绍了微服务的提供者和消费者的关系是相对的。本范例为了便于清晰地演示提供者和消费者的通信过程，固定了这两个模块的角色，由 hello-provider 充当提供者，hello-consumer 充当消费者。

如图 2.1 所示，hello-provider 提供打招呼的微服务，hello-consumer 向 hello-provider 发送一个用户名，hello-provider 就会返回字符串"Hello, 用户名"。

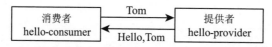

图 2.1 hello-consumer 访问 hello-provider 提供的打招呼微服务

2.1 提供者和消费者的通信及实现原理

扫一扫，看视频

阿云："在分布式的运行环境中，各台主机上运行着各自的微服务。hello-consumer 如何在微服务的网络世界里找到 hello-provider 呢？"

答主："在现实生活中，用户会通过 114 查询系统来查找一个机构的地址，获得了地址后，就能顺利地去访问特定机构了。114 查询系统之所以无所不知，是因为这些机构预先向 114 查询系统做了注册。Nacos 服务器就像 114 查询系统，hello-consumer 通过 Nacos 服务器获得 hello-provider 的网络地址。"

如图 2.2 所示，hello-provider 在启动时，会向 Nacos 服务器自报家门，注册自身。hello-consumer 通过 Nacos 服务器获得 hello-provider 的地址信息，然后访问 hello-provider。

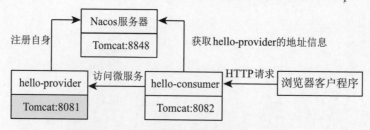

图 2.2 Nacos 服务器是微服务的注册中心

在图 2.2 中，Nacos 服务器、hello-provider 和 hello-consumer 都有相同的"坐骑":Tomcat。由于它们的"坐骑"都是 Tomcat，就能方便地通过 HTTP 协议进行通信。

阿云:"Nacos 服务器的 Tomcat 是内置的，那么 hello-provider 和 hello-consumer 的 Tomcat 从何而来呢?"

答主:"在通过 IDEA 创建 hello-provider 和 hello-consumer 模块时，只要为它们声明了 Spring Web 依赖，Spring Boot 就会为这两个模块配备 Tomcat。"

把 Tomcat 看作微服务的"坐骑"，是形象的比喻。实际上，Tomcat 充当了 hello-provider 和 hello-consumer 的容器，hello-provider 和 hello-consumer 都是运行在 Tomcat 中的 Spring Web 应用。因此，浏览器客户程序也能访问 hello-provider 和 hello-consumer 中的 Controller 控制器组件。

阿云:"既然 hello-provider 和 hello-consumer 只是普通的 Spring Web 应用，它们又是如何摇身一变，成了微服务的提供者和消费者呢?"

答主:"借助 Spring Boot 的强大整合能力，只要给 hello-provider 和 hello-consumer 增加一些与微服务相关的配置、依赖类库和注解，它们就变成了微服务的提供者和消费者。"

2.2 在 IDEA 中创建 helloapp 项目

扫一扫，看视频

在 IDEA 中选择菜单 File → New → Project → Spring Initializr，创建基于 Spring Boot 的 helloapp 项目，在配置窗口中设置项目的名字（Name）、根路径（Location）、包的名字（Package name）、JDK 的版本（JDK）等信息，如图 2.3 所示。

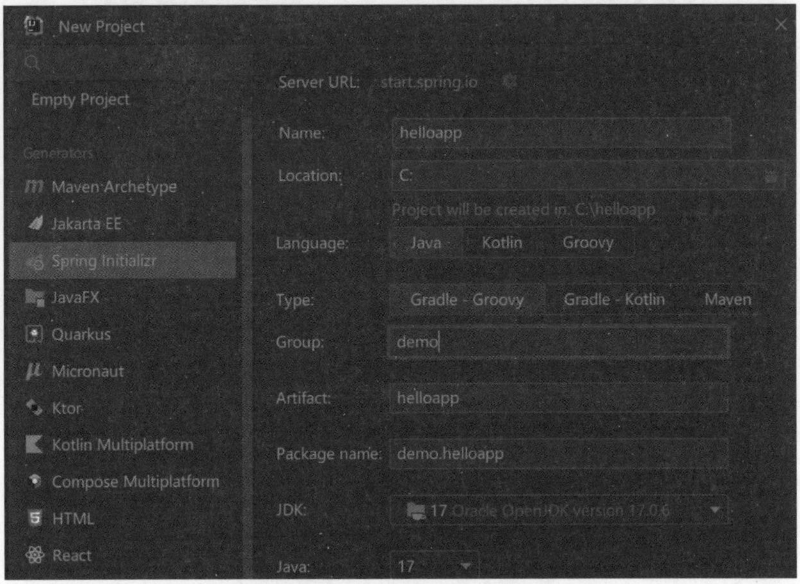

图 2.3 设置 helloapp 项目的基本信息

扫一扫，看视频

2.3　创建 hello-provider 模块

hello-provider 模块会提供打招呼的微服务，该模块主要包括以下内容。

（1）Maven 的配置文件 pom.xml：在该文件中配置与 Spring Cloud Alibaba 相关的依赖。

（2）HelloProviderApplication 类：hello-provider 模块的启动类，由 Spring Boot 自动创建。

（3）HelloProviderController 类：一个控制器类，提供打招呼的微服务。

（4）application.properties 配置文件：设置模块自身的 Tomcat 服务器以及 Nacos 服务器的信息。

2.3.1　在 IDEA 中创建 hello-provider 模块

在 IDEA 中创建 hello-provider 模块的步骤如下。

（1）在 IDEA 中选择菜单 File → New → Module → Spring Initializr，为 helloapp 项目增加一个 hello-provider 模块，在配置窗口中设置模块的名字（Name）、根路径（Location）、包的名字（Package name）、JDK 的版本（JDK）等信息，如图 2.4 所示。

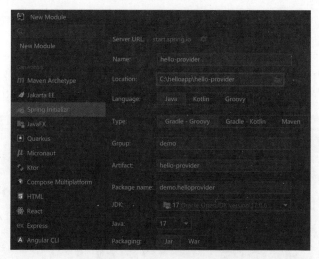

图 2.4　配置 hello-provider 模块

（2）在依赖配置窗口中添加 Spring Web 和 Cloud Bootstrap 依赖，如图 2.5 所示。

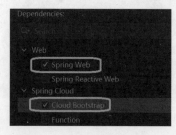

图 2.5　添加 Spring Web 和 Cloud Bootstrap 依赖

添加了 Spring Web 和 Cloud Bootstrap 依赖后，IDEA 会自动在 hello-provider 模块的 Maven 配置文件 pom.xml 中加入以下内容。

```
<dependency>
  <groupId>org.springframework.boot</groupId>
  <artifactId>spring-boot-starter-web</artifactId>
</dependency>

<dependency>
  <groupId>org.springframework.cloud</groupId>
  <artifactId>spring-cloud-starter</artifactId>
  <version>3.1.1</version>
</dependency>
```

在以上代码中，spring-boot-starter-web 启动器会为 hello-provider 模块自动装配 Spring Web 应用的开发和运行环境，引入 Spring Web 的类库，配备 Tomcat 容器；spring-cloud-starter 启动器会为 hello-provider 模块自动装配 Spring Cloud 框架的开发和运行环境，引入 Spring Cloud 框架的类库。

2.3.2　在 pom.xml 文件中添加 Spring Cloud Alibaba 依赖

下面修改 hello-provider 模块的 Maven 配置文件 pom.xml，参见例程 2.1，粗体字部分是新增加的配置代码。

例程 2.1　hello-provider 模块的 pom.xml

```
<?xml version="1.0" encoding="UTF-8"?>
<project …>
  <modelVersion>4.0.0</modelVersion>

  <parent>
    <groupId>org.springframework.boot</groupId>
    <artifactId>spring-boot-starter-parent</artifactId>
    <version>3.0.8</version>
    <relativePath/>
  </parent>

  <groupId>demo</groupId>
  <artifactId>hello-provider</artifactId>
  <version>0.0.1-SNAPSHOT</version>
  <name>hello-provider</name>
  <description>hello-provider</description>

  <properties>
```

```xml
            <java.version>17</java.version>
            <spring-cloud.version>
                2022.0.0
            </spring-cloud.version>
            <spring-cloud-alibaba.version>
                2022.0.0-RC2
            </spring-cloud-alibaba.version>
        </properties>

        <dependencies>
          <dependency>
              <groupId>org.springframework.boot</groupId>
              <artifactId>spring-boot-starter-web</artifactId>
          </dependency>

<dependency>
              <groupId>org.springframework.cloud</groupId>
              <artifactId>spring-cloud-starter</artifactId>
              <version>3.1.1</version>
          </dependency>

          <!-- Nacos Discovery组件 -->
          <dependency>
            <groupId>com.alibaba.cloud</groupId>
            <artifactId>
                spring-cloud-starter-alibaba-nacos-discovery
            </artifactId>
          </dependency>

          <dependency>
            <groupId>org.springframework.boot</groupId>
              <artifactId>
                spring-boot-starter-actuator
              </artifactId>
          </dependency>

          <dependency>
              <groupId>org.springframework.boot</groupId>
              <artifactId>spring-boot-starter-test</artifactId>
              <scope>test</scope>
          </dependency>
        </dependencies>

    <dependencyManagement>
```

```
    <dependencies>
      <dependency>
        <groupId>org.springframework.cloud</groupId>
        <artifactId>
          spring-cloud-dependencies
        </artifactId>
        <version>${spring-cloud.version}</version>
        <type>pom</type>
        <scope>import</scope>
  </dependency>

      <dependency>
        <groupId>com.alibaba.cloud</groupId>
        <artifactId>
          spring-cloud-alibaba-dependencies
        </artifactId>
        <version>
          ${spring-cloud-alibaba.version}
        </version>
        <type>pom</type>
        <scope>import</scope>
      </dependency>
    </dependencies>
  </dependencyManagement>
  ...
</project>
```

1.4 节介绍了各种软件的版本具有相应的匹配关系。在本范例中,JDK 的版本为 17,Spring Boot 的版本为 3.0.8,Spring Cloud 的版本为 2022.0.0,Spring Cloud Alibaba 的版本为 2022.0.0-RC。

在以上粗体字代码中,spring-cloud-alibaba-dependencies 的作用是为 hello-provider 模块引入 Spring Cloud Alibaba 框架的类库。

spring-cloud-starter-alibaba-nacos-discovery 启动器会自动装配 Nacos Discovery 组件,并为模块引入相关的依赖类库。Nacos Discovery 组件是 Nacos 服务器的客户端组件,微服务模块通过 Nacos Discovery 组件与 Nacos 服务器通信。

spring-boot-starter-actuator 启动器会自动装配 Spring Boot 的 Actuator 监控器。虽然 Actuator 监控器不属于 Spring Cloud Alibaba 框架,但是会负责监控微服务的特定端点(EndPoint)。

对于早期的 Spring Cloud Alibaba 框架,为了启用 Nacos Discovery 组件,还需要在 HelloProviderApplication 启动类中加入 @EnableDiscoveryClient 注解。

```
// 对于新版的 Spring Cloud Alibaba 框架,可以省略该注解
@EnableDiscoveryClient
```

```
@SpringBootApplication
public class HelloProviderApplication {
  public static void main(String[] args) {
    SpringApplication.run(HelloProviderApplication.class,args);
  }
}
```

对于新版的 Spring Cloud Alibaba 框架，不需要在启动类中显式地加入 @EnableDiscoveryClient 注解。因为 spring–cloud–starter–alibaba–nacos–discovery 启动器会自动启用 Nacos Discovery 组件。

Nacos Discovery 组件是 hello–provider 模块与 Nacos 服务器通信的桥梁，如图 2.6 所示。该组件的主要功能如下：

（1）在启动 hello–provider 模块时向 Nacos 服务器注册该模块。

（2）从 Nacos 服务器中订阅所有已经注册的微服务的列表信息。

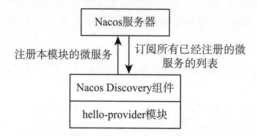

图 2.6　Nacos Discovery 组件是 hello–provider 模块与 Nacos 服务器通信的桥梁

阿云："pom.xml 文件中冗长的依赖配置代码靠死记硬背根本记不住，而且这些代码不是一成不变的，如果软件升级换代，它的配置代码也会发生更新。有什么窍门可以准确地编写配置代码吗？"

答主："首先要理解依赖配置代码的作用；然后在各个软件的官方网站的使用文档中查看软件的依赖配置代码。"

例如，在 Spring 的官网（http://spring.io）中，选择菜单 Projects → Spring Cloud → Spring Cloud Alibaba → LEARN，就会显示 Spring Cloud Alibaba 框架的使用文档，如图 2.7 所示。在这些文档中提供了 Spring Cloud Alibaba 框架的依赖配置代码。

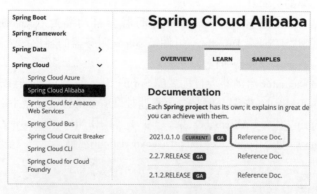

图 2.7　Spring Cloud Alibaba 框架的使用文档

阿云:"在 pom.xml 文件中设定了 hello-provider 模块所依赖的各个软件的版本,如何正确设置这些版本,确保软件互相兼容呢?"

答主:"1.4 节列出了各种软件之间的版本匹配。"

2.3.3　创建控制器类 HelloProviderController

HelloProviderController 类利用 Spring Web API 中的 @RestController 注解,声明自身是一个遵循 RESTFul 风格的控制器类,参见例程 2.2。

例程 2.2　HelloProviderController.java

```java
@RestController
public class HelloProviderController {
  @GetMapping(value = "/greet/{username}")
  public String greet(@PathVariable String username) {
    return "Hello," + username;
  }
}
```

HelloProviderController 类只是一个普通的基于 Spring Web 的控制器组件,它的 greet() 方法具有打招呼的功能。如图 2.8 所示,用户通过浏览器就能直接访问 greet() 方法,访问该方法的 URL 为 http://localhost:8081/greet/Tom,其中 Tom 是发送给 greet() 方法的 username 参数的值。

图 2.8　通过浏览器访问 greet() 方法

阿云:"HelloProviderController 类可以向浏览器返回 HTTP 响应,又如何为 hello-consumer 模块提供微服务呢?"

答主:"当 HelloProviderController 类置于 Spring Cloud Alibaba 框架中时,就变成了微服务的提供者。hello-consumer 模块无须借助浏览器,也能远程调用 HelloProviderController 类的 greet() 方法。"

在图 2.9 中,浏览器程序和 hello-consumer 模块都会访问 HelloProviderController 类的 greet() 方法。浏览器程序和 HelloProviderController 类之间进行的是最原始的 HTTP 通信,而 hello-consumer 模块通过 Spring Cloud Alibaba 框架远程调用 greet() 方法,使 greet() 方法成为提供微服务的方法。

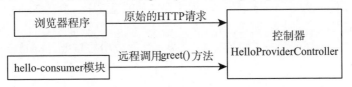

图 2.9　浏览器程序和 hello-consumer 模块以不同的方式访问 HelloProviderController

阿云："在实际应用中，微服务都是由控制器类来实现的吗？"

答主："确切地说，控制器类只是微服务的调用入口。在 Spring Web MVC（Model-View-Controller，模型－视图－控制器）框架中，微服务通常由模型层的业务逻辑组件来实现，而控制器类会调用业务逻辑组件的特定方法对外提供服务。"

2.3.4　在 application.properties 文件中配置微服务

阿云："如何配置 hello-provider 模块所在的 Tomcat 容器以及所注册的 Nacos 服务器？"

答主："需要在 application.properties 配置文件中设定 hello-provider 模块的 Tomcat 容器所监听的端口，以及 Nacos 服务器的网络地址。做好这些配置后，Spring Cloud Alibaba 框架就会负责 hello-provider 模块与 Nacos 服务器的通信。"

> **📢 提示**
>
> Spring 框架还支持 YAML 格式的配置文件，它的配置代码比较简洁，这也是目前很流行的配置格式。本书后面章节中的一些范例会使用 YAML 格式的配置文件。

例程 2.3 是 application.properties 文件的配置代码。

例程 2.3　application.properties 文件

```
#hello-provider 模块的 Tomcat 容器所监听的端口
server.port=8081

#hello-provider 模块的应用名字，也是微服务的默认名字
spring.application.name=hello-provider-service

#Nacos 服务器的地址
spring.cloud.nacos.discovery.server-addr=127.0.0.1:8848

# 向 Spring Boot Actuator 监控器暴露所有的端点
management.endpoints.web.exposure.include=*
```

2.3.5　启动 hello-provider 模块

首先按照 1.5.3 小节中的步骤启动 Nacos 服务器，然后运行 HelloProviderApplication 启动类，就启动了 hello-provider 模块。hello-provider 模块在启动的过程中，会向 Nacos 服务器注册自身。

hello-provider 模块启动后，通过浏览器访问 Nacos 服务器的管理平台 http://localhost:8848/nacos，选择菜单"服务管理"→"服务列表"，显示注册成功的 hello-provider-service 微服务，如图 2.10 所示。

图 2.10　在 Nacos 服务器中注册了 hello-provider-service 微服务

在图 2.10 中，服务名 hello-provider-service 是由 application.properties 配置文件中的 spring.application.name 属性指定的。

> 📢 **提示**
>
> 在 application.properties 配置文件中，spring.application.name 属性值会作为微服务的默认名字。此外，还可以通过 spring.cloud.nacos.discovery.service 属性显式地指定微服务的名字。

2.4　创建 hello-consumer 模块

扫一扫，看视频

hello-consumer 模块也是一个微服务模块，它会作为消费者访问 hello-provider 模块提供的微服务。如图 2.11 所示，由 Spring Cloud 框架提供的 OpenFeign 组件是 hello-consumer 模块与 hello-provider 模块之间通信的桥梁。OpenFeign 封装了与 hello-provider 模块之间的 RESTFul 风格的 HTTP 通信细节，使得 hello-consumer 模块可以按照 RPC（Remote Procedure Call，远程过程调用）模式访问 hello-provider 模块。

图 2.11　hello-consumer 通过 OpenFeign 组件远程访问 hello-provider 模块

hello-consumer 模块主要包括以下内容。

（1）Maven 配置文件 pom.xml：在该文件中配置与 Spring Cloud Alibaba 框架相关的依赖。

（2）HelloConsumerApplication 类：hello-consumer 模块的启动类，由 Spring Boot 自动创建，还需要手工添加 @EnableFeignClients 注解。

（3）HelloConsumerController 类：一个控制器类，会访问 hello-provider 模块的微服务。

（4）application.properties 配置文件：配置模块自身的 Tomcat 服务器以及 Nacos 服务器的信息。

2.4.1　在 IDEA 中创建 hello-consumer 模块

参考 2.3.1 小节和 2.3.2 小节中的步骤创建 hello-consumer 模块。在 IDEA 中创建 hello-consumer 模块时，需要添加 Spring Web、Cloud Bootstrap、OpenFeign、Cloud LoadBalancer 依赖，如图 2.12 所示。

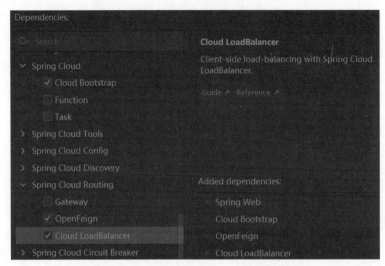

图 2.12　添加 hello–consumer 模块的依赖

添加了 OpenFeign 和 Cloud LoadBalancer 依赖后，IDEA 会自动在 pom.xml 文件中加入它们的依赖配置代码。

```
<dependency>
  <groupId>org.springframework.cloud</groupId>
  <artifactId>
    spring-cloud-starter-openfeign
  </artifactId>
</dependency>

<dependency>
  <groupId>
    org.springframework.cloud
  </groupId>
  <artifactId>
    spring-cloud-starter-loadbalancer
  </artifactId>
</dependency>
```

OpenFeign 依靠 Cloud LoadBalancer 管理访问微服务的负载均衡。早期版本的 Spring Cloud 通过 Ribbon 管理负载均衡，新的版本提倡使用 Cloud LoadBalancer。在 pom.xml 文件中，需要去除 Ribbon 依赖。

```
<dependency>
  <groupId>com.alibaba.cloud</groupId>
```

```
<artifactId>
  spring-cloud-starter-alibaba-nacos-discovery
</artifactId>

<exclusions>
  <exclusion>
    <groupId>org.springframework.cloud</groupId>
      <artifactId>
        spring-cloud-starter-netflix-ribbon
      </artifactId>
  </exclusion>
</exclusions>
</dependency>
```

2.4.2 在启动类中加入 @EnableFeignClients 注解

@EnableFeignClients 注解的作用是告诉 Spring 框架，启动时扫描所有用 @FeignClient 注解标识的 FeignClient 组件，并把它们注册到 Spring 框架中。2.4.3 小节会介绍 FeignClient 组件的作用。

在例程 2.4 的 HelloConsumerApplication 启动类中使用了 @EnableFeignClients 注解。

例程 2.4　HelloConsumerApplication.java

```
@EnableFeignClients
@SpringBootApplication
public class HelloConsumerApplication {
  public static void main(String[] args) {…}
}
```

2.4.3 创建 HelloFeignService 接口

如图 2.13 所示，HelloConsumerController 类通过 HelloFeignService 接口来访问 hello-provider 模块的 HelloProviderController 类。开发人员只需创建 HelloFeignService 接口，而其具体的实现类由 OpenFeign 提供。

图 2.13　HelloConsumerController 类通过 HelloFeignService 接口访问 HelloProviderController 类

例程 2.5 是 HelloFeignService 接口的源代码，它通过 @FeignClient 注解把自己标识为 FeignClient 客户端接口。

例程 2.5　HelloFeignService.java

```
@FeignClient(value="hello-provider-service")
public interface HelloFeignService {
  @RequestMapping(method = RequestMethod.GET,
                  value = "/greet/{username}")
  String sayHello(
          @PathVariable("username")String username);
}
```

以上代码中的 @FeignClient 注解指定访问的微服务的名字是 hello-provider-service，HelloFeign-Service 接口的实现会根据该微服务名字找到它的网络地址（http://localhost:8081）。

📢 提示

　　在 HelloFeignService 接口的实现中，实际上是通过 Nacos Discovery 组件从 Nacos 服务器中获得 hello-provider-service 微服务的地址信息的。

HelloFeignService 接口的 sayHello() 方法中有一个 @RequestMapping 注解，它会将 sayHello() 方法映射到 hello-provider-service 微服务的一个相对 URL，为 /greet/{username}。这个相对 URL 的完整路径为 http://localhost:8081/greet/{username}，该 URL 与 hello-provider 模块中的 HelloProvider-Controller 类的 greet() 方法对应。

HelloFeignService 接口的 sayHello() 方法会请求访问 http://localhost:8081/greet/{username}，该请求对应 HelloProviderController 类的 greet() 方法。因此，hello-provider 模块所在的 Tomcat 容器会执行 greet() 方法，提供相应的远程服务。

2.4.4　创建控制器类 HelloConsumerController

例程 2.6 的 HelloConsumerController 类只需调用本地 HelloFeignService 接口的 sayHello() 方法，HelloFeignService 接口可以远程访问 hello-provider-service 微服务的打招呼服务。

例程 2.6　HelloConsumerController.java

```
@RestController
public class HelloConsumerController {
  @Autowired
  private HelloFeignService helloFeignService;

  @GetMapping(value = "/enter/{username}")
  public String sayHello(@PathVariable String username) {
    return helloFeignService.sayHello(username);
  }
}
```

2.4.5 在 application.properties 文件中配置微服务

在例程 2.7 的 application.properties 文件中，指定 hello-consumer 模块的 Tomcat 容器监听 8082 端口，而且也设置了 Nacos 服务器的地址。

例程 2.7 application.properties 文件

```
server.port=8082
spring.application.name=hello-consumer-service
spring.cloud.nacos.discovery.server-addr=127.0.0.1:8848
management.endpoints.web.exposure.include=*
```

2.4.6 启动和访问 hello-consumer 模块

首先启动 Nacos 服务器和 hello-provider 模块，然后在 IDEA 中运行 HelloConsumerApplication 类，就会启动 hello-consumer 模块。通过浏览器访问 http://localhost:8082/enter/Tom，就会访问 HelloConsumerController 类，它返回的网页如图 2.14 所示。

图 2.14 HelloConsumerController 类返回的网页

图 2.15 所示为当通过浏览器访问 HelloConsumerController 类时，hello-consumer 模块与 hello-provider 模块间的通信过程。

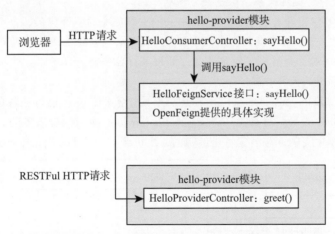

图 2.15 hello-consumer 模块与 hello-provider 模块间的通信过程

在图 2.15 中，通过浏览器发出的 HTTP 请求的 URL 为 http://localhost:8082/enter/Tom。HelloFeignService 接口发出的 HTTP 请求的 URL 为 http://localhost:8081/greet/Tom。

HelloFeignService 接口的 sayHello() 方法会发出符合 RESTFul 风格的 HTTP 请求，该请求由

HelloProviderController 类的 greet() 方法处理。

2.4.7 HelloFeignService 接口的默认方法

在 HelloFeignService 接口中，除了包含抽象方法，还可以包含默认方法。例如，在 Hello-FeignService 接口中再添加以下不带参数的 sayHello() 方法。

```
default String sayHello(){              // 默认方法
    return sayHello("Stranger");       // 调用带参数的 sayHello()方法
}
```

在 HelloConsumerController 类中也加入一个不带参数的 sayHello() 方法。

```
@GetMapping(value = "/enter")
public String sayHello() {
    return helloFeignService.sayHello();
}
```

当用户通过浏览器访问 http://localhost:8082/enter 时，就会由 HelloConsumerController 类的不带参数的 sayHello() 方法处理用户请求。该方法会调用 HelloFeignService 接口的 sayHello() 默认方法，最后返回 Hello,Stranger。

2.5 启动微服务的多个实例

扫一扫, 看视频

阿云："假如 hello-provider-service 微服务只有一个实例在运行，却要同时为几十万名消费者提供服务，这是会力不从心的。"

答主："消费者可以同时启动 hello-provider-service 微服务的多个实例，每个实例都运行在独立的进程中，这样就构成了微服务集群。负载均衡器为这些实例分配负载，共同为消费者提供服务。"

阿云："这让我想到了大闹天宫的孙悟空，如果单打独斗会应接不暇，就拔一撮毫毛，变成无数小孙悟空，一起和天兵天将作战。"

如图 2.16 所示，hello-provider-service 微服务有两个实例，它们运行在各自的 Tomcat 容器中，分别监听 8081 和 8091 端口。消费者只需按照 hello-provider-service 微服务的名字访问服务，至于到底访问微服务的哪个实例，对消费者是透明的，由负载均衡器 LoadBalancer 来调度。

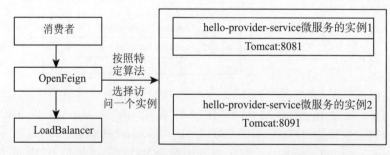

图 2.16　由 LoadBalancer 决定调用 hello-provider-service 微服务的哪个实例

在 IDEA 中启动 hello-provider-service 微服务的两个实例的步骤如下。

（1）在 IDEA 中选择菜单 Run → Edit Configurations，选择 HelloProviderApplication 类的启动配置，把启动配置的名字改为 HelloProviderApplication1，如图 2.17 所示。

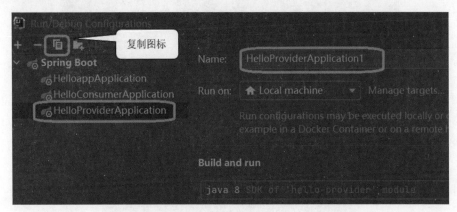

图 2.17　修改 HelloProviderApplication 类的启动配置

（2）在图 2.17 所示的窗口中单击复制图标，为 HelloProviderApplication 类再创建一个启动配置，把启动配置的名字设为 HelloProviderApplication2，并且增加启动参数 -Dserver.port=8091，如图 2.18 所示。

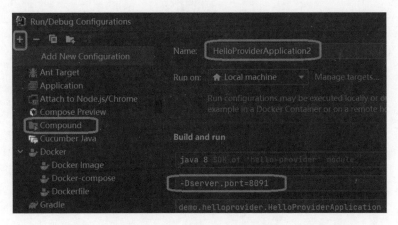

图 2.18　为 HelloProviderApplication 类再创建一个启动配置

图 2.18 中设置的启动参数 -Dserver.port=8091 将会覆盖 application.properties 配置文件中的 server.port 属性，使内置 Tomcat 监听 8091 端口。

（3）在图 2.18 中，单击"+"图标，在弹出的下拉菜单中选择菜单 Compound，创建一个批处理组合，用于按照两种启动配置分别运行 HelloProviderApplication 类。这个批处理组合的名字为 HelloProviderApplication，它包括 HelloProviderApplication1 和 HelloProviderApplication2 这两个启动配置，如图 2.19 所示。

图2.19　创建 HelloProviderApplication 批处理组合

（4）在 IDEA 中选择菜单 Run → Run HelloProviderApplication，就会运行 HelloProvider-Application 批处理组合，如图2.20 所示。IDEA 会依据 HelloProviderApplication1 和 HelloProvider-Application2 这两个启动配置，启动 hello-provider-service 微服务的两个实例。

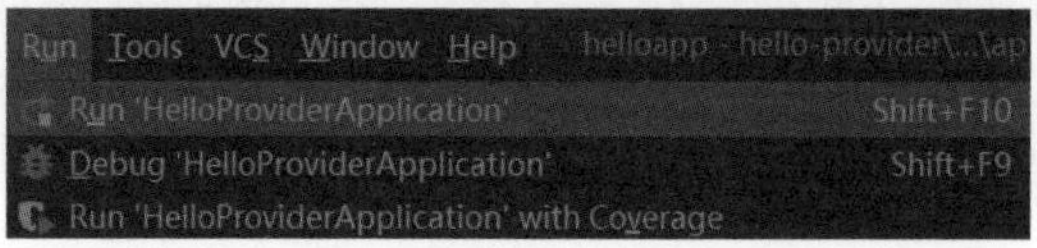

图2.20　运行 HelloProviderApplication 批处理组合

通过浏览器访问 Nacos 服务器的管理平台 http://localhost:8848/nacos，在 Nacos 服务器管理平台中显示注册的 hello-provider-service 微服务有两个实例，如图2.21 所示。

服务名	分组名称	集群数目	实例数	健康实例数
hello-consumer-service	DEFAULT_GROUP	1	1	1
hello-provider-service	DEFAULT_GROUP	1	2	2

图2.21　在 Nacos 服务器的管理平台中查看微服务实例

通过浏览器访问 hello-consumer 模块的 HelloConsumerController 控制器，URL 为 http://localhost:8082/enter/Tom，可以得到正常的响应结果。HelloConsumerController 远程访问 hello-provider-service 微服务时，无须考虑到底访问它的哪个实例，这是由 LoadBalancer 负载均衡器决定的，2.6 节还会对此做进一步的介绍。

📢 提示

　　在本范例中，hello-provider-service 微服务的两个实例都运行在同一台主机上，监听不同的端口。在实际应用中，会把两个实例部署到不同的主机上，让它们各自获得更加充足的软件和硬件资源。

启动 hello-provider-service 微服务的两个实例的另一种方法是复制 hello-provider 模块的所有代码,再创建一个 hello-provider2 模块,把该模块的 application.properties 文件中的 server.port 属性设为 8091。分别运行 hello-provider 模块和 hello-provider2 模块的 HelloProviderApplication 类,就会启动微服务的两个实例。

2.6　LoadBalancer 负载均衡器

Spring Cloud 提供的 LoadBalancer 负载均衡器的官方文档的网址参见本书技术支持网页的【链接 6】。在 LoadBalancer API 中,ReactorLoadBalancer 接口表示客户端的负载均衡器,它有两个具体的实现类:

- RandomLoadBalancer:采用随机算法,从微服务列表中随机选择一个微服务实例。
- RoundRobinLoadBalancer:采用轮询算法,从微服务列表中轮流选择一个微服务实例。

ReactorLoadBalancer 接口的默认实现类为 RoundRobinLoadBalancer。为了演示 RoundRobin-LoadBalancer 类的作用,对 HelloProviderController 类做一些修改,在它的 greet() 方法中输出 server.port 配置属性和 spring.application.name 配置属性参见例程 2.8。

例程 2.8　HelloProviderController.java

```
@RestController
public class HelloProviderController {
  // 把 servicePort 变量与 server.port 配置属性绑定
  @Value("${server.port}")
  private String servicePort;

  // 把 serviceName 变量与 spring.application.name 配置属性绑定
  @Value("${spring.application.name}")
  private String serviceName;

  @GetMapping(value = "/greet/{username}")
  public String greet(@PathVariable String username) {
    return "Hello," + username
      +"<br>Service Name:" + serviceName
      +"<br>Service Port:"+servicePort;
  }
}
```

按照 2.5 节中的步骤启动 hello-provider-service 微服务的两个实例,再启动 hello-consumer-service 微服务。通过浏览器访问 hello-consumer 模块的 HelloConsumerController 控制器,URL 为 http://localhost:8082/enter/Tom,得到如图 2.22 所示的网页。

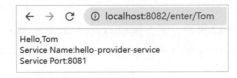

图 2.22　查看被访问的 hello-provider-service 微服务实例的端口

图 2.22 展示了 hello-consumer 模块的 LoadBalancer 所选择访问的 hello-provider-service 微服务实例的端口。

不断刷新图 2.22 所示的网页，页面中的 hello-provider-service 微服务实例的端口的取值在 8081 和 8091 之间切换。由此可见，RoundRobinLoadBalancer 类会轮流选择 hello-provider-service 微服务的两个实例。

扫一扫，看视频

2.7　通过 RestTemplate 类访问微服务

在 Spring API 中，RestTemplate 类能够远程访问控制器类的请求处理方法，因此在 hello-consumer 模块中，也可以通过 RestTemplate 类访问 hello-provider-service 微服务，步骤如下。

（1）修改 HelloConsumerApplication 类，用 @Configuration 注解进行标识，使它成为配置类，再通过 @Bean 注解向 Spring 框架注册 RestTemplate Bean 组件。

```
@SpringBootApplication
@Configuration
public class HelloConsumerApplication {
  @Bean        // 向 Spring 框架注册 RestTemplate Bean 组件
  public RestTemplate restTemplate() {
    return new RestTemplate();
  }
  ...
}
```

（2）在 HelloConsumerProvider 类中创建 sayHello1() 方法，通过 RestTemplate 类访问 hello-provider-service 微服务。

```
@Autowired
DiscoveryClient discoveryClient;

@Autowired
RestTemplate restTemplate;

@GetMapping(value = "/enter1/{username}")
public String sayHello1(@PathVariable String username){
  // 获取 hello-provider-service 微服务的所有实例的列表
```

```
List<ServiceInstance> instances = discoveryClient
                .getInstances("hello-provider-service");

// 返回列表中第一个实例的地址 http://192.168.100.106:8081
String rootUrl=instances.get(0).getUri().toString();

String serviceUrl=rootUrl+"/greet/"+username;
// 访问 hello-provider-service 微服务
ResponseEntity<String> responseEntity=
    restTemplate.getForEntity(serviceUrl,String.class);

// 获取响应正文
String result=responseEntity.getBody();
return result;
}
```

以上代码引入了 DiscoveryClient Bean 和 RestTemplate Bean 组件。DiscoveryClient Bean 组件从 Nacos 服务器获取微服务列表，3.3 节会进一步介绍 DiscoveryClient 接口的用法。在 sayHello1() 方法中，首先获取 hello-provider-service 微服务的所有实例的列表，然后获取列表中第一个实例的地址。

serviceUrl 变量是访问 HelloProviderController 类的 greet() 方法的 URL，即 http://192.168.100. 106:8081/greet/{username}。接下来通过 RestTemplate 类访问该 URL。

阿云："OpenFeign 组件和 RestTemplate 类都能访问微服务，两者有什么区别？"

答主："OpenFeign 组件允许程序以 RPC 的形式去访问微服务，比较简洁。而 RestTemplate 类访问微服务的方式更加原始，需要指定所访问的控制器类的请求处理方法的 URL，并且对响应结果的处理也更烦琐。实际上，OpenFeign 组件在其实现中封装了 RestTemplate 类。"

OpenFeign 组件在其实现中整合了 LoadBalancer，而 RestTemplate 类自身并没有整合 Load-Balancer。手动整合 RestTemplate 类与 LoadBalancer 的方式有以下两种。

（1）使用 LoadBalancerClient 接口整合。

（2）使用 @LoadBalanced 注解整合。

2.7.1　使用 LoadBalancerClient 接口整合

在 hello-consumer 模块中，可以通过 LoadBalancerClient 接口访问 LoadBalancer 负载均衡器。在 HelloConsumerController 类中创建一个 sayHello2() 请求处理方法，它调用 LoadBalancerClient 接口的 choose("hello-provider-service") 方法，该方法根据特定的 LoadBalancer 负载均衡器选择 hello-provider-service 微服务的一个实例。

```
@Autowired
private LoadBalancerClient loadBalancerClient;

@Autowired
```

```
RestTemplate restTemplate;

@GetMapping(value = "/enter2/{username}")
public String sayHello2(@PathVariable String username){
    // 由 LoadBalancer 选择 hello-provider-service 微服务的实例
    ServiceInstance instance = loadBalancerClient
                            .choose("hello-provider-service");
    String rootUrl=instance.getUri().toString();

    String serviceUrl=rootUrl+"/greet/"+username;

    ResponseEntity<String> responseEntity=
    restTemplate.getForEntity(serviceUrl,String.class);
    String result=responseEntity.getBody();
    return result;
}
```

2.7.2　使用 @LoadBalanced 注解整合

把 RestTemplate 类与 LoadBalancer 负载均衡器整合的另一种方式是使用 @LoadBalanced 注解,步骤如下。

（1）在 HelloConsumerApplication 类中,用 @LoadBalanced 注解标识 RestTemplate Bean 组件。

```
@Bean
@LoadBalanced    // 把 RestTemplate 类与 LoadBalancer 整合
public RestTemplate restTemplate() {
    return new RestTemplate();
}
```

（2）在 HelloConsumerController 类中创建一个 sayHello3() 方法,该方法通过 RestTemplate 类访问 hello-provider-service 微服务时指定该微服务的虚拟地址。

```
@Autowired
RestTemplate restTemplate;

@GetMapping(value = "/enter3/{username}")
public String sayHello3(@PathVariable String username){
    // 指定微服务的虚拟地址
    String rootUrl="http://hello-provider-service";
    String serviceUrl=rootUrl+"/greet/"+username;

    ResponseEntity<String> responseEntity=
```

```
        restTemplate.getForEntity(serviceUrl,String.class);
    String result=responseEntity.getBody();
    return result;
}
```

以上代码中的 rootUrl 变量表示 hello-provider-service 微服务的虚拟地址,指定的是微服务的名字,而不是主机名和端口。至于到底选用 hello-provider-service 微服务的哪个实例,由 LoadBalancer 决定。

📢 提示

对于 2.7 节中的 sayHello1() 方法和 2.7.1 小节中的 sayHello2() 方法,不能用 @LoadBalanced 注解标识 RestTemplate Bean 组件,否则会运行出错,因为 @LoadBalanced 注解只能识别微服务的虚拟地址。

2.8 小 结

答主:“本章介绍了 helloapp 项目的创建、配置和运行过程,以及各个组件之间的协作细节。现在,你看清 Spring Cloud Alibaba 框架中的微服务的概貌了吧?”

阿云:“看清楚了。简单地理解,Spring Cloud Alibaba 框架为运行在不同进程中的 Spring 应用进行远程通信提供了现成的框架。本范例实现了两个 Spring Web 应用中的控制器类之间的通信。这两个 Spring Web 应用属于同一个项目,被调用的一方称为微服务的提供者,调用方称为微服务的消费者。Nacos 服务器记录了每个微服务实例的网络地址等信息,消费者通过 Nacos 服务器获得提供者的地址,再通过 OpenFeign 组件或者 RestTemplate 类远程访问提供者的服务。”

答主:“在 helloapp 项目中集成 Spring Cloud Alibaba 框架的 Nacos Discovery 等组件,通用的步骤是什么?”

阿云:“我把它总结为三步:①在 pom.xml 文件中加依赖;②在 application.properties 文件中编写配置代码;③编写程序代码。”

答主:“很好,你已经初步了解了微服务的创建和运行过程。在接下来的章节中,将要深入了解 Spring Cloud Alibaba 框架中各个组件的功能、运行原理和使用方法。”

第 3 章　微服务的注册与发现

阿云："在分布式微服务系统的运行过程中，如果有的微服务实例宕机，或者部分区域的网络中断，Nacos 服务器会检测到这种变化并及时更新微服务列表吗？"

答主："会的。Nacos 服务器与各个微服务实例之间会一直保持通信，以及时获得当前可用的微服务列表。"

阿云："Nacos 服务器与微服务之间如何通信呢？"

答主："先反问一个问题，有线电视台和家里的电视机之间是如何通信的？"

阿云："需要在家里安装一个机顶盒，电视机通过机顶盒与有线电视台通信。"

答主："如果把 Nacos 服务器比作有线电视台，把微服务比作电视机，那么 Nacos Discovery 组件就是机顶盒。Nacos Discovery 组件封装了与 Nacos 服务器通信的细节，使得微服务无须关注如何与 Nacos 服务器通信，只需实现应用的业务逻辑即可。"

微服务与 Nacos 服务器之间存在"客户端 / 服务器"的关系，Nacos Discovery 组件运行在客户端，属于客户端组件。微服务通过 Nacos Discovery 组件与 Nacos 服务器通信。Nacos Discovery 组件会向 Nacos 服务器注册微服务，也会从 Nacos 服务器获取微服务列表。

如图 3.1 所示，Nacos 服务器同时连接许多微服务，成为微服务的中心，这种架构称为有中心的分布式架构。

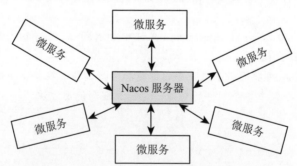

图 3.1　有中心的分布式架构

本章将介绍 Nacos 管理微服务的原理，并且介绍如何配置和使用 Nacos Discovery 组件。

3.1 Nacos Discovery 组件的配置属性

扫一扫，看视频

在 2.4.5 小节的例程 2.7 的 application.properties 文件中，为 hello-consumer 模块的 Nacos Discovery 组件设置了如下 server-addr 属性。

```
spring.cloud.nacos.discovery.server-addr=127.0.0.1:8848
```

以上代码中的 server-addr 属性用于指定 Nacos 服务器的网络地址。除了 server-addr 属性，Nacos Discovery 组件还有其他的配置属性，见表 3.1。

表3.1 Nacos Discovery组件的常用配置属性

配置属性	说　明
spring.cloud.nacos.discovery.server-addr	Nacos 服务器的网络地址
spring.cloud.nacos.discovery.service	微服务的名字。默认值为应用的名字 ${spring.application.name}
spring.cloud.nacos.discovery.group	微服务所在的分组，默认值为 DEFAULT_GROUP
spring.cloud.nacos.discovery.weight	微服务的权重。取值范围为 1~100。取值越大，权重越高。负载均衡器依据该属性来分配负载，默认值为 1
spring.cloud.nacos.discovery.network-interface	微服务使用的网卡的名字。如果指定了 IP 地址，那么默认的网卡是与 IP 地址对应的网卡；如果没有指定 IP 地址，那么默认的网卡是主机上的第一块网卡
spring.cloud.nacos.discovery.ip	微服务的 IP 地址。如果指定了网卡，那么默认的 IP 地址是与网卡对应的 IP 地址
spring.cloud.nacos.discovery.port	微服务的端口，即微服务所在的 Tomcat 服务器监听的端口。可以不用设置，Nacos Discovery 组件会自动探测
spring.cloud.nacos.discovery.namespace	微服务的命名空间的 ID。只有同一个命名空间内的微服务消费者和提供者能够通信。Nacos 通过不同的命名空间来区分不同的场景，如开发（develop）场景和生产（product）场景，确保对不同场景中的服务和数据进行隔离
spring.cloud.nacos.discovery.log-name	日志文件的名字
spring.cloud.nacos.discovery.cluster-name	集群的名字，默认值为 DEFAULT
spring.cloud.nacos.discovery.endpoint	Nacos Discovery 组件向 Spring Boot Actuator 提供的被监控的端点的域名，通过此域名可以获得主机的地址

续表

配置属性	说　明
spring.cloud.nacos.discovery.watch.enabled	是否开启 Nacos Discovery 组件对微服务列表的监控，默认值为 true
spring.cloud.nacos.discovery.watch-delay	监控微服务列表的延迟时间，以毫秒为单位。推荐值为 30000ms，即 30s
spring.cloud.nacos.discovery.metadata	根据实际需要设置与注册微服务相关的一些元数据，采用 MAP 映射格式，如 {"support.website" : "javathinker.net"}
spring.cloud.nacos.discovery.register-enabled	如果取值为 true，当前微服务会向 Nacos 服务器注册自身。如果为 false，当前微服务不会向 Nacos 服务器注册自身。不管该属性为 true 或 false，当前微服务都可以作为消费者从 Nacos 服务器订阅微服务列表，默认值为 true
spring.cloud.nacos.discovery.username	登录 Nacos 服务器的用户名，默认值为 ${spring.cloud.nacos.username}
spring.cloud.nacos.discovery.password	登录 Nacos 服务器的口令，默认值为 ${spring.cloud.nacos.password}
spring.cloud.nacos.discovery.heart-beat-interval	心跳间隔时间，以毫秒为单位，推荐值为 5000ms，即 5s
spring.cloud.nacos.discovery.heart-beat-timeout	心跳超时时间，以毫秒为单位，推荐值为 15000ms，即 15s
spring.cloud.nacos.discovery.naming-load-cache-at-start	如果取值为 true，Nacos Discovery 组件会把从 Nacos 服务器订阅的微服务列表保存到本地文件中，当微服务重启时，Nacos Discovery 组件首先从本地文件中把微服务列表加载到客户端缓存中，默认值为 false
spring.cloud.nacos.discovery.ephemeral	如果取值为 true，表示微服务实例为临时实例;如果取值为 false，表示永久实例。默认值为 true

3.1.1　禁止注册微服务

　　默认情况下，Nacos Discovery 组件会向 Nacos 服务器注册当前的微服务，注册过的微服务可以被消费者访问。假如 hello-consumer 模块仅仅作为消费者访问 hello-provider 模块提供的微服务，但自身不会作为微服务的提供者被消费者访问，那么可以把 hello-consumer 模块的 Nacos Discovery 组件的 spring.cloud.nacos.discovery.register-enabled 配置属性设为 false。

　　阿云：“如果 hello-consumer 模块没有向 Nacos 服务器注册，浏览器还可以访问它吗？”

　　答主：“当然可以。虽然 hello-consumer 模块不是微服务的提供者，但它始终是一个 Spring

Web 应用，浏览器可以访问它。"

3.1.2　Nacos Discovery 组件的客户端缓存

答主："当你通过 114 查询系统获得了一个单位的地址，接下来，每次要去拜访该单位时，你都会通过 114 查询系统查询它的地址吗？"

阿云："不会，这样太麻烦。当我第一次通过 114 查询系统得到了该单位的地址时，我会把它保存到我的通讯录中。以后再去拜访该单位时，我只要查询我的通讯录就可以了。"

答主："Nacos Discovery 组件为了避免频繁地访问 Nacos 服务器，也会把从 Nacos 服务器订阅的微服务列表保存到本地的客户端缓存中，如图 3.2 所示。这个客户端缓存就相当于本地通讯录。"

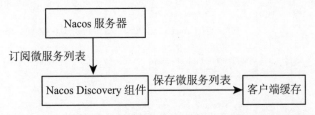

图 3.2　Nacos Discovery 组件在客户端缓存中保存微服务列表

为了演示客户端缓存的作用，可以按照以下步骤访问 hello-consumer 模块。

（1）依次启动 Nacos 服务器、hello-provider 模块和 hello-consumer 模块。

（2）通过浏览器访问 hello-consumer 模块，URL 为 http://localhost:8082/enter/Tom，这时可以正常访问。

（3）关闭 Nacos 服务器，再重复步骤（2），发现还是可以正常访问上述 URL。这是因为 hello-consumer 模块的 Nacos Discovery 组件的客户端缓存中存放了 hello-provider-service 微服务的地址，所以能顺利访问它。

Nacos Discovery 组件的客户端缓存只是内存中的一块区域，当 hello-consumer 模块终止运行时，客户端缓存就销毁了。如果希望永久保存客户端缓存中的数据，便于下次启动 hello-consumer 模块，可以先从本地文件中获取微服务列表，再把 Nacos Discovery 组件的 spring.cloud.nacos. discovery.naming-load-cache-at-start 配置属性设为 true。

3.1.3　微服务的分组和命名空间

在 Nacos 服务器中注册了许多微服务，为了便于分门别类地对这些微服务进行管理，每个微服务都有特定的名字、分组和命名空间。命名空间的范围最大，其次是分组和名字。不同命名空间和分组中的微服务允许同名，这就像不同国家和城市中的道路允许同名一样。

默认情况下，hello-provider-service 微服务的分组为 DEFAULT_GROUP，命名空间为 public。以下步骤把 hello-provider-service 微服务的分组设为 MY_GROUP，命名空间设为 mydev。

（1）参照 4.3 节，通过 Nacos 服务器的管理平台创建命名空间 mydev，它的 ID 由管理平台自动生成。

（2）在 hello-provider 模块的 application.properties 文件中加入以下内容，指定微服务的命名空间的 ID 以及分组。

```
# 指定 mydev 命名空间的 ID
spring.cloud.nacos.discovery.namespace=adc30692-1ed4-4f58-a6bd-4758039dfb1d
# 指定 MY_GROUP 分组
spring.cloud.nacos.discovery.group=MY_GROUP
```

（3）运行 hello-provider 模块，再通过浏览器访问 Nacos 服务器的管理平台，在管理平台中显示在 mydev 命名空间中注册了 hello-provider-service 微服务，分组为 MY_GROUP，如图 3.3 所示。

图 3.3　在 mydev 命名空间中注册了 hello-provider-service 微服务

只有处于同一个命名空间以及分组中的微服务才能互相访问。因此，需要参考以上步骤（2），对 hello-consumer 模块的 application.properties 文件进行同样的修改，hello-consumer-service 微服务才能访问 hello-provider-service 微服务。

扫一扫，看视频

3.2　微服务的健康检测

在 Nacos 服务器中注册了许多微服务实例，万一有的微服务实例因为故障或其他因素而宕机，Nacos 服务器如何获得该信息，才能及时更新微服务列表呢？

Nacos 提供了以下两种检测微服务实例健康状态的方式。

● 微服务实例主动向 Nacos 服务器发送心跳。
● Nacos 服务器反向探测微服务实例的状态。

Nacos Discovery 组件在微服务实例级别有一个 spring.cloud.nacos.discovery.ephemeral 属性，它的默认值为 true，表明该微服务实例是临时实例。如果取值为 false，则表明该微服务实例是永久实例，也称为持久化实例。

临时实例和永久实例的主要区别如下。

● 临时实例：主动向 Nacos 服务器发送心跳，上报健康状态。
● 永久实例：Nacos 服务器反向探测永久实例的健康状态。

> 📢 提示
>
> 　spring.cloud.nacos.discovery.ephemeral 属性必须在 bootstrap.properties 配置文件中设置。4.2.1 小节介绍了在 Spring Cloud 应用中使用 bootstrap.properties 文件的方法。

3.2.1　微服务的临时实例

　　答主："一个人死亡的基本特征是什么？"

　　阿云："没有心跳。"

　　答主："所有向 Nacos 服务器注册的微服务实例，也会通过 Nacos Discovery 组件向 Nacos 服务器发送心跳，如果 Nacos 服务器在一段时间内检测不到微服务实例的心跳，就会认定它不健康。"

　　Nacos Discovery 组件的以下两个属性用于设定心跳的间隔时间和超时时间。

- spring.cloud.nacos.discovery.heart-beat-interval：心跳间隔时间，以毫秒为单位，推荐值为 5000ms，即 5s。
- spring.cloud.nacos.discovery.heart-beat-timeout：心跳超时时间，以毫秒为单位，推荐值为 15000ms，即 15s。如果该属性未设置，默认值为 3 个心跳间隔时间，即 3×heart-beat-interval。

　　以 hello-provider-service 微服务实例为例，正常情况下，它会根据 heart-beat-interval 指定的间隔时间向 Nacos 服务器发送心跳。假如该实例宕机，Nacos 服务器在 heart-beat-timeout 设定的时间内没有检测到心跳，就会把该实例的状态设为不健康，消费者无法再访问它。

　　接下来，再经过 heart-beat-timeout 设定的时间，如果 Nacos 服务器还是没有收到 hello-provider-service 微服务实例的心跳，就会把该实例从微服务列表中删除；如果在这段时间内，该实例恢复正常运行，Nacos 服务器又接收到了它的心跳，那么 Nacos 服务器会再次把该实例的状态设为健康。

　　heart-beat-interval 和 heart-beat-timeout 属性的取值可以根据实际需要灵活调整。如果希望尽早检测到微服务实例的状态变化，那么可以减小这两个属性的取值。另外，频繁地发送心跳，会增加网络的通信负荷，因此这两个属性并不是越小越好。

　　阿云："什么情况下把微服务实例设为临时实例呢？"

　　答主："Nacos 服务器会把不健康的临时实例从微服务列表中删除。这种特性很适合流量突增的场景。例如，在'双 11'期间，购物网站的流量处于高峰时，就需要对临时实例的数量进行弹性扩容。'双 11'过后，购物网站的流量下降，临时扩容的微服务实例终止运行，Nacos 服务器会自动注销它们。"

3.2.2　微服务的永久实例

　　对于永久实例，Nacos 服务器会反向检测它的健康状态，即 Nacos 服务器会主动向永久实例发送消息，根据是否收到回应来判断该实例健康与否。对于不健康的永久实例，Nacos 服务器允许它们仍旧存在微服务列表中，不会将其删除。永久实例具有以下优点。

- 运维可以实时了解永久实例的状态。
- 便于后续的流控、扩容等操作的稳定实施。

- 当保护阈值被触发时，起到分流的作用，防止雪崩。

Nacos 服务器允许针对具体的微服务实例设置一个保护阈值，取值为 0~1 之间的浮点数字。本质上，保护阈值是健康实例的比例（当前微服务的健康实例数 / 当前微服务的实例总数）的临界值。

一般情况下，微服务消费者从 Nacos 服务器获取微服务列表时，Nacos 服务器只会返回健康实例的列表，而在高并发、大流量场景会存在雪崩的隐患。例如，一个微服务有 100 个实例，98 个实例都处于不健康状态，只有两个实例处于健康状态，因此健康实例的比例为 0.02。如果 Nacos 服务器向所有消费者只返回两个健康实例的信息，那么当流量洪峰到来时，可能会直接击垮这两个应接不暇的健康实例，并进一步产生雪崩效应。

有了保护阈值，当一个微服务的健康实例的比例小于保护阈值时，意味着健康实例的数目太少，已经无法为所有的消费者提供并发服务，保护阈值就会被触发。

保护阈值触发后，Nacos 服务器会把该微服务的所有实例信息（包括健康实例和不健康实例）全部提供给消费者。消费者可能会访问到不健康的实例，导致请求失败，但由此造成的损失要比雪崩低很多，因为虽然一部分消费者的请求无法得到正常响应，但是保证了整个系统的可用性。

由此可见，将不健康的永久实例保留在微服务列表中，可以防止产生雪崩。如果临时实例处于不健康状态，Nacos 服务器就会将其从微服务列表中删除，因此该临时实例无法在流量洪峰到来时起到分流的作用。

在 Nacos 服务器的管理平台中可以设置微服务实例的"保护阈值"，如图 3.4 所示。

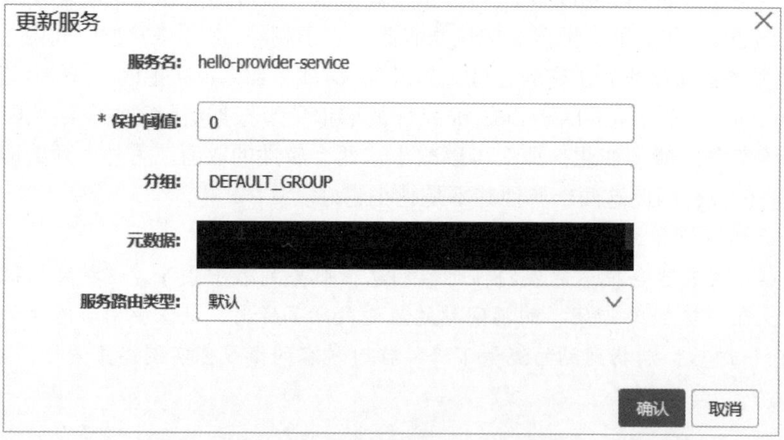

更新服务	
服务名:	hello-provider-service
* 保护阈值:	0
分组:	DEFAULT_GROUP
元数据:	
服务路由类型:	默认

确认　取消

图 3.4　设置微服务实例的"保护阈值"

扫一扫，看视频

3.3　访问 DiscoveryClient 接口

阿云："Nacos Discovery 组件封装了与 Nacos 服务器的通信细节，会从 Nacos 服务器订阅微服务列表。在 hello-consumer 模块的程序代码中，可以访问到微服务列表信息吗?"

答主："可以通过 DiscoveryClient 接口访问到微服务列表信息。"

Spring Cloud API 提 供 了 org.springframework.cloud.client.discovery.DiscoveryClient 接 口，Nacos Discovery 组件为 DiscoveryClient 接口提供了具体实现。微服务模块的程序代码通过该接口访问 Nacos 服务器。如图 3.5 所示，HelloConsumerController 类通过 DiscoveryClient 接口访问 Nacos 服务器。

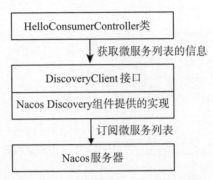

图 3.5　HelloConsumerController 类通过 DiscoveryClient 接口访问 Nacos 服务器

在 HelloConsumerController 类中，声明了 DiscoveryClient Bean，这个 Bean 的具体实现由 Nacos Discovery 组件提供。在 showServices() 方法中不仅会获得微服务的名字列表，还会根据微服务的名字获得相应的微服务实例列表。

```java
@Autowired
DiscoveryClient discoveryClient;

@GetMapping(value = "/list")
public String showServices() {
  // 获得微服务的名字列表
  List<String> services=discoveryClient.getServices();
  for(String service:services)
    System.out.println(" 服务名：""+service);

  // 根据微服务的名字获得相应的微服务实例列表
  List<ServiceInstance> instances = discoveryClient
                    .getInstances("hello-provider-service");
  for(ServiceInstance instance:instances)
    System.out.println("URI: "+instance.getUri());

  return "ok";
}
```

通过浏览器访问 http://localhost:8082/list，在运行 hello-consumer 模块的 IDEA 控制台中，HelloConsumerController 类的 showServices() 方法会输出如下信息。

```
服务名：hello-consumer-service
服务名：hello-provider-service
URI：http://192.168.100.106:8081
```

如果按照 2.5 节中的步骤启动了 hello-provider-service 微服务的两个实例，那么 showServices()
方法会输出如下信息。

```
服务名：hello-consumer-service
服务名：hello-provider-service
URI：http://192.168.100.106:8091
URI：http://192.168.100.106:8081
```

扫一扫，看视频

3.4 通过 Actuator 监控 Nacos Discovery 组件的端点

阿云："在微服务的运行过程中，我想通过 Web 页面监控 Nacos Discovery 组件，有什么
办法呢？"

答主："Nacos Discovery 组件向 Spring Boot Actuator 提供了被监控的端点（EndPoint）。在此端
点可以一窥 Nacos Discovery 组件的相关信息。"

Nacos Discovery 组件的端点提供以下信息。

- subscribe：通过当前的 Nacos Discovery 组件到 Nacos 服务器订阅微服务列表的微服务。
- NacosDiscoveryProperties: Nacos Discovery 组件的配置属性。

在 hello-consumer 模块的 application.properties 配置文件中，以下代码告诉 Spring Boot Actuator，
所有的端点都在 Web 上暴露，也就是可以通过 Web 页面来访问各个端点的信息。

```
management.endpoints.web.exposure.include=*
```

对于 hello-consumer 模块，访问 Nacos Discovery 组件的端点的 URL 为 http://localhost:8082/
actuator/nacosdiscovery。通过浏览器访问以上 URL，Spring Boot Actuator 会返回 Nacos Discovery 组
件的端点信息，这些信息采用 JSON 数据格式。

```
{"subscribe" : [{"name":"hello-consumer-service",
  "groupName":"DEFAULT_GROUP",
  "clusters":"DEFAULT",…}],

  "NacosDiscoveryProperties" : {
    "serverAddr" : "127.0.0.1 : 8848",
    "username" : "",
    "password" : "",
    "endpoint" : "",
    "namespace" : "",
    "watchDelay" : 30000,
```

```
    "logName" : "",
    "service" : "hello-consumer-service",
    "weight" : 1.0,
    "clusterName" : "DEFAULT",
    "group" : "DEFAULT_GROUP",
    "namingLoadCacheAtStart" : "false",
    "metadata" :
        {"preserved.register.source" : "SPRING_CLOUD"},
    "registerEnabled" : true,
    "ip" : "192.168.100.106",
    "networkInterface" : "",
    "port" : 8082,
    "secure" : false,
    "accessKey" : "",
    "secretKey" : "",
    "heartBeatInterval" : null,
    "heartBeatTimeout" : null,
    "ipDeleteTimeout" : null
    }
}
```

3.5　Nacos Discovery 组件对微服务列表的监控

扫一扫，看视频

阿云：“从 3.2 节中的内容可以看出，Nacos 服务器上的微服务列表会动态更新，那么如何保证 Nacos Discovery 组件订阅的微服务列表始终与 Nacos 服务器保持同步呢？”

答主：“Nacos Discovery 组件会监控 Nacos 服务器的微服务列表，从而及时获取最新的微服务列表信息。”

Nacos Discovery 组件的以下两个配置属性决定了监控微服务列表的行为。

- spring.cloud.nacos.discovery.watch.enabled：如果取值为 true，就会对 Nacos 服务器的微服务列表进行监控，默认值为 true。
- spring.cloud.nacos.discovery.watch-delay：指定每次监控 Nacos 服务器的微服务列表的延迟时间，以毫秒为单位，推荐值为 30000ms，即 30s。

以 hello-consumer 模块为例，假定它的 Nacos Discovery 组件的 watch.enabled 属性为 true，watch-delay 属性为 30s，则该组件会定期向 Nacos 服务器发送请求，询问微服务列表是否发生更新。在 30s 内的某个时刻，一旦微服务列表发生更新，Nacos 服务器就立即返回响应，通知 Nacos 组件获取最新的微服务列表。如果在 30s 内，微服务列表未发生更新，Nacos 服务器就会等到这 30s 结束才会返回响应，告知 Nacos Discovery 组件无须刷新微服务列表。接下来，Nacos Discovery 组件会继续向 Nacos 服务器发送请求，询问微服务列表是否发生更新。

3.6 小　　结

答主："如果把 Nacos 服务器比作理发店的老板，把微服务实例比作员工，你来说说 Nacos 服务器和微服务实例是如何合作的？"

阿云："Nacos 老板的微服务员工分为两种——临时员工和长久员工。当业务繁忙时，Nacos 老板会招募大量临时员工，如果临时员工生病，不再上班，就会把他从员工名单中删除。长久员工即使生病，暂时不来上班，Nacos 老板也不会把他从员工名单中删除。"

答主："有的微服务有多个实例，就相当于理发店有多个理发师，都能提供理发服务，到底指定哪个理发师去响应消费者的请求呢？"

阿云："Nacos 老板对此不作决定，而是由消费者自己去挑选。消费者持有所有理发师的名单，消费者的负载均衡器会根据特定的算法，选择某个理发师为自己理发。"

第 4 章 Nacos 服务器配置中心

每个微服务都会有一些与具体应用相关的配置属性，如连接数据库的用户名 db.username 属性和口令 db.password 属性。传统的做法是把这些属性放在 application.properties 文件中。

```
db.username=root
db.password=1234
```

如图 4.1 所示，Spring 框架在启动时会读取 application.properties 文件中的配置属性，把它们加载到 Environment 对象中。

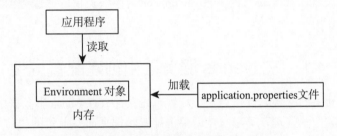

图 4.1 将配置属性加载到 Environment 对象中

在应用程序中，以下代码会读取 Environment 对象中的配置属性。

```
ConfigurableApplicationContext applicationContext = …
Environment environment = applicationContext.getEnvironment();
String username = environment.getProperty("db.username");
String password = environment.getProperty("db.password");
```

阿云："假如一个微服务有 100 个实例，分别运行在 100 台主机上。当 application.properties 文件中的配置属性发生更新时，就必须修改 100 台主机上的 application.properties 文件，而且微服务实例必须重启，才能获取配置文件中更新后的数据。这大大降低了配置属性的可维护性，增加了部署和管理微服务的工作量。有什么改进办法吗？"

答主："可以通过 Nacos 服务器的配置中心来统一管理配置属性，这种集中配置方式能提高配置代码的可维护性，而且支持热部署，即无须重启微服务实例，就能读取更新后的配置数据。"

如图 4.2 所示，微服务的配置属性存放在 Nacos 服务器中，在 Nacos 服务器的客户端有一个 Nacos Config 组件，Nacos Config 组件会读取 Nacos 服务器中的配置属性，再把它们存放到本地的客户端缓存中，微服务的程序代码就能方便地读取缓存中的配置属性。

图 4.2　Nacos Config 组件从 Nacos 服务器中读取配置属性

　　阿云：“如果在 Nacos 服务器中更新了微服务的配置属性，微服务的所有实例都会读取到更新后的数据吗？”

　　答主：“默认情况下，Nacos Config 组件会刷新客户端缓存，确保微服务实例不必重启，也能读取到最新的配置数据。”

　　本章将在 helloapp 项目中新建一个 hello-config 模块，以该模块为例，介绍如何通过 Nacos 服务器的配置中心来设置以及读取配置属性。hello-config 模块提供的微服务的名字为 hello-config-service。

扫一扫，看视频

4.1　在 Nacos 服务器中创建配置属性

　　微服务的一组相关的配置属性作为一个配置单元，存放在 Nacos 服务器中。在 Nacos 服务器的管理平台中选择“配置管理”菜单，然后单击配置管理页面右上角的“+”链接，就会创建一个配置单元，如图 4.3 所示。

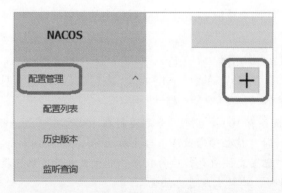

图 4.3　单击配置管理页面右上角的“+”链接，创建一个配置单元

　　如图 4.4 所示，配置单元的 Data ID 的取值和微服务的应用名字 ${spring.application.name} 一致。Group 表示配置单元所属的分组，与 Nacos Config 组件的 spring.cloud.nacos.config.group 属性对应，默认值为 DEFAULT_GROUP。“配置格式”选择 Properties 属性格式，与这种属性格式对应，“配置内容”的格式为“属性名 = 属性值”。

新建配置

* Data ID: hello-config-service

* Group: DEFAULT_GROUP

更多高级选项

描述:

配置格式: ○ TEXT ○ JSON ○ XML ○ YAML ○ HTML ● Properties

* 配置内容: ?
```
db.username=root
db.password=1234
```

图 4.4　为 hello-config-service 微服务创建配置单元

图 4.4 中创建的配置单元包括 db.username 和 db.password 两个配置属性。hello-config-service
微服务将通过 Nacos Config 组件访问这两个属性。

> 📢 提示
>
> 　　配置单元的完整 Data ID 还包括文件扩展名，形式为 hello-config-service.properties。由于
> Nacos 服务器会根据配置格式自动推断出文件扩展名，因此在图 4.4 中，在指定 Data ID 时，可
> 以不用提供文件扩展名。本章为了表述简洁，有时会省略 Data ID 中的文件扩展名。

4.2　在微服务中读取配置属性

扫一扫，看视频

参考 2.3.1 小节和 2.3.2 小节，在 helloapp 项目中通过 IDEA 创建 hello-config 模块
时，需要添加 Spring Web 和 Spring Cloud 依赖。

在 Maven 的配置文件 pom.xml 中，还需要添加 Nacos Config 组件的启动器依赖。

```
<dependency>
  <groupId>com.alibaba.cloud</groupId>
  <artifactId>
    spring-cloud-starter-alibaba-nacos-config
  </artifactId>
</dependency>
```

spring-cloud-starter-alibaba-nacos-config 启动器会自动装配 Nacos Config 组件。该组件负责读
取存放在 Nacos 服务器中的配置属性。

4.2.1　创建 bootstrap.properties 配置文件

　　Nacos Config 组件本身的配置属性必须在 bootstrap.properties 文件中配置才能生效。为了使
hello-config 模块在启动时会读取 bootstrap.properties 文件，需要在 Maven 的配置文件 pom.xml 中加
入以下依赖。

```
<dependency>
  <groupId>org.springframework.cloud</groupId>
    <artifactId>
      spring-cloud-starter-bootstrap
    </artifactId>
</dependency>
```

加入 spring-cloud-starter-bootstrap 依赖后，hello-config 模块在启动时，Spring Cloud 框架会先读取 bootstrap.properties 文件，再读取 application.properties 文件。当两个配置文件并存时，通常在 bootstrap.properties 文件中设置与启动相关的基本属性，在 application.properties 文件中设置与应用的业务逻辑等相关的配置属性。

在 IDEA 中选中 hello-config 模块，选择菜单 new → Resource Bundle，创建 bootstrap.properties 文件，参见例程 4.1。

例程 4.1　bootstrap.properties

```
server.port=8083
spring.application.name=hello-config-service
spring.cloud.nacos.discovery.server-addr=127.0.0.1:8848
spring.cloud.nacos.config.server-addr=127.0.0.1:8848
management.endpoints.web.exposure.include=*
```

在以上代码中，spring.cloud.nacos.config.server-addr 属性用于指定 Nacos Config 组件所访问的 Nacos 服务器的地址。

4.2.2　Nacos Config 组件的配置属性

Nacos Config 组件的最主要的配置属性是 spring.cloud.nacos.config.server-addr，用于指定该组件所访问的 Nacos 服务器的地址。除了 server-addr 属性，Nacos Config 组件还有其他的配置属性，见表 4.1。

表4.1　Nacos Config组件的常用配置属性

配置属性	说　明
spring.cloud.nacos.config.group	配置单元所在的分组，默认值为 DEFAULT_GROUP
spring.cloud.nacos.config.namespace	配置单元所属的命名空间的 ID。Nacos 通过不同的命名空间来区分不同的场景，如开发场景和生产场景，确保对不同场景中的配置数据进行隔离
spring.cloud.nacos.config.cluster-name	集群的名字
spring.cloud.nacos.config.prefix	配置单元的 Data ID 的前缀，默认值为 ${spring.application.name}
spring.cloud.nacos.config.name	配置单元的 Data ID。如果未设定此属性，会以 prefix 属性作为 Data ID
spring.cloud.nacos.config.file-extention	配置单元的文件扩展名，默认值为 properties

配置属性	说　明
spring.cloud.nacos.config.encode	配置属性的字符编码
spring.cloud.nacos.config.enpoint	Nacos Config 组件向 Spring Boot Actuator 提供的被监控的端点的域名，通过此域名可以获得主机的地址
spring.cloud.nacos.config. enabled	是否启用 Nacos Config 组件，默认值为 true
spring.cloud.nacos.config.refresh-enabled	如果取值为 true，Nacos Config 组件会动态刷新配置属性，确保客户端与 Nacos 服务器端的配置属性保持同步，默认值为 true
spring.cloud.nacos.config.username	登录 Nacos 服务器的用户名，默认值为 ${spring.cloud.nacos.username}
spring.cloud.nacos.config.password	登录 Nacos 服务器的口令，默认值为 ${spring.cloud.nacos.password}
spring.cloud.nacos.config.timeout	从 Nacos 服务器中读取配置属性的超时时间，以毫秒为单位，默认值为 3000ms，即 3s
spring.cloud.nacos.config.extention-configs	扩展的配置单元

4.2.3　通过 Environment 对象读取配置属性

Nacos Config 组件会把从 Nacos 服务器中读取到的配置属性绑定到 Spring 框架的 Environment 对象中。在 HelloConfigApplication 启动类中，通过 Environment 对象的 getProperty() 方法读取配置属性，参见例程 4.2。

例程 4.2　HelloConfigApplication.java

```java
@SpringBootApplication
public class HelloConfigApplication {
  public static void main(String[] args) throws Exception{
    ConfigurableApplicationContext applicationContext=
        SpringApplication.run(
                    HelloConfigApplication.class, args);

    while(true) {
      // 读取配置属性
      String username = applicationContext
                    .getEnvironment()
                    .getProperty("db.username");
      String password = applicationContext
                    .getEnvironment()
                    .getProperty("db.password");

      System.out.println("db.username=" + username + ",db.password=" + password);
```

```
        TimeUnit.SECONDS.sleep(1);   // 睡眠 1s
    }
  }
}
```

运行 HelloConfigApplication 类，会输出以下结果。

```
db.username=root,db.password=1234
db.username=root,db.password=1234
...
```

由此可见，HelloConfigApplication 类成功地读取了 Nacos 服务器中的 db.username 和 db.password 配置属性的值，这归功于 Nacos Config 组件的暗箱操作，把配置属性从 Nacos 服务器端下载到了客户端。

4.2.4 通过 @Value 注解读取配置属性

Spring 框架的 @Value 注解能够把配置属性与一个变量绑定。在 hello-config 模块中创建一个 ConfigController 类，参见例程 4.3。它的 username 变量和 password 变量分别通过 @Value 注解与 db.username 和 db.password 配置属性绑定。

例程 4.3　ConfigController.java

```
@RestController
public class ConfigController {
  @Value("${db.username}")
  private String username;

  @Value("${db.password}")
  private String password;

  @GetMapping(value = "/config1")
  public String getConfig1() {
    return "db.username=" + username+",db.password="+password;
  }
}
```

运行 HelloConfigApplication 启动类，然后通过浏览器访问 http://localhost:8083/config1，Config-Controller 类的 getConfig1() 方法会返回图 4.5 所示的网页。

图 4.5　在网页中显示 db.username 和 db.password 配置属性

4.2.5　通过 @ConfigurationProperties 注解读取配置属性

Spring 框架的 @ConfigurationProperties 注解能够把一组配置属性与一个 Java 类的一组变量绑定。在 hello-config 模块中创建一个 MyProperties 类，它通过 @ConfigurationProperties 注解与一组配置属性绑定，参见例程 4.4。

例程 4.4　MyProperties.java

```java
//prefix 用于指定配置属性名的前缀
@ConfigurationProperties(prefix="db")
@Component
public class MyProperties {
  private String username;
  private String password;

  public String getUsername(){return username;}

  public void setUsername(String username){
    this.username=username;
  }

  public String getPassword(){return password;}

  public void setPassword(String password){
    this.password=password;
  }
}
```

MyProperties 类遵循 JavaBean 的编程风格，它的 username 和 password 属性都有相应的 get 和 set 方法。@ConfigurationProperties 注解会把 username 和 password 属性分别与 db.username 和 db.password 配置属性绑定，如图 4.6 所示。

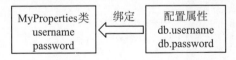

图 4.6　配置属性与 MyProperties 类的属性绑定

在 4.2.4 小节的例程 4.3 的 ConfigController 类中加入如下代码，getConfig2() 方法会访问 MyProperties 对象。

```java
@Autowired
private MyProperties myProperties;

@GetMapping(value = "/config2")
```

```
public String getConfig2() {
    return "db.username=" + myProperties.getUsername()+",db.password=" +
        myProperties.getPassword();
}
```

通过浏览器访问 http://localhost:8083/config2，ConfigController 类的 getConfig2() 方法也会返回配置属性的取值。

扫一扫，看视频

4.3　配置单元的 Data ID、分组和命名空间

在 Nacos 服务器中可以创建许多配置单元，为了便于对这些配置单元进行管理，并且便于建立配置单元与微服务的对应关系，配置单元通过以下信息进行标识。

- Data ID：配置单元的 ID。
- 分组：配置单元所属的分组，默认值为 DEFAULT_GROUP，与 Nacos Config 组件的 spring.cloud.nacos.config.group 配置属性对应。
- 命名空间：配置单元所属的命名空间，默认值为 public，与 Nacos Config 组件的 spring.cloud.nacos.config.namespace 配置属性对应。

命名空间的范围最广，其次是分组和 Data ID。下面按以下步骤在 Nacos 服务器中创建一个配置单元，它的命名空间为 mydev，分组为 MY_GROUP，Data ID 为 hello-config-service，然后在 hello-config 模块中读取该配置单元的配置属性。

（1）在 Nacos 服务器的管理平台中选择菜单"命名空间"→"新建命名空间"，创建一个名为 mydev 的命名空间，命名空间的 ID 由 Nacos 服务器自动生成，如图 4.7 所示。

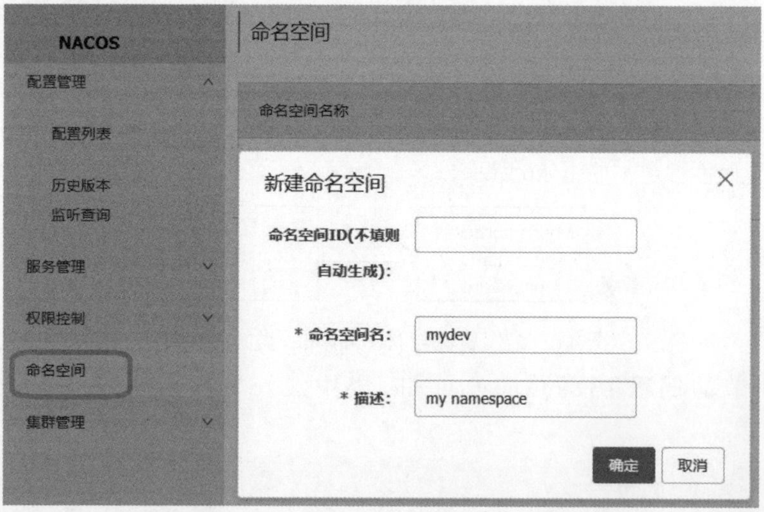

图 4.7　创建名为 mydev 的命名空间

mydev 命名空间创建完成后，在 Nacos 服务器的管理平台中会显示它的信息，如图 4.8 所示。

命名空间名称	命名空间ID	配置数	操作
public(保留空间)		6	详情 删除 编辑
mydev	adc30692-1ed4-4f58-a6bd-4758039dfb1d	0	详情 删除 编辑

图 4.8　mydev 命名空间的信息

（2）在 Nacos 服务器的管理平台中选择"配置列表"菜单，页面上方会显示增加了 mydev 命名空间的菜单，如图 4.9 所示。

图 4.9　在"配置列表"页面上出现 mydev 命名空间的菜单

（3）在图 4.9 中选择菜单 mydev →"+"，创建一个 Data ID 为 hello-config-service 的配置单元，分组为 MY_GROUP，如图 4.10 所示。

新建配置

* Data ID: hello-config-service
* Group: MY_GROUP
更多高级选项
描述:
配置格式: ○ TEXT　○ JSON　○ XML　○ YAML　○ HTML　● Properties
* 配置内容: ⊙ :
```
db.username=root
db.password=1234
```

图 4.10　在 mydev 命名空间中创建一个配置单元

（4）在 hello-config 模块的 bootstrap.properties 文件中加入以下信息，指定配置单元的命名空间的 ID 和分组信息。

```
spring.application.name=hello-config-service
spring.cloud.nacos.config.server-addr=127.0.0.1:8848
spring.cloud.nacos.config.namespace=
```

```
                  adc30692-1ed4-4f58-a6bd-4758039dfb1d
     spring.cloud.nacos.config.group=MY_GROUP
```

值得注意的是，spring.cloud.nacos.config.namespace 配置属性的取值是图 4.8 中 mydev 命名空间的 ID，而非命名空间的名字。

（5）运行 HelloConfigApplication 类，从输出结果可以看出，Nacos Config 组件会从 Nacos 服务器中读取到相应的 hello-config-service 配置单元中的配置属性。

4.4　配置属性的动态更新

扫一扫，看视频

默认情况下，当 Nacos 服务器中的 hello-config-service 配置单元的配置属性发生更新时，Nacos Config 组件也会同步更新客户端的相应配置属性。这一特性可通过以下实验步骤进行测试。

（1）启动 Nacos 服务器，按照 4.1 节中的内容创建配置单元 hello-config-service。运行 HelloConfig Application 类，输出结果显示 db.username 配置属性的值为 root。

（2）在 Nacos 服务器的管理平台中编辑配置单元 hello-config-service，把 db.username 配置属性的值改为 admin。

（3）无须重启 HelloConfigApplication 类，继续观察它的输出结果，会看到 db.username 配置属性的值变为 admin。

由此可见，Nacos Config 组件会刷新客户端的配置属性，保证与 Nacos 服务器中的配置属性保持同步。

阿云："Nacos Config 组件如何保证与 Nacos 服务器中的配置属性保持同步呢？"

答主："Nacos Config 组件会在一个长轮询中读取 Nacos 服务器中的配置属性的最新数据。"

阿云："假如配置属性始终固定不变，Nacos Config 组件和 Nacos 服务器之间的频繁通信就是多余的，只会毫无意义地增加 Nacos 服务器和客户端的通信负荷。有什么办法进行优化吗？"

答主："如果确定配置单元中的所有配置属性不会发生更新，可以在 bootstrap.properties 文件中把 spring.cloud.nacos.config.refresh-enabled 配置属性设为 false，该配置属性的默认值为 true。"

4.5　不同环境下配置属性的切换

扫一扫，看视频

微服务在开发（develop）环境和生产（product）环境下可能会有不同的配置属性。为了便于在不同的环境下切换配置属性，Nacos 服务器允许设定与特定环境对应的配置单元。在特定环境中，Nacos Config 组件会读取以下配置单元。

- Data ID 为 ${application.application.name} 的配置单元：默认的配置单元，此配置单元无论在什么环境下都会被 Nacos Config 组件读取。

- Data ID 为 ${application.application.name}-${profile} 的配置单元：与特定环境对应的配置单元。

创建并访问 hello-config-service 微服务在开发环境下的配置单元的步骤如下。

（1）参照 4.1 节，在 Nacos 服务器中创建 Data ID 为 hello-config-service 的配置单元。

（2）如图 4.11 所示，在 Nacos 服务器中再创建一个 Data ID 为 hello-config-service-develop. properties 的配置单元，"配置内容" 为 db.host=localhost。

图 4.11　创建针对开发环境的配置单元

> **📢提示**
> 在不同的环境下创建配置单元时，Data ID 中必须显式指定文件扩展名，否则不能被 Nacos Config 组件读取。

（3）在 hello-config 模块的 bootstrap.properties 文件中把 spring.profiles.active 属性设为 develop。

```
spring.profiles.active=develop
```

（4）修改 HelloConfigApplicaton 类的 main() 方法，主要代码如下：

```
while(true) {
  String username = applicationContext
                    .getEnvironment()
                    .getProperty("db.username");
  String password = applicationContext
                    .getEnvironment()
                    .getProperty("db.password");
  String host = applicationContext.getEnvironment().getProperty("db.
                host");
  System.out.println("db.username=" + username + ",db.password=" +
                password+ ",db.host=" + host);
  TimeUnit.SECONDS.sleep(1);              // 睡眠 1s
}
```

（5）运行 HelloConfigApplicaton 类，会得到以下输出结果。

```
db.username=root,db.password=1234,db.host=localhost
...
```

由此可见，Nacos Config 组件会从 Nacos 服务器中获取 Data ID 为 hello-config-service 以及 hello-config-service-develop 的配置单元。

如果要创建并访问 hello-config-service 微服务在生产环境下的配置单元，只需在 Nacos 服务器中创建 Data ID 为 hello-config-service-product.properties 的配置单元，并且在 hello-config 模块的 bootstrap.properties 文件中，把 spring.profiles.active 属性设为 product 即可。

如图 4.12 所示，在开发环境和生产环境下，Nacos Config 组件会到 Nacos 服务器中读取不同的配置单元。

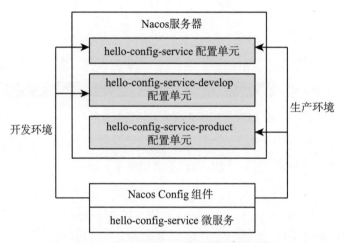

图 4.12　在不同环境下切换配置单元

如果希望 Nacos Config 组件同时读取多个环境下的配置单元，可以按如下方式设定 spring. profiles.active 属性。

```
spring.profiles.active=develop,test,product
```

根据以上配置，Nacos Config 组件从 Nacos 服务器读取的配置单元的 Data ID 如下：

```
hello-config-service
hello-config-service-develop
hello-config-service-test
hello-config-service-product
```

4.6　扩展的配置单元

扫一扫，看视频

4.5 节介绍了在不同环境下切换配置属性的技巧。在同一个环境下，微服务有时也需要从多个配置单元中读取属性，并且有的配置单元还会被多个微服务共享，该如何实现呢？Nacos 配置中心允许为微服务提供扩展的配置单元。

如图 4.13 所示，hello-config-service 微服务的默认配置单元的 Data ID 是 hello-config-service，

此外，它还有三个扩展的配置单元，它们的 Data ID 分别为 config1.properties、config2.properties 和 config3.properties。这些扩展的配置单元不仅可以被 hello-config-service 微服务访问，还可以被其他微服务访问。

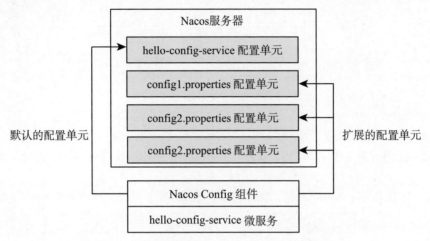

图 4.13 微服务的默认配置单元和扩展配置单元

创建并访问图 4.13 中的配置单元的步骤如下。

（1）参照 4.1 节，先创建 Data ID 为 hello-config-service 的默认配置单元，再创建三个扩展配置单元，参见表 4.2。注意，在设置扩展配置单元的 Data ID 时，必须显示指定文件扩展名。

表4.2 默认配置单元和三个扩展配置单元的信息

Data ID	分 组	配置内容
hello-config-service	默认的 DEFAULT_GROUP	db.username=root
config1.properties	默认的 DEFAULT_GROUP	db.username=admin
config2.properties	GLOBAL_GROUP	db.password=2345
config3.properties	LOCAL_GROUP	db.password=3456

（2）在 hello-config 模块的 bootstrap.properties 文件中加入以下配置信息。

```
spring.application.name=hello-config-service
spring.cloud.nacos.config.server-addr=127.0.0.1:8848

# 1. 位于默认的 DEFAULT_GROUP 组中，不支持动态刷新配置属性
spring.cloud.nacos.config
        .extension-configs[0].data-id=config1.properties

# 2. 位于 GLOBAL_GROUP 组中，不支持动态刷新配置属性
spring.cloud.nacos.config
```

```
                    .extension-configs[1].data-id=config2.properties
spring.cloud.nacos.config
                    .extension-configs[1].group=GLOBAL_GROUP

# 3. 位于 LOCAL_GROUP 组中，支持动态刷新配置属性
spring.cloud.nacos.config
                    .extension-configs[2].data-id=config3.properties
spring.cloud.nacos.config
                    .extension-configs[2].group=LOCAL_GROUP
spring.cloud.nacos.config
                    .extension-configs[2].refresh=true
```

　　Nacos Config 组件的 spring.cloud.nacos.config.extension-configs 配置属性用于设置一组扩展配置单元。

　　（3）运行 HelloConfigController 类，会得到以下输出结果。

```
db.username=root,db.password=3456
```

　　从输出结果可以看出，db.username 配置属性来自 Data ID 为 hello-config-service 的默认配置单元；db.password 配置属性来自 Data ID 为 config3.properties 的扩展配置单元。

　　在使用扩展配置单元时，有以下注意事项。

　　（1）在 Nacos 服务器中创建扩展配置单元时，必须显式指定 Data ID 的文件扩展名。

　　（2）默认情况下，Nacos Config 组件不会刷新扩展配置单元。如果希望该组件刷新扩展配置单元，则需要把 spring.cloud.nacos.config.extension-configs[n].refresh 属性设为 true，该属性的默认值为 false。

　　（3）对于本范例，默认配置单元以及扩展配置单元的优先级从高到低依次如下：

```
hello-config-service
config3.properties
config2.properties
config1.properties
```

　　由此可见，默认配置单元的优先级最高，在所有的扩展配置单元中，spring.cloud.nacos.config.extension-configs[n] 中的索引 n 取值越大，优先级越高。假如这些配置单元中存在相同的配置属性，Nacos Config 组件会选用优先级高的配置单元中的配置属性。

扫一扫，看视频

4.7　监控 Nacos Config 组件的端点

　　阿云："在微服务的运行过程中，我想通过 Web 页面监控 Nacos Config 组件，有什么办法呢？"

　　答主："Nacos Config 组件向 Spring Boot Actuator 提供了被监控的端点（EndPoint）。在此端点可以一窥 Nacos Config 组件的相关信息。"

　　Nacos Config 组件的端点提供以下信息。

- NacosConfigProperties: Nacos Config 组件的配置属性。
- RefreshHistory：刷新配置属性的历史记录。
- Sources：从 Nacos 服务器中读取的所有配置单元。

在 hello-config 模块的 bootstrap.properties 配置文件中，以下代码告诉 Spring Boot Actuator，所有的端点都在 Web 上暴露，即可以通过 Web 页面来访问各个端点的信息。

```
management.endpoints.web.exposure.include=*
```

对于 hello-config 模块，访问 Nacos Config 组件的端点的 URL 为 http://localhost:8083/actuator/nacosconfig。

通过浏览器访问以上 URL，Spring Boot Actuator 会返回 Nacos Config 组件的端点信息，这些信息采用 JSON 数据格式。

```
{
  "NacosConfigProperties":  # Nacos Config 组件的配置属性
  {"serverAddr":"127.0.0.1:8848",
   "username":"",
   "password":"",
   "encode":null,
   "group":"DEFAULT_GROUP",
   "prefix":null,
   "fileExtension":"properties",
   "timeout":3000,"maxRetry":null …},

  "RefreshHistory":[                    # 配置属性的刷新历史
  {"timestamp":"2024-04-25 18:49:29",
   "dataId":"hello-config-service",
   "group":"DEFAULT_GROUP",
   "md5":"de24463da71dcc61aa8adb42fff15ef0" }],

  "Sources":[                           # 读取的所有配置单元
  {"lastSynced":"2024-04-25 18:46:30",
   "dataId":"hello-config-service"},
  {"lastSynced":"2024-04-25 18:46:30",
   "dataId":"config1.properties"},
  {"lastSynced":"2024-04-25 18:46:30",
   "dataId":"config2.properties"},
  {"lastSynced":"2024-04-25 18:46:30",
   "dataId":"hello-config-service.properties"},
  {"lastSynced":"2024-04-25 18:46:30",
   "dataId":"config3.properties"}]
}
```

4.8　设置 YAML 格式的配置属性

扫一扫，看视频

　　在前面的范例中，在 Nacos 服务器中存放的配置属性采用 Properties 格式。如果要采用 YAML 格式，只需编辑 4.1 节中创建的配置单元 hello-config-service，如图 4.14 所示，把"配置格式"设为 YAML，把"配置内容"设为如下内容。

```
db.username: root
db.password: 1234
```

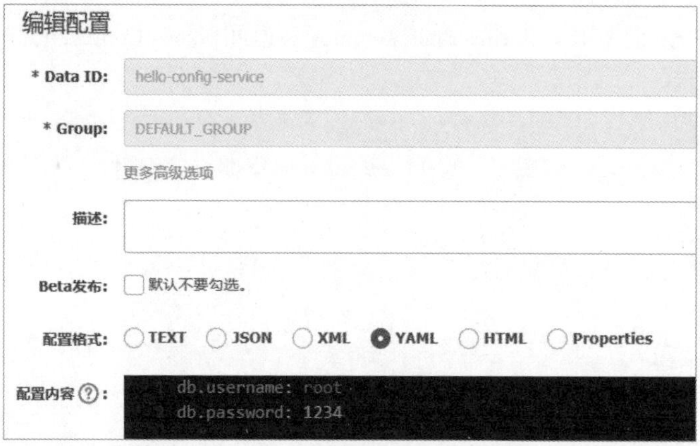

图 4.14　配置属性采用 YAML 格式

> **📢 提示**
>
> 　　配置属性采用 YAML 格式时，db.username: root 中的冒号后面必须有一个空格，配置属性才是有效的。

　　接下来，在 hello-config 模块的 bootstrap.properties 文件中增加以下属性，设置配置属性的格式为 YAML。

```
spring.cloud.nacos.config.file-extension=yaml
```

　　再次运行 HelloConfigApplication 类，便能正确地读取到 db.username 和 db.password 配置属性。

4.9　配置属性的持久化

扫一扫，看视频

　　阿云: "在 Nacos 服务器中创建了配置单元后，如果重启 Nacos 服务器，配置单元还存在吗?"

　　答主: "还存在的。Nacos 服务器在运行时，会对配置单元的数据进行持久化，确保服务器重启后，还能获得原有的配置数据。"

　　Nacos 服务器对配置属性进行持久化的方式有以下两种。

（1）默认情况下，Nacos 服务器把配置属性保存到内嵌的 Apache Derby 数据库中。在 Nacos 服务器的 data/derby-data 目录下存放包含配置属性的文件。

（2）把配置属性保存到外部数据库中，目前支持 MySQL 数据库，将来可能会支持更多的外部数据库。

无论 Nacos 服务器是以单机还是集群方式运行，都支持内嵌的数据库和外部数据库。Nacos 服务器使用外部 MySQL 数据库有以下两个优点。

（1）便于在独立的主机上部署 MySQL 数据库，MySQL 数据库与 Nacos 服务器无须运行在同一台主机上。

（2）可以方便地查看和维护 MySQL 数据库。

把 Nacos 服务器改为使用 MySQL 数据库作为配置属性的存储源的步骤如下。

（1）安装 MySQL。MySQL 的官方下载网址参见本书技术支持网页的【链接 7】。

（2）为 Nacos 服务器创建连接 MySQL 的用户名和口令。假定用户名为 root，口令为 1234。

（3）在 MySQL 中创建名为 nacos_config 的数据库，字符编码为 UTF-8，SQL 命令如下：

```
create database nacos_config character set utf8;
```

（4）在 nacos_config 数据库中运行 Nacos 服务器的 conf/nacos-mysql.sql 脚本，创建 config_info 等数据库表，这些表用于存储配置属性。

（5）修改 Nacos 服务器的 conf/application.properties 配置文件，设置连接 MySQL 数据源的信息。

```
spring.datasource.platform=mysql

db.num=1
db.url.0=jdbc:mysql://127.0.0.1:3306/nacos_config?
    characterEncoding=utf8&connectTimeout=1000
    &socketTimeout=3000&autoReconnect=true
    &useUnicode=true&useSSL=false
    &serverTimezone=Asia/Shanghai

db.user.0=root
db.password.0=1234
```

以上代码中的 db.num 属性表示数据源的个数，如果有两个数据源，可以按照以下方式配置。

```
db.num=2
db.url.0=…
db.user.0=root
db.password.0=1234

db.url.1=…
db.user.1=root
db.password.1=1234
```

> 📢 提示
>
> 在 Nacos 服务器的 conf/application.properties 配置文件的注释行中，已经提供了连接 MySQL 的参考代码。值得注意的是，参考代码 db.url.0 属性中的 127.0.0.1:3306/nacos 要改为 127.0.0.1:3306/nacos_config，这样才能连接到在 MySQL 中创建的 nacos_config 数据库。

（6）启动 Nacos 服务器，会提示以下信息，表明使用外部数据库。

```
INFO Nacos started successfully in stand alone mode.
use external storage
```

再通过浏览器访问 Nacos 服务器的管理平台，参照 4.1 节创建 Data ID 为 hello-config-service 的配置单元，然后在 MySQL 中查看 config_info 表。

```
select * from config_info;
```

从查询结果可以看出，在 config_info 表中增加了一条表示配置单元的记录，它的 data_id 字段的值为 hello-config-service，group_id 字段的值为 DEFAULT_GROUP。

扫一扫，看视频

4.10 配置属性的回滚

阿云：“配置单元创建后，会对它的配置属性进行更新，假如希望撤销更新，应如何操作呢？”
答主：“可以利用 Nacos 服务器的管理平台的回滚功能。”

下面介绍对配置属性进行回滚操作的步骤。

（1）参照 4.1 节，创建 hello-config-service 配置单元，db.password 配置属性的初始值为 1234，再对该配置单元编辑两次，将 db.password 配置属性的值分别改为 2345 和 3456。

在对 hello-config-service 配置单元进行创建和编辑时，都会产生历史记录，见表 4.3，该表展示了 db.password 配置属性的变化。

表4.3 对hello-config-service配置单元的操作和历史记录

序　号	操作类型	当前值	历史记录
1	插入	db.password=1234	（历史记录 1）db.password=1234
2	更新	db.password=2345	（历史记录 2）db.password=1234
3	更新	db.password=3456	（历史记录 3）db.password=2345

（2）在 Nacos 服务器的管理平台的配置列表页面中，对 hello-config-service 配置单元选择菜单“更多”→“历史版本”，查看它的历史版本，如图 4.15 所示。

图 4.15　查看 hello–config–service 配置单元的历史版本

图 4.16 列出了 hello–config–service 配置单元的历史版本，一共有 3 条历史记录，与表 4.3 中列出的历史记录对应。

图 4.16　hello–config–service 配置单元的 3 条历史记录

（3）在图 4.16 中，查看历史记录 3 的详情，其操作类型为"更新"，如图 4.17 所示。此外，历史记录 2 和历史记录 1 的操作类型分别为"更新"和"插入"。

图 4.17　查看历史记录 3 的详情

（4）在图 4.16 中，对历史记录 3 选择操作类型"回滚"，hello-config-service 配置单元的内容就会回滚到历史记录 3，即 db.password 配置属性的值变为 2345。同样，对历史记录 2 选择操作类型"回滚"，hello-config-service 配置单元的内容就会回滚到历史记录 2。但是，如果对历史记录 1 选择操作类型"回滚"，hello-config-service 配置单元会被删除，因为历史记录 1 的操作类型为"插入"。

4.11　小　　结

答主："在第 3 章中，Nacos 服务器以老板的身份出场，要管理一大堆的微服务，监督这些微服务是否在老老实实干活。而在本章中，Nacos 服务器变成了供应商，为每个微服务提供配置属性。每个微服务需要的配置属性都不一样，Nacos 服务器如何保证对每个微服务提供所需要的配置属性呢？"

阿云："与微服务相关的一组配置属性构成了一个配置单元，分门别类地存放在 Nacos 服务器中。就像快递包裹按照地址来区分，在地址中会包含国家或地区、城市和街道等信息，同样，配置单元按照命名空间、分组和 Data ID 来区分。在微服务的 bootstrap.properties 文件中，只要指定了配置单元的命名空间、分组和 Data ID，就能和 Nacos 服务器中的特定配置单元匹配。"

答主："如果一个微服务需要多个配置单元，该如何解决呢？"

阿云："每个微服务都有默认的配置单元，默认情况下，它的 Data ID 是微服务的应用名字。此外，微服务还允许有多个扩展配置单元，这些扩展配置单元可以被多个微服务共享。默认情况下，Nacos Config 组件会自动刷新默认配置单元，保证客户端与 Nacos 服务器端的默认配置单元保持同步，但不会自动刷新扩展配置单元。"

第 5 章　Nacos 集群

阿云： "Nacos 服务器统帅所有的微服务，还会向微服务提供配置数据。万一 Nacos 服务器宕机，那岂不是群龙无首，乱作一团了。"

答主： "你考虑得很周到。为了避免这种情况，可以为 Nacos 服务器建立集群。"

2.5 节介绍了由微服务的多个实例构成的集群，这些实例共同为消费者提供服务，减轻了每个实例的负载，而且提高了微服务的可用性。同样，也可以创建由多个 Nacos 服务器构成的集群，当集群中的一个 Nacos 节点宕机时，其他 Nacos 节点会继续工作，保证了集群的可用性。

Nacos 服务器的 startup 启动命令有三种运行模式，见表 5.1。

表 5.1　Nacos 服务器的 startup 启动命令的三种运行模式

运行模式	启动命令	说　明
单机运行	startup - m standalone	默认使用内嵌 Derby 数据库，也可以参照 4.9 节配置外部 MySQL 数据库
集群运行 + 内嵌 Derby 数据库	startup - p embedded	使用内嵌 Derby 数据库
集群运行 +MySQL 数据库	startup	必须配置外部 MySQL 数据库

本章主要介绍表 5.1 中的第三种集群运行模式，使用外部 MySQL 数据库作为微服务的配置单元的存储源。

5.1　Nacos 集群的 Raft 算法

扫一扫，看视频

阿云： "在 Nacos 集群中，每个节点都持有微服务列表以及微服务的配置单元信息，如何保证每个节点的数据的一致性呢？"

答主： "Nacos 集群采用 Raft 算法来保证每个节点的数据的一致性。由于 Raft 算法规定了节点之间的通信过程，因此也将其称为 Raft 协议。"

Raft 算法要求集群中节点的数目为奇数，并且至少有三个节点。每个节点充当以下三种角色之一。

- Leader（领导）：协调每个节点的数据同步，定时向 Follower 发送心跳，表明自己活着。任何时候，集群中都只有一个 Leader。
- Follower（随从）：负责响应 Leader 和 Candidate 的请求。
- Candidate（竞选人）：这是过渡角色。当集群中的 Leader 宕机后，Follower 就有可能变成 Candidate，发起新一届的选举。

5.1.1　节点之间数据的同步

假设有三个 Nacos 节点：节点 A、节点 B 和节点 C。节点 A 为 Leader，节点 B 和节点 C 为 Follower。节点之间数据的同步分为以下两种情况。

（1）如果节点 A 上的配置单元发生了更新，节点 A 作为 Leader，会直接通知节点 B 和节点 C 同步更新配置单元，如图 5.1 所示。

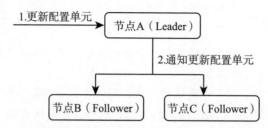

图 5.1　当节点 A 的配置单元发生更新后每个节点的同步过程

（2）如果节点 B 上的配置单元发生了更新，节点 B 作为 Follower，会先向节点 A 汇报配置单元发生更新，再通知所有的 Follower 同步更新配置单元，如图 5.2 所示。

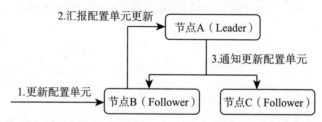

图 5.2　当节点 B 的配置单元发生更新后每个节点的同步过程

5.1.2　节点的选举机制

答主：“在民主社会中，每一届的领导会怎么产生？”

阿云：“通过选举产生。”

答主：“Raft 算法也通过选举产生 Leader。”

变量 term 表示当前是第几届选举。假定在节点 A、节点 B、节点 C、节点 D 和节点 E 构成的集群中，一开始变量 term 为 1，表示当前为第一届选举，产生的 Leader 为节点 A，其余节点都是 Follower。

集群发生 Leader 换届的过程如下（图 5.3）：

（1）节点 A 定时向其他节点发送心跳，表明自己一直活着。其他节点收到节点 A 的心跳后，知道现在群龙有首，就老老实实地做 Follower。

（2）节点 A 宕机。节点 B 等待接收节点 A 的心跳，最后超时。

（3）节点 B 认为节点 A 已经下线，群龙无首，就跃跃欲试，想自己当 Leader。节点 B 由 Follower 变为 Candidate，把变量 term 改为 2，发起新一届选举。

（4）节点 B 首先给自己投一票，又向节点 C、节点 D 和节点 E 发送票据，希望它们也给自己投票。于是其余节点都给节点 B 投了一票，节点 B 就成了新的 Leader。

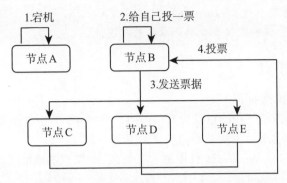

图 5.3 节点 B 竞选成为 Leader 的过程

阿云："假如节点 A 宕机后，节点 B 和节点 C 都变成 Candidate，都想当 Leader，都向节点 D 和节点 E 发送票据拉选票，会怎么样呢？"

答主："Raft 算法规定，在每一届选举中，每个节点只能投一票。这意味着节点 D 和节点 E 只能在节点 B 和节点 C 中选择一个进行投票。对于节点 B 和节点 C，收到过半投票数的节点成为 Leader。"

为了保证选举顺利举行，Raft 算法做了以下限定。

- 收到过半投票数的 Candidate 成为 Leader。
- 当一个 Candidate 被告知其他节点已经成为 Leader 时，则自己切换为 Follower。
- 当一个 Candidate 在一段时间内没有收到过半的投票数，并且集群内尚未出现 Leader 时，该 Candidate 会重新发起新一届的选举。

扫一扫，看视频

5.2 搭建 Nacos 集群

在图 5.4 中，由三台 Nacos 服务器构成了一个简单的集群。在实际应用中，这三个 Nacos 节点通常运行在不同的主机上。本书为了便于读者在本地主机上演示范例，假定这三个节点都运行在本地主机上，监听的端口分别为 8810、8820 和 8830。

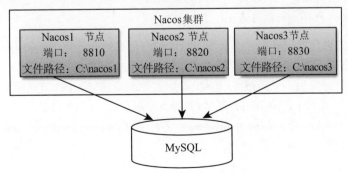

图 5.4 由三个 Nacos 节点构成的集群

> 📢 提示
>
> 　在实际的生产环境中，对于 Nacos 集群所访问的 MySQL 数据库，建议搭建采用主从模式的 MySQL 数据库集群，这样能提高数据库系统的可用性。

5.2.1　配置 Nacos 节点

配置 Nacos1 节点的步骤如下。

（1）假定 Nacos1 服务器所在的目录为 C:\nacos1。参照 4.9 节中的步骤配置外部 MySQL 数据库。假如使用内嵌 Derby 数据库，则忽略此步骤。

（2）在 C:\nacos1\conf\cluster.conf 文件中加入三个 Nacos 节点的地址信息。

```
192.168.100.106:8810
192.168.100.106:8820
192.168.100.106:8830
```

以上三个 Nacos 节点使用本地主机的 IP 地址，但是端口不一样。如果三个 Nacos 节点位于不同的主机，则允许端口相同。例如：

```
192.168.100.106:8848
192.168.100.107:8848
192.168.100.108:8848
```

（3）修改 C:\nacos1\conf\application.properties 文件，把 Nacos1 服务器的监听端口改为 8810。

```
server.port=8810
```

（4）修改 C:\nacos1\bin\startup.cmd 文件，根据本地主机的实际可用内存，修改 Nacos1 服务器的 Java 虚拟机的内存参数。以下代码中粗体字部分为供参考的修改内容。

```
set "NACOS_JVM_OPTS=-server -Xms256m -Xmx256m -Xmn128m …"
```

以上代码设置了 Java 虚拟机的三个内存参数：

- $-Xms$：初始分配内存，默认值为 2g，改为 256m。
- $-Xmx$：内存最大值，默认值为 2g，改为 256m。
- $-Xmn$：新生代内存，默认值为 1g，改为 128m。

假如本地主机的内存容量有限，那么采用默认的内存参数会导致 Nacos1 服务器启动失败，提示内存不足，所以需要调整这些内存参数。

Nacos1 节点配置好以后，只需按照以下步骤配置 Nacos2 和 Nacos3 节点即可。

（1）把 C:\nacos1 目录下的所有内容复制到 C:\nacos2 和 C:\nacos3 目录下。

（2）修改 C:\nacos2\conf\application.properties 文件和 C:\nacos3\conf\application.properties 文件，把 server.port 属性分别改为 8820 和 8830。

5.2.2　启动 Nacos 节点

在三个 DOS 命令行窗口中,分别转到三个 Nacos 节点的 bin 目录下,运行 startup 命令,就会按照集群模式启动三个服务器。如果 Nacos 服务器输出以下信息,就表明启动成功。

```
Nacos started successfully in cluster mode.
use external storage
```

如果在启动 Nacos1 节点时就失败,提示无法启动内嵌的 Tomcat,有可能是以下原因引起的。

(1)如果是由于 UnknownHostException 导致无法启动内嵌的 Tomcat,就必须确保提供正确的 cluster.conf 文件,并且在该文件中提供所有 Nacos 节点的有效 IP 地址和端口。

(2)如果是由以下原因导致无法启动内嵌的 Tomcat,就必须使用匹配的 JDK 版本。

```
UnsupportedOperationException: Cannot determine JNI library
name for ARCH='x86' OS='windows 10' name='rocksdb'
```

对于 Windows 10 操作系统,必须使用 64 位的 JDK 安装包。假如读者只是在学习阶段,建议通过本书提供的技术支持网址下载 Nacos 和 JDK,它们的版本是匹配的。

5.2.3　避免 Nacos 节点之间的端口冲突

与 Nacos 版本 1 相比,Nacos 版本 2 支持 gRPC 通信协议,针对 gRPC 协议新增了两个端口。假定 Nacos 服务器的 server.port 属性为 8810,那么它的新增端口为 9810、9811。新增端口相对于基本端口 8810 的偏移量分别为 +1000 和 +1001。

> **📢 提示**
>
> gRPC 是由谷歌公司发布的 RPC 通信协议,支持在长连接中进行 RPC 调用以及数据推送。

在使用 Nacos 版本 2 时,每个 Nacos 节点的 server.port 属性的取值最好间隔大一些,避免发生端口冲突。例如,Nacos1 节点的 server.port 属性为 8810,就会监听端口 8810、9810、9811,以及 Raft 协议的端口 7810;Nacos2 节点的 server.port 属性为 8811,就会监听端口 8811、9811、9812,以及 Raft 协议的端口 7811。在这种情况下,Nacos1 和 Nacos2 节点会发生端口冲突,因为都会监听端口 9811。Nacos1 节点启动后,Nacos2 节点会由于端口冲突而启动失败。

5.2.4　Nacos 集群的选举

Nacos 集群启动后,访问 Nacos1 节点的管理平台(http://localhost:8810/nacos),选择菜单"集群管理"→"节点列表",就会显示三个 Nacos 节点,如图 5.5 所示,它们的状态都为 UP,表示运行状态。

节点列表 | public
节点Ip
请输入节点Ip
查询
节点Ip
节点状态
节点元数据
Nacos1节点
192.168.100.106:8810
UP
节点元数据
Nacos2节点
192.168.100.106:8820
UP
节点元数据
Nacos3节点
192.168.100.106:8830
UP
节点元数据

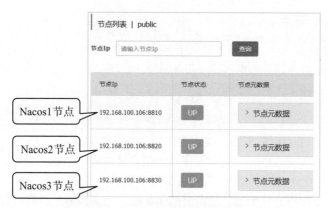

图 5.5　Nacos 集群中节点的列表

在图 5.5 中，选择 Nacos1 节点的菜单“节点元数据”，会显示图 5.6 所示的元数据信息。

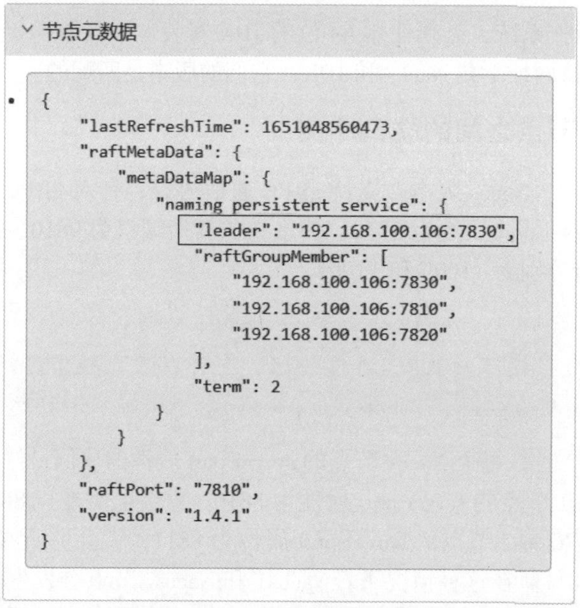

节点元数据
{
"lastRefreshTime": 1651048560473,
"raftMetaData": {
"metaDataMap": {
"naming persistent service": {
"leader": "192.168.100.106:7830",
"raftGroupMember": [
"192.168.100.106:7830",
"192.168.100.106:7810",
"192.168.100.106:7820"
],
"term": 2
}
}
},
"raftPort": "7810",
"version": "1.4.1"
}

图 5.6　Nacos1 节点的元数据信息

Nacos 采用 Raft 协议保证分布式数据的一致性。在图 5.6 中，Nacos1 节点的 raftPort 属性表示 Raft 协议的监听端口，取值为 7810，它相对于基础端口 8810 的偏移量为 -1000。

Nacos 版本 1 会监听以下两个端口。

- 基础端口：server.port，默认值为 8848。
- Raft 协议端口：${server.port} - 1000。

Nacos 版本 2 除了监听以上两个端口，还会监听 gRPC 协议的两个端口：${server.port}+1000 和 ${server.port}+1001。因此，Nacos 版本 2 一共监听 4 个端口。

在图 5.6 中，leader 属性表示 Nacos 集群中 Leader 的地址，取值为 192:168.100.106:7830，地址中的端口是 Raft 协议的监听端口，相应的基础端口应该是 8830，对应 Nacos3 节点。当 Nacos3 节点为 Leader 时，其余 Nacos1 和 Nacos2 节点都是 Follower。term 属性的取值为 2，表明此时为第二届选举。

在 Nacos3 节点的 DOS 命令行窗口中先终止该节点，再重新启动。在终止和重启节点时都会刷新图 5.6 所示的内容，会显示 Nacos3 节点的状态先变为 DOWN，再变为 UP。term 属性的值会发生递增，表明产生了新一届选举，选举产生了新的 Leader。

5.2.5　通过微服务访问 Nacos 集群

对于第 4 章中创建的 hello-config 模块，对 bootstrap.properties 文件做如下修改，使它访问 Nacos 集群。

```
spring.cloud.nacos.discovery.server-addr=
        127.0.0.1:8810,127.0.0.1:8820,127.0.0.1:8830
spring.cloud.nacos.config.server-addr=
        127.0.0.1:8810,127.0.0.1:8820,127.0.0.1:8830
```

参照 4.1 节，在 Nacos1 节点的管理平台中创建配置单元 hello-config-service，Nacos 集群会保证每个节点上配置单元的同步。再运行 HelloConfigApplication 类，就会输出配置单元中的 db.username 配置属性和 db.password 配置属性。

hello-config 模块的 Nacos Config 组件到底从哪个 Nacos 节点获取配置单元的数据，这对 HelloConfigApplication 类是透明的。

5.2.6　Nacos 集群的同步

在 Nacos 集群中，每个节点的微服务列表和配置单元会保持同步。以下是测试每个节点保持同步的步骤。

（1）运行 HelloConfigApplication 类，分别在 Nacos1、Nacos2 和 Nacos3 节点的管理平台中查看微服务列表，会发现微服务列表中都包含 hello-config-service 微服务。Nacos1、Nacos2 和 Nacos3 节点的管理平台的 URL 分别如下：

```
http://localhost:8810/nacos
http://localhost:8820/nacos
http://localhost:8830/nacos
```

（2）在 Nacos1 节点的管理平台中删除微服务列表中的 hello-config-service 微服务，再通过 Nacos2 和 Nacos3 节点的管理平台查看微服务列表，会发现 hello-config-service 微服务不存在了。由此可见，这三个 Nacos 节点的微服务列表会保持同步。

（3）在 Nacos1 节点的管理平台中修改 hello-config-service 配置单元的 db.password 配置属性，再通过 Nacos2 节点和 Nacos3 节点的管理平台查看 hello-config-service 配置单元，会发现 db.password 配置属性都发生了更新。由此可见，这三个 Nacos 节点的配置单元的数据会保持同步。

5.3　Nacos 集群的 AP 和 CP 运行模式

扫一扫，看视频

在分布式系统中，有一个重要的 CAP 理论，它为管理分布式的节点提出了三个约束条件。

- C（Consistency）：强一致性。集群中每个节点的数据始终保持一致。
- A（Availability）：可用性。集群系统一直处于可用状态。
- P（Partition Tolerance）：分区容忍性。当集群中由于网络通信故障而割裂成多个区域时，这些区域的节点仍然可以被正常访问。

如图 5.7 所示，假定在一个集群中有节点 1 和节点 2，则它们都有一个 data 变量。

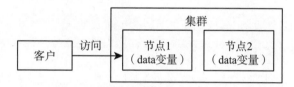

图 5.7　集群中的每个节点都有 data 变量

如果满足强一致性，那么要求节点 1 和节点 2 的 data 变量始终保持一致。客户修改了节点 1 的 data 变量后，假如节点 1 和节点 2 上的 data 变量还没来得及同步，节点 1 就会宕机，此时为了满足强一致性，集群系统会延迟对客户的响应，等到节点 1 恢复运行，两个节点的 data 变量成功同步后，集群系统才会继续响应客户的请求。

如果满足可用性，那么集群系统会尽可能地及时响应客户的请求。客户修改了节点 1 的 data 变量后，假如节点 1 和节点 2 上的 data 变量还没来得及同步，节点 1 就会宕机，此时为了满足可用性，集群系统不会延迟对客户的响应，会使用节点 2 的未经同步的 data 变量。但是等到节点 1 恢复运行后，还是会对节点 1 和节点 2 上的 data 变量进行同步。

由此可见，在分布式系统中，满足了可用性，就无法保证强一致性，即不同节点上的数据会出现暂时的不一致。不过，为了保证业务逻辑的合理性，每个节点的数据最终还是会保持一致的。

如果满足分区容忍性，意味着当节点 1 和节点 2 之间的网络通信断开时，这两个节点都不会受到影响，都可以被正常访问。

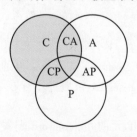

图 5.8　C、A 和 P 的两两组合

如图 5.8 所示，C、A 和 P 三者互相制约，最多只能满足其中的两个条件。

阿云："C、A 和 P 既然不可兼顾，到底如何取舍呢？"

答主："既然是分布式系统，分区容忍性 P 是不可缺少的。假如不满足分区容忍性，就意味着系统中只要有一处网络断开，整个系统就终止对外服务，这会使分布式系统名存实亡，变成了实际上的存亡与共的单体系统。"

阿云："既然 P 是必须满足的，如何选择 C 和 A 呢？"

答主："这要根据应用的实际需求来决定。如果客户比较在意能得到及时的响应，那么 AP 是首选的；如果客户要求数据不能有半点差错，那么 CP 是首选的。"

> 📢 **提示**
>
> 如果同时满足 C 和 A，就不能分区，就变成了单体系统，不再是分布式系统。

默认情况下，Nacos 集群会满足可用性和分区容忍性这两个条件，采用 AP 模式。如果要切换到 CP 模式，可以在 DOS 命令行窗口中执行以下命令，把每个 Nacos 节点设为 CP 模式。

```
curl -X PUT
      "http://localhost:8810/nacos/v1/ns/operator/
      switches?entry=serverMode&value=CP"

curl -X PUT
      "http://localhost:8820/nacos/v1/ns/operator/
      switches?entry=serverMode&value=CP"

curl -X PUT
      "http://localhost:8830/nacos/v1/ns/operator/
      switches?entry=serverMode&value=CP"
```

以上 curl 命令能够在 DOS 命令行窗口中发送 HTTP 请求，如果返回 OK，就表示命令执行成功。

curl 命令由 curl 软件提供，它的下载网址参见本书技术支持网页的【链接 8】。把 curl 软件包解压到本地，在 DOS 命令行窗口中转到它的根目录下，就能运行 curl 命令。

在 AP 模式下，微服务实例为默认的临时实例。在 CP 模式下，还需要在微服务模块中，通过设置 Nacos Discovery 组件的以下配置属性，把微服务的实例设为永久实例。

```
spring.cloud.nacos.discovery.ephemeral=false
```

5.4　使用 Nginx 反向代理服务器

扫一扫，看视频

在 5.2.5 小节中，hello-config 模块为了访问 Nacos 集群，必须在 bootstrap.properties 文件中列出所有 Nacos 节点的地址。假如 Nacos 集群中有 50 个节点，就必须在 bootstrap.properties 文件中列出 50 个节点的地址。如果一些节点的地址发生变化，就必须修改 bootstrap.properties 文件。

由此可见，在 bootstrap.properties 文件中列出所有节点的地址，会降低软件的可维护性。一种改进办法是使用 Nginx 反向代理服务器。

Nginx 是高性能的 HTTP 服务器和反向代理服务器，能够保证负载均衡。Nginx 的官方下载网址参见本书技术支持网页的【链接 9】。

> 📢 **提示**
>
> 当代理服务器为客户端提供代理，访问目标服务器时，称为正向代理；当代理服务器为服务器端提供代理，向目标客户提供服务时，称为反向代理。

把 Nginx 的安装压缩包解压到本地，运行其根目录下的 nginx.exe 程序，就会启动 Nginx 服务器。Nginx 服务器监听的默认端口为 80。在浏览器中访问 http://localhost，如果出现图 5.9 所示的网页，就表示 Nginx 服务器启动成功。

图 5.9　Nginx 服务器的主页

如图 5.10 所示，把 Nacos 集群和 Nginx 服务器整合后，hello-config 模块不再直接访问 Nacos1、Nacos2 和 Nacos3 节点，而是访问 Nginx 服务器，由 Nginx 服务器把请求转发给集群中的 Nacos 节点。

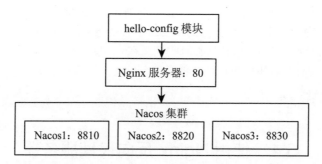

图 5.10　hello-config 模块通过 Nginx 服务器访问 Nacos 集群

Nacos 集群与 Nginx 服务器整合的步骤如下。

（1）修改 Nginx 安装目录下的 conf/nginx.conf 文件，增加需要代理的 Nacos 节点的地址，以及代理转发的 URL。以下代码中的粗体字部分是增加的内容。

```
# 所代理的 Nacos 节点的地址
upstream nacos {
  server 127.0.0.1:8810;
  server 127.0.0.1:8820;
  server 127.0.0.1:8830;
}

server {
```

```
    listen 80;
    server_name  localhost;

    # 指定代理转发 URL
    location / {
      proxy_pass http://nacos;
    }
    ...
  }
http{
  # 所代理的 Nacos 集群中节点的地址
  upstream nacos-cluster {
    server 127.0.0.1:8810;
    server 127.0.0.1:8820;
    server 127.0.0.1:8830;
  }

  server {
    listen 80;
    server_name  localhost;
    # 指定代理转发 URL
    location / {
      proxy_pass http://nacos-cluster;
    }
    ...
  }
}

stream {
  # 针对 Nacos2 版本的配置代码所代理的 Nacos 节点的 gRPC 端口的地址
  upstream nacos-grpc{
    server 127.0.0.1:9810 weight=1;
    server 127.0.0.1:9820 weight=1;
    server 127.0.0.1:9830 weight=1;
  }

  server {
    listen 1080;
    proxy_pass nacos-grpc;
  }
}
```

　　假设 Nginx 服务器运行在本地主机上，以上配置代码 http{…} 中的代理转发 URL 表明，当用户请求访问的 URL 为 http://localhost:80/，Nginx 接收该请求后再将其转发给 http://nacos-cluster 所对应的 Nacos 集群中的节点。

以上配置代码中的 stream{…} 是针对 Nacos2 版本增加的设置。对于 Nacos1 版本，则不必增加这一设置。因为 Nacos2 版本增加了 gRPC 通信端口，端口号是基础端口号加上 1000。例如，当 Nacos1 节点的基础端口为 8810 时，则 gRPC 端口就是 9810。stream{…} 配置代码的作用是使 Nginx 的 1080 端口为 Nacos 节点的 gRPC 端口提供代理。

（2）分别启动 Nginx 服务器、Nacos1、Nacos2 和 Nacos3 节点。

（3）通过浏览器访问 http://localhost/nacos，Nginx 服务器会把该请求转发给 Nacos 集群中的节点，最后返回 Nacos 服务器的管理平台页面。

（4）修改 hello-config 模块的 bootstrap.properties 文件，把原先 Nacos 服务器的地址改为 Nginx 服务器的地址。

```
spring.cloud.nacos.discovery.server-addr=127.0.0.1:80
spring.cloud.nacos.config.server-addr=127.0.0.1:80
```

（5）运行 HelloConfigApplication 类，会输出来自 Nacos 节点的 db.username 和 db.password 配置属性的值。再重复步骤（3），在 Nacos 节点的管理平台中会发现在服务列表中注册了 hello-config-service 微服务。

阿云： "当用户每次通过 Nginx 服务器访问 Nacos 集群时，Nginx 服务器会把请求转发给哪个 Nacos 节点呢？"

答主： "Nginx 服务器具有负载均衡的功能，会按照特定的算法选择一个 Nacos 节点响应请求。"

5.5　通过 Keepalived 建立 Nginx 集群

扫一扫，看视频

阿云： "Nginx 服务器是所有微服务访问 Nacos 集群的入口。如果 Nginx 服务器宕机，就相当于通向 Nacos 集群的大门关闭了，还会降低 Nacos 集群的可用性。有什么改进办法吗？"

答主： "很简单，为 Nginx 服务器也建立集群。在动物界，有些动物天生就很合群，如鸭子和狮子。如果一群鸭子中有一只领头鸭，其他鸭子就都会跟随其后；如果一群狮子中有一个狮王，其他狮子就都会俯首称臣。还有些动物则天生就独来独往，如猫和老虎，它们捕捉猎物都是单打独斗。同样，在软件领域，有的服务器天生就合群，如 Nacos 服务器就适合群居。一群 Nacos 服务器在一起，通过 Raft 协议通信，选举出 Leader，然后协调工作；还有的服务器天生就独来独往，如 Nginx 服务器。一群 Nginx 服务器各玩各的，无法直接通信，因此无法直接合作。"

阿云： "既然多个 Nginx 服务器不能直接通信，那么如何建立集群呢？"

答主： "为每台 Nginx 服务器配置一个外交官，负责和其他 Nginx 服务器通信，这样就能建立集群了。这个外交官就是开源软件 Keepalived。"

如图 5.11 所示，Keepalived 采用 VRRP（Virtual Router Redundancy Protocol，虚拟路由器冗余协议）。VRRP 为 Nginx 集群设立虚拟 IP（Virtual IP，VIP）。hello-config 模块通过虚拟 IP 访问 Nginx 集群，VRRP 会把虚拟 IP 映射到特定的 Nginx 节点。

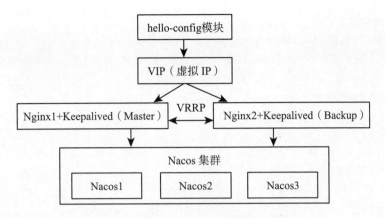

图 5.11　通过 Keepalived 搭建 Nginx 集群

VRRP 把节点的角色分为 Master 和 Backup。通过选举产生 Master，如果 Master 节点宕机，再从其余的 Backup 节点中选出新的 Master。

Keepalived 运行在 Linux 中，官方下载网址参见本书技术支持网页的【链接 10】。假定 Linux 的具体操作系统为 CentOS，安装 Keepalived 的命令如下：

```
yum install -y keepalived
```

以下是 Keepalived 的一些常用操作命令。

```
service keepalived start      # 启动 Keepalived
service keepalived stop       # 停止 Keepalived（进程还在）
systemctl kill keepalived     # 杀死 Keepalived 进程
service keepalived restart     # 重启 Keepalived
service keepalived status      # 查看 Keepalived 状态
```

在 Linux 中搭建由三个 Nginx 节点和 Keepalived 构成的集群，假定这三个节点位于不同的主机上，以下是搭建步骤。

（1）在三台主机上分别安装 Nginx 服务器，再参照 5.4 节对每个 Nginx 服务器配置对 Nacos 集群的反向代理。

（2）在三台主机上分别安装 Keepalived。

（3）在三台主机上分别修改 /etc/keepalived/keepalived.conf 配置文件。第一个节点的 keepalived.conf 文件的内容参见例程 5.1。

例程 5.1　keepalived.conf

```
global_defs {
  notification_email {
    acassen@firewall.loc
    failover@firewall.loc
    sysadmin@firewall.loc
```

```
    }
    notification_email_from Alexandre.Cassen@firewall.loc
    smtp_server  192.168.100.110
    smtp_connect_timeout  30
    router_id  server_1          # 主机名
}

vrrp_script chk_nginx {
    # 创建用于检测 Nginx 节点是否存活的脚本
    script  "/usr/local/src/nginx_check.sh"
    interval  2                  # 脚本执行的间隔，为 2s
    weight    2                  # 权重，如果这个脚本的检测结果为 true，则服务器权重 +2
}

vrrp_instance VI_1 {
    state MASTER                 # 节点的角色
    interface eth1               # 网卡名称
    virtual_router_id 5  1       # 每个节点的 virtual_router_id 必须相同
    priority 102                 # 每个节点的优先级
    advert_int 1                 # 每隔 1s 发送一次心跳
    authentication {             # 校验方式，类型为密码，密码为 1234
        auth type PASS
        auth pass 1234
    }

    track_script {               # 指定追踪的脚本
        chk_nginx
    }

    virtual_ipaddress {          # 虚拟 IP(VIP)
        192.168.100.188
    }
}
```

keepalived.conf 文件中设置了以下属性。

- smtp_server 属性：主机的 IP 地址。
- router_id 属性：主机的名称，在 Linux 中通过 hostname 命令查看主机的名称。
- state 属性：节点的角色，把集群中一个节点的 state 属性设为 MASTER，其余的设为 BACKUP。
- interface 属性：网卡的名称。在 Linux 中通过 ifconfig 命令查看网卡的名字。

- virtual_router_id 属性：虚拟路由的 ID。在三个节点上该属性必须相同。
- priority 属性：节点的优先级。三个节点的 priority 属性不一样，如 100、101、102。Master 节点的优先级高于 Backup 节点。
- advert_int 属性：节点发送心跳的间隔时间，设为 1s。
- authentication 属性：校验方式，在三个节点上该属性必须相同。
- virtual_ipaddress 属性：虚拟 IP（VIP）地址，必须是三个节点所在网段内未被占用的 IP 地址。

表 5.2 列出了三个节点的 keepalived.conf 配置文件中的主要配置属性的值。

表5.2　三个节点的keepalived.conf配置文件中的主要配置属性的值

配置属性	节点 1	节点 2	节点 3
smtp_server	192.168.100.110	192.168.100.120	192.168.100.130
router_id	server_1	server_2	server_3
state	MASTER	BACKUP	BACKUP
interface	eth1	eth2	eth3
priority	102	101	100

（4）在三台主机的 /etc/keepalived 目录下分别创建用于检测 Nginx 节点是否存活的脚本 nginx_check.sh，参见例程 5.2。

例程 5.2　nginx_check.sh

```
A=`ps -C nginx -no-header | wc - 1`
if [ $A -eq 0];then            # 如果 Nginx 服务不存在
  /usr/local/nginx/sbin/nginx    # 启动 Nginx
  sleep 2
  if [`ps -C nginx --no-header| wc -1` -eq 0 ];then
    killall keepalived          # 如果 Nginx 启动失败，就终止 Keepalived
  fi
fi
```

以上脚本先判断 Nginx 服务是否存在，如果不存在，就启动 Nginx 并等待 2s；如果 Nginx 启动失败，就终止 Keepalived。

（5）在三台主机上分别启动 Keepalived，Keepalived 会通过执行 nginx_check.sh 脚本启动 Nginx。启动 Keepalived 的命令为 service keepalived start。

（6）在浏览器中通过虚拟 IP 访问 Nginx 集群，URL 为 http://192.168.100.188，如果显示 5.4 节中图 5.9 所示的 Nginx 主页面，就表示 Nginx 集群搭建成功。

（7）通过浏览器访问 http://192.168.100.188/nacos，如果能登录 Nacos 的管理平台，则表明

Nginx 集群和 Nacos 集群整合成功。

（8）修改 hello-config 模块的 bootstrap.properties 文件，把原先 Nacos 服务器的地址改为 Nginx 集群的虚拟 IP 地址。

```
spring.cloud.nacos.discovery.server-addr=192.168.100.188:80
spring.cloud.nacos.config.server-addr=192.168.100.188:80
```

（9）运行 HelloConfigApplication 类，就会输出来自 Nacos 节点的 db.username 和 db.password 配置属性的值。

5.6 小　　结

答主："微服务的实例（参见 2.5 节）、Nacos 服务器和 Nginx 服务器都可以建立集群，这些集群的最显著的优点是什么？"

阿云："具有很好的可用性。当集群中的一个节点宕机时，其他节点会继续工作，保证集群系统的正常运转。"

尽管各种类型的集群都有很好的可用性，但它们的合作方式不一样。

（1）对于由微服务的多个实例构成的集群，实例之间没有直接的通信，而是通过 Nacos 服务器进行统一管理。Nacos 服务器会跟踪实例的状态，刷新微服务列表。消费者的负载均衡器决定到底应该访问哪个实例，确保每个实例都能获得均衡的负载。微服务的实例没有 Leader 和 Follower 之分，它们就像一群忙碌的营业员，随时可以响应消费者的请求。

（2）对于 Nacos 集群，每个 Nacos 节点通过 Raft 协议进行紧密的通信。通过选举产生一个 Leader 和多个 Follower。由 Leader 协调每个节点上数据的同步。

（3）对于 Nginx 集群，每个 Nginx 节点通过 Keepalived 进行协调，Keepalived 检测 Nginx 节点的状态，从存活的节点中选出 Master 和 Backup。

这些集群之所以有不同的合作方式，是因为集群中节点所提供的服务是不一样的。

（1）在微服务的集群中，微服务实例提供的服务主要是处理业务逻辑，繁重的运算任务需要由每个实例共同分担。

（2）在 Nacos 集群中，Nacos 节点负责注册和维护微服务列表，以及维护配置单元，Nacos 集群会保证每个 Nacos 节点上各种数据的一致。默认情况下，Nacos 集群采用 AP 模式，不会保证数据的强一致性，每个 Nacos 节点上的数据会出现暂时的不一致，但最终还是会保持一致。

（3）在通过 Keepalived 建立的 Nginx 集群中，Nginx 节点主要负责把请求转发给 Nacos 集群中的节点。Nginx 节点不需要处理业务逻辑，也不需要存储与微服务相关的数据。Nginx 集群只要保证可用性就可以了。当 Master 节点宕机后，Backup 节点会成为新的 Master 节点。

第 6 章　远程调用组件: OpenFeign

答主:"有消费者向供应商订购了 1000 条棉被,这些棉被在运输中很占空间,如何有效利用空间呢?"

阿云:"可以把棉被真空压缩后再运输。"

答主:"可否跟踪物流的运输信息?"

阿云:"可以的。现在的物流系统都会通过网络平台向消费者展示物流信息,有的还会进行短信通知。"

答主:"如果由于不可抗力导致货物的生产或输送延迟,会采取什么措施呢?"

阿云:"消费者可以选择继续等待,也可以选择取消订单。"

答主:"微服务消费者与提供者在进行通信时,也会遇到通信的跟踪、数据的压缩和响应超时等问题,而远程调用组件 OpenFeign 提供了相应的解决方法。"

OpenFeign 是 Spring 开源组织开发的远程调用组件,其官方网址参见本书技术支持网页的【链接 11】。OpenFeign 是微服务消费者与提供者通信的桥梁,在双方通信过程中,OpenFeign 会处理以下通信细节。

● 获取所访问的微服务的 URL。
● 输出通信过程中产生的日志,方便跟踪和调试程序。
● 对传输的请求数据和响应数据进行压缩,提高传输性能。
● 设定建立连接和读取数据的超时限制。
● 处理通信过程中产生的异常。
● 传递复杂类型的请求数据和响应数据。

扫一扫,看视频

6.1　优化设定所访问的微服务的名字

在 hello-consumer 模块的 HelloFeignService 接口中,@FeignClient 注解的 value 属性或者 name 属性指定所访问的微服务的名字。例如:

```
@FeignClient(value="hello-provider-service")
public interface HelloFeignService{…}
```

阿云:"假如所访问的微服务的名字发生更新,就必须修改以上代码,这降低了程序代码的可维护性。有什么改进办法吗?"

答主："可以在配置文件中指定所访问的微服务的名字。"

FeignClient 组件从配置文件中获取所访问的微服务的名字的步骤如下，本章演示 YAML 格式的配置文件的用法。

（1）在 hello-consumer 模块的 application.yaml 文件中定义一个 provider.name 配置属性。

```
provider:
  name: hello-provider-service          # 所访问的微服务的名字
```

（2）在 HelloFeignService 接口的 @FeignClient 注解中引用 provider.name 配置属性。

```
@FeignClient(value="${provider.name}")
```

做了上述修改后，假如所访问的微服务的名字发生了更新，只需修改 application.yaml 文件中的 provider.name 配置属性的值，而不必修改程序代码，这样就提高了程序代码的可维护性。

扫一扫，看视频

6.2　优化设定映射 URL 的根路径

假如 HelloFeignService 接口中所有服务方法的映射 URL 中都有相同的根路径 /user。

```
@GetMapping(value = "/user/greet/{username}")
String sayHello(@PathVariable("username") String username);


@GetMapping(value = "/user/testname")
Result testName(@SpringQueryMap Name name);


@PostMapping(value = "/user/testuser")
Result testUser(@RequestBody User user);
```

为了简化以上代码，可以在 @FeignClient 注解的 path 属性中设定映射 URL 的根路径。

```
@FeignClient(value="hello-provider-service" ,path="/user")
public interface HelloFeignService{
  @GetMapping(value = "/greet/{username}")
  String sayHello(@PathVariable("username") String username);

  @GetMapping(value = "/testname")
  Result testName(@SpringQueryMap Name name);

  @PostMapping(value = "/testuser")
  Result testUser(@RequestBody User user);
}
```

扫一扫,看视频

6.3 输出详细日志

阿云:"消费者访问提供者的微服务时,有时会因为某种原因导致访问失败,如网络中断、网络繁忙、提供者突然宕机,以及传递的数据格式不匹配等。如何查找错误原因呢?"

答主:"可以查看 OpenFeign 产生的日志。"

为了便于查找通信失败的原因,可以输出 OpenFeign 产生的日志。OpenFeign 产生的日志分为 4 种级别,见表 6.1。

表6.1 OpenFeign的日志级别

日志级别	说 明	性能和适用场合
NONE	没有任何日志,这是默认值	性能最佳,适用于生产环境
BASIC	仅记录请求方法、URL、响应状态代码以及执行时间	性能中等,适用于生产环境,便于了解通信过程和通信性能
HEADERS	在记录 BASIC 级别日志的基础上,还记录请求头和响应头	性能中等,适用于开发以及测试环境,便于调试程序
FULL	记录请求头、请求正文、响应头、响应正文,以及元数据等,信息最全面	性能最低,适用于开发以及测试环境,便于调试程序

Spring Boot 把应用程序的日志分为 6 种级别,由低到高依次如下:

```
TARCE < DEBUG < INFO < WARN < ERROR < FATAL
```

Spring Boot 的默认日志级别为 INFO,意味着只输出 INFO 以及以上级别的日志。而 OpenFeign 产生的日志按照 Spring Boot 的日志级别来划分,属于 DEBUG 级别。因此,为了使程序在运行中输出 OpenFeign 产生的日志,需要把 Spring Boot 针对 OpenFeign 的日志级别设为 DEBUG。

下面是使 OpenFeign 输出自身的 FULL 级别日志的配置步骤。

(1)在 hello-consumer 模块的 application.yaml 文件中,把 Spring Boot 针对 HelloFeignService 接口的日志级别设为 DEBUG。

```
logging:
  level:
    demo:
      helloconsumer:
        HelloFeignService: DEBUG
```

(2)创建 HelloFeignConfig 日志配置类,将 OpenFeign 的日志级别配置为 Logger.Level.FULL。

```
@Configuration
public class HelloFeignConfig {
  @Bean
  public Logger.Level feignLoggerLevel(){
```

```
            return Logger.Level.FULL;
    }
}
```

（3）在 HelloFeignService 接口中指定 HelloFeignConfig 日志配置类。

```
@FeignClient(value="${provider.name}",path="/user",
            configuration = HelloFeignConfig.class)
public interface HelloFeignService {···}
```

（4）通过浏览器访问 http://localhost:8082/enter/Tom，在运行 hello-consumer 模块的 IDEA 控制台中会输出 OpenFeign 产生的 FULL 级别的日志，其中包含请求数据和响应数据的信息。

```
[HelloFeignService#sayHello] --->
  GET http://hello-provider-service/user/greet/Tom HTTP/1.1
[HelloFeignService#sayHello] ---> END HTTP (0-byte body)
[HelloFeignService#sayHello] <--- HTTP/1.1 200 (1406ms)
[HelloFeignService#sayHello] connection: keep-alive
[HelloFeignService#sayHello] content-length: 9
[HelloFeignService#sayHello]
   content-type: text/plain;charset=UTF-8
[HelloFeignService#sayHello] keep-alive: timeout=60
[HelloFeignService#sayHello]
[HelloFeignService#sayHello] Hello,Tom
[HelloFeignService#sayHello] <--- END HTTP (9-byte body)
```

6.4 请求数据和响应数据的压缩

扫一扫，看视频

默认情况下，OpenFeign 没有开启对请求数据和响应数据的压缩。为了提高网络传输的效率，可以开启对传输数据的 gzip 压缩功能，需要设置 OpenFeign 的以下属性。

- feign.compression.request.enabled：当属性取值为 true 时，开启对请求数据的压缩功能，默认值为 false。
- feign.compression.response.enabled：当属性取值为 true 时，开启对响应数据的压缩功能，默认值为 false。
- feign.compression.request.mime-types：指定待压缩的请求数据的类型。
- feign.compression.request.min-request-size：指定待压缩的请求数据的临界大小。例如，如果取值为 2048，就表示当请求数据的大小超过 2048 字节时，就对其进行压缩；如果低于 2048 字节，就不会对其进行压缩。

阿云："开启对请求数据和响应数据的压缩功能，尽管会提高网络传输效率，但是也会增加 CPU 的运行负荷。如何在提高网络传输效率和减轻 CPU 运行负荷之间进行平衡呢？"

答主:"可以把 feign.compression.request.min-request-size 属性设置得大一点,避免对小规模的请求数据进行压缩,减少压缩次数。这种折中措施既能减轻 CPU 运行负荷,又能保证网络传输效率。"

在本范例中,为了使 HelloFeignService 接口访问 hello-provider-service 微服务时会启用数据压缩功能,在 hello-consumer 模块的 application.yaml 文件中需要加入如下配置属性。

```yaml
feign:
  compression:
    request:
      enabled: true
      mime-types: text/xml,application/xml,application/json
      min-request-size: 2048
    response:
      enabled: true
```

通过浏览器访问 http://localhost:8082/enter/Tom,观察运行 hello-consumer 模块的 IDEA 控制台,OpenFeign 会输出以下 FULL 级别的日志。

```
[HelloFeignService#sayHello] --->
  GET http://hello-provider-service/user/greet/Tom HTTP/1.1
[HelloFeignService#sayHello] Accept-Encoding: gzip
[HelloFeignService#sayHello] Accept-Encoding: deflate
[HelloFeignService#sayHello] ---> END HTTP (0-byte body)
...
```

以上位于请求头中的 Accept-Encoding: gzip 的作用是告诉 hello-provider-service 微服务,返回按照 gzip 压缩的响应结果。

6.5 超时配置

扫一扫,看视频

OpenFeign 的以下两个配置属性分别用于设定连接超时时间和读取数据超时时间。

- connectTimeout 属性:连接微服务提供者的超时时间,以毫秒为单位。
- readTimeout 属性:读取来自微服务提供者的响应数据的超时时间,以毫秒为单位。

当微服务提供者发送的响应数据很庞大且网速又慢时,OpenFeign 读取响应数据就要花很长时间,如果不希望出现超时错误,愿意慢慢等待接收数据,那么可以把 readTimeout 属性值设置得大一点;如果用户无法容忍长时间的等待,那么可以把 readTimeout 属性值设置得小一点。

在 hello-consumer 模块的 application.yaml 文件中加入如下超时配置属性。

```yaml
feign:
  client:
    config:
```

```
    default:
      connectTimeout: 1000          # 连接超时的时间为 1s
      readTimeout: 5000             # 读取数据超时的时间为 5s
```

为了演示 OpenFeign 读取响应数据的超时效果，对 hello-provider 模块的 HelloProviderController 类做如下修改。

```
@GetMapping(value = "/user/greet/{username}")
public String greet(@PathVariable String username) {
  try{
    TimeUnit.SECONDS.sleep(60);          // 睡眠 60s
  }catch(Exception e){e.printStackTrace();}
  return "Hello," + username;
}
```

通过浏览器访问 http://localhost:8082/enter/Tom，由于 HelloProviderController 类的 greet() 方法睡眠 60s 后才返回响应结果，而 OpenFeign 的读取响应数据的超时时间为 5s，因此 OpenFeign 会产生超时错误，浏览器显示图 6.1 所示的错误页面。

图 6.1　浏览器显示错误页面

观察运行 hello-consumer 模块的 IDEA 控制台，会输出以下错误信息。

```
ERROR SocketTimeoutException: Read timed out
```

OpenFeign 还允许针对单个微服务提供者设定超时时间。例如，在 hello-consumer 模块的 application.yaml 文件中，以下配置代码对访问 hello-provider-service 微服务和 hello-config-service 微服务分别设定了超时时间。

```
feign:
  client:
    config:
      hello-provider-service:
        connectTimeout: 1000          # 连接超时的时间为 1s
        readTimeout: 5000             # 读取数据超时的时间为 5s
      hello-config-service:
        connectTimeout: 2000          # 连接超时的时间为 2s
        readTimeout: 10000            # 读取数据超时的时间为 10s
```

6.6　异常处理

扫一扫，看视频

在 6.5 节中，当消费者访问提供者时，如果出现读取数据的超时错误，会返回图 6.1 所示的页面。该页面显示的错误信息对用户很不友好，让只关注业务逻辑而不懂 Java 软件开发技术的用户难以理解。为了向用户提供更友好的错误提示页面，并且对错误进行客户化的处理，可以运用 OpenFeign 的回调功能。

OpenFeign 的回调功能有以下两种实现方式。

（1）创建实现 OpenFeign 服务接口的回调类，参见 6.6.2 小节。在本范例中，回调类实现了 HelloFeignService 接口。

（2）创建实现 OpenFeign 服务接口的回调类和工厂类，参见 6.6.3 小节。在本范例中，回调类实现了 HelloFeignService 接口，工厂类实现了 org.springframework.cloud.openfeign.FallbackFactory 接口。

OpenFeign 的回调功能依赖于 Sentinel 流量控制器，第 8 章会详细介绍 Sentinel 的用法。

6.6.1　OpenFeign 与 Sentinel 的整合

在 hello-consumer 模块中整合 OpenFeign 与 Sentinel 的步骤如下。

（1）在 pom.xml 文件中加入 Sentinel 的依赖。

```
<dependency>
  <groupId>com.alibaba.cloud</groupId>
  <artifactId>
    spring-cloud-starter-alibaba-sentinel
  </artifactId>
</dependency>
```

（2）在 application.yaml 文件中把 feign.sentinel.enabled 属性设为 true，开启 Sentinel 对 OpenFeign 的流量监控。

```
feign:
  sentinel:
    enabled: true
```

6.6.2　创建回调类

如图 6.2 所示，HelloFeignFallback 类作为回调类，实现了 HelloFeignService 接口。如果访问 hello-provider-service 微服务出现异常，OpenFeign 组件就会调用 HelloFeignFallback 类的相关方法。

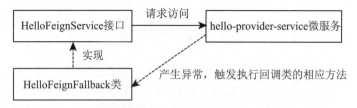

图 6.2　用回调类处理异常

创建并使用 HelloFeignFallback 类的步骤如下。

（1）在 hello-consumer 模块中创建 HelloFeignFallback 类，它实现了 HelloFeignService 接口中的所有方法，负责处理异常，返回对用户友好的提示信息，参见例程 6.1。

例程 6.1　HelloFeignFallback.java

```java
@Component
public class HelloFeignFallback implements HelloFeignService {
  @Override
  public String sayHello(
                @PathVariable("username")String username){
    return username+",something is wrong.";
  }
  ...
}
```

（2）在 HelloFeignService 接口的 @FeignClient 注解中通过 fallback 属性指定回调类。

```java
@FeignClient(value="${provider.name}",path="/user",
    configuration = HelloFeignConfig.class,
    fallback = HelloFeignFallback.class    // 指定回调类
    )
public interface HelloFeignService {…}
```

按照 6.5 节中的内容进行超时配置，再通过浏览器访问 http://localhost:8082/enter/Tom，浏览器中会显示图 6.3 所示的错误页面，页面上的提示信息由 HelloFeignFallback 类的 sayHello() 方法产生。

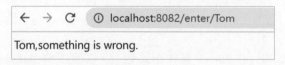

图 6.3　由 HelloFeignFallback 类返回的错误提示信息

对 hello-provider 模块的 HelloProviderController 类的 greet() 方法做一些修改，加入产生异常的流程，参见例程 6.2。

例程 6.2　HelloProviderController 类的 greet() 方法

```java
@GetMapping(value = "/user/greet/{username}")
public String greet(@PathVariable String username) {
  if(username!=null && username.equals("Monster"))
    throw new IllegalArgumentException(username);

  return "Hello," + username;
}
```

再通过浏览器访问 http://localhost:8082/enter/Monster，HelloProviderController 类的 greet() 方法会抛出 IllegalArgumentException，浏览器中显示图 6.4 所示的错误页面，页面中的提示信息由 HelloFeignFallback 类的 sayHello() 方法产生。

图 6.4　由 HelloFeignFallback 类返回的错误提示信息

6.6.3　创建回调类和工厂类

在 6.6.2 小节中，HelloFeignFallback 回调类无法知道异常的详细信息，因此不能有针对性地处理异常。为了把具体的异常信息传给 HelloFeignFallback 回调类，可以创建 HelloFeignFallback 类的工厂类，步骤如下。

（1）创建 HelloFeignFallback 回调类，它有一个 Throwable 类型的 cause 属性，表示当前的异常，参见例程 6.3。

例程 6.3　HelloFeignFallback.java

```java
@Component
public class HelloFeignFallback implements HelloFeignService {
  private Throwable cause;                // 表示当前的异常
  public HelloFeignFallback(){}
  public HelloFeignFallback(Throwable cause){
    this.cause=cause;
  }

  @Override
  public String sayHello(
        @PathVariable("username")String username){
    return username+",something is wrong."
          +"<br>"+getStackTrace(cause);         // 输出异常的详细信息
```

```
  }

  // 实用方法：获得异常的详细信息
  public static String getStackTrace(Throwable cause) {
    StringWriter sw = new StringWriter();
    PrintWriter pw = new PrintWriter(sw);
    try {
      cause.printStackTrace(pw);
      return sw.toString();
    } finally { pw.close(); }
  }
  ...
}
```

（2）创建回调类的工厂类 HelloFeignFallbackFactory，参见例程 6.4。该类实现了 OpenFeign API 中的 FallbackFactory 接口，它的 create() 方法负责创建 HelloFeignFallback 类的实例，会把当前的异常对象传给 HelloFeignFallback 实例。

例程 6.4　HelloFeignFallbackFactory.java

```
@Component
public class HelloFeignFallbackFactory
        implements FallbackFactory<HelloFeignFallback> {
  @Override
  public HelloFeignFallback create(Throwable cause) {
    return new HelloFeignFallback(cause);
  }
}
```

（3）在 HelloFeignService 接口的 @FeignClient 注解中通过 fallbackFactory 属性指定回调类的工厂类。

```
@FeignClient(value="${provider.name}",path="/user",
    configuration = HelloFeignConfig.class,
    fallbackFactory= HelloFeignFallbackFactory.class )
public interface HelloFeignService {…}
```

按照 6.6.2 小节中的例程 6.2 修改 HelloProviderController 类的 greet() 方法，再通过浏览器访问 http://localhost:8082/enter/Monster，HelloProviderController 类的 greet() 方法会抛出 IllegalArgument Exception，浏览器中显示图 6.5 所示的错误页面，页面上的提示信息由 HelloFeignFallback 类的 sayHello() 方法产生，这次会输出详细的异常信息。

图 6.5 由 HelloFeignFallback 类的 sayHello() 方法返回的详细的异常信息

在实际应用中，一般不会在面向用户的网页中输出堆栈中的详细的异常信息，本范例只是为了演示如何在回调类中获取异常信息。

扫一扫，看视频

6.7 传递对象参数

在 hello-provider 模块中，HelloProviderController 类的 greet() 方法的参数及返回值都是 String 类型。

```
public String greet(@PathVariable String username){…}
```

如图 6.6 所示，当 HelloFeignService 接口远程访问 HelloProviderController 类的 greet() 方法时，消费者与提供者之间传递的是 String 类型的数据。

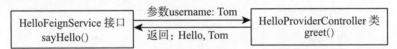

图 6.6 消费者与提供者之间传递的是 String 类型的数据

除了 String 类型，OpenFeign 和微服务提供者之间还可以传递简单对象和复杂对象。

● 简单对象：对象的属性为基本类型、基本类型的包装类型，以及 String 类型。
● 复杂对象：对象的属性不仅可以为基本类型、基本类型的包装类型，以及 String 类型，还可以为简单对象类型或复杂对象类型。

在本节的范例中，首先在 helloapp 项目中再增加一个 hello-common 模块，它包含三个符合 JavaBean 风格的类。

● Name 类：简单对象类型，可以作为消费者传给提供者的请求参数。
● User 类：复杂对象类型，可以作为消费者传给提供者的请求参数。
● Result 类：简单对象类型，可以作为提供者返回给消费者的返回值。

Name 类是简单对象类型，具有 firstname 属性和 lastname 属性。

```
private String firstname;
private String lastname;
```

User 类是复杂对象类型，具有 id 属性和 name 属性。

```
private int id;
private Name name;                    // 简单对象类型
```

Result 类是简单对象类型，具有 code 属性和 description 属性。

```
private int code;
private String description;
```

在 hello-provider 模块和 hello-consumer 模块的 pom.xml 文件中，都需要加入对 hello-common 模块的依赖，这样就能访问 Name 类、User 类和 Result 类。

```xml
<dependency>
  <artifactId>hello-common</artifactId>
  <groupId>demo</groupId>
  <version>0.0.1-SNAPSHOT</version>
</dependency>
```

6.7.1 传递简单对象

在图 6.7 中，HelloFeignService 接口与 HelloProviderController 类的 testName() 方法之间传递的参数为 Name 对象，返回值为 Result 对象。

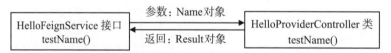

图 6.7　消费者发送的参数为 Name 对象，提供者的返回值为 Result 对象

实现图 6.7 中的远程访问的步骤如下。

（1）在 HelloProviderController 类中创建 testName() 方法，name 参数用 @SpringQueryMap 注解标识，表明该参数是简单对象类型。

```java
@GetMapping(value = "/user/testname")
public Result testName(@SpringQueryMap Name name) {
  System.out.println("firstname:"+name.getFirstname()
                        +",lastname:"+name.getLastname());
  return new Result(100,"OK");
}
```

（2）在 HelloFeignService 接口中声明 testName() 方法。

```java
@FeignClient(value="${provider.name}",path="/user",
             configuration = HelloFeignConfig.class )
public interface HelloFeignService {

    @GetMapping(value = "/testname")
    public Result testName(@SpringQueryMap Name name);
```

```
    ...
  }
```

以上 name 参数前的 @SpringQueryMap 注解使 HelloFeignService 接口的实现类会把 name 参数映射为 URL 中的字符串形式的查询参数。例如，当 name 参数的 firstname 属性的值为 xiaoming，lastname 属性的值为 zhang 时，则 HelloFeignService 接口的实现类发出的 HTTP 请求中的 URL 如下：

```
localhost:8081/user/testname?firstname=xiaoming &lastname=zhang
```

（3）在 HelloConsumerController 类中创建 testName() 方法，它会调用 HelloFeignService 接口的 testName() 方法。

```
@GetMapping(value = "/testname")
public Result testName() {
  Name name = new Name("xiaoming", "zhang");
  return helloFeignService.testName(name);
}
```

（4）通过浏览器访问 http://localhost:8082/testname，浏览器中会显示图 6.8 所示的网页，表示消费者与提供者之间的数据传递成功。

图 6.8 HelloConsumerController 类的 testName() 方法的返回页面

6.7.2 传递复杂对象

在图 6.9 中，HelloFeignService 接口与 HelloProviderController 类的 testUser() 方法之间传递的参数为 User 对象，返回值为 Result 对象。

```
┌─────────────────────┐   参数：User 对象   ┌──────────────────────────┐
│ HelloFeignService 接口 │ ───────────────▶ │ HelloProviderController 类 │
│     testUser()       │ ◀─────────────── │      testUser()          │
└─────────────────────┘   返回：Result 对象  └──────────────────────────┘
```

图 6.9 消费者发送的参数为 User 对象，提供者的返回值为 Result 对象

实现图 6.9 中的远程访问的步骤如下。

（1）在 HelloProviderController 类中创建 testUser() 方法，user 参数用 @RequestBody 注解标识，表明该参数是复杂对象类型。

```
@PostMapping(value = "/user/testuser")
public Result testUser(@RequestBody User user) {
  System.out.println("id:"+user.getId())
```

```
               +",name:"+user.getName().getFirstname()
               +" "+user.getName().getLastname());
       return new Result(100,"OK");
   }
```

值得注意的是，当 testUser() 方法的 user 参数用 @RequestBody 注解标识时，消费者必须以 HTTP 协议的 POST 请求方式访问 testUser() 方法，因此该方法用 @PostMapping 注解指定映射 URL。

如果用 @GetMapping 注解标识 testUser() 方法，消费者访问 testUser() 方法时会产生以下异常。

```
feign.FeignException$MethodNotAllowed
```

（2）在 HelloFeignService 接口中声明 testUser() 方法。

```
@FeignClient(value="${provider.name}",path="/user",
             configuration = HelloFeignConfig.class )
public interface HelloFeignService {
  @PostMapping(value = "/testuser")
  public Result testUser(@RequestBody User user);
  …
  }
```

以上 user 参数前的 @RequestBody 注解使 HelloFeignService 接口的实现类会把 user 参数作为 HTTP 请求中的请求正文发送给 HelloProviderController 类。

（3）在 HelloConsumerController 类中创建 testUser() 方法，它会调用 HelloFeignService 接口的 testUser() 方法。

```
@GetMapping(value = "/testuser")
public Result testUser() {
  Name name = new Name("xiaoming", "zhang");
  User user=new User(1,name);
  return helloFeignService.testUser(user);
}
```

（4）通过浏览器访问 http://localhost:8082/testuser，浏览器中会显示 6.7.1 小节中图 6.8 所示的网页，表示消费者与提供者之间的数据传递成功。

6.8 小　　结

在本章范例中，消费者与提供者之间的底层是通过 HTTP 协议进行通信的，而 OpenFeign 封装了 HTTP 通信细节，使得消费者可以按照 RPC 的方式远程访问提供者所提供的微服务。OpenFeign 允许消费者灵活地掌控通信过程，如查看通信过程的详细日志、设置超时限制、处理异常、对请求数据和响应数据进行压缩等。

第7章 远程调用框架: Dubbo

阿云: "在分布式的 Spring Cloud Alibaba 框架中，消费者访问提供者的微服务时，可否为微服务抽象出统一的服务接口，由提供者实现服务接口，而消费者访问服务接口呢？"

答主: "可以运用 Dubbo 远程调用框架，它支持 RPC 通信。"

在图 7.1 中，消费者访问 HelloService 接口，而提供者的 HelloServiceImpl 类实现了 HelloService 接口。

由于消费者需要远程访问提供者的 HelloServiceImpl 对象，这比调用本地的 HelloServiceImpl 对象要复杂很多，因此需要利用 Dubbo 框架来承担具体的远程通信任务。

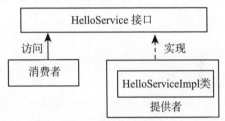

图 7.1 消费者通过 HelloService 接口访问提供者的微服务

7.1 比较 Dubbo 和 OpenFeign

扫一扫，看视频

Dubbo 是由阿里巴巴公司开发的支持 RPC 通信的远程调用框架，如今已成为 Apache 的一个开源项目，官方网址参见本书技术支持网页的【链接 12】。

Dubbo 与 OpenFeign 的区别如下：

（1）Dubbo 是框架，而 OpenFeign 是组件。Dubbo 作为远程调用框架，需要同时部署到微服务的提供者和消费者中。OpenFeign 仅仅是消费者方的远程调用组件。

（2）Dubbo 提供了真实的 RPC 远程调用，而 OpenFeign 实际上仅仅提供了伪 RPC 调用。图 7.2 演示了 OpenFeign 的远程调用过程，消费者访问 HelloFeignService 接口，OpenFeign 为该接口提供具体的实现，该实现按照 HTTP 协议请求访问提供者的 URL 资源。提供者方并没有实现 HelloFeignService 接口，所以说这是伪 RPC 调用。

图 7.2 OpenFeign 提供的伪 RPC 调用

图 7.3 演示了 Dubbo 的远程调用过程，消费者访问 HelloService 接口，消费者方的 Dubbo 为该接口提供代理实现。在提供者方，HelloServiceImpl 类真正实现了 HelloService 接口。提供者方的

Dubbo 会根据消费者的请求调用 HelloServiceImpl 类的相应方法。如果消费者调用 HelloService 接口的 sayHello() 方法，那么提供者方的 Dubbo 会调用 HelloServiceImpl 对象的 sayHello() 方法。

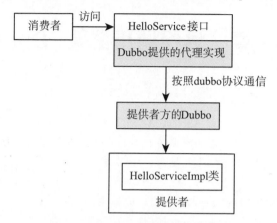

图 7.3　Dubbo 提供的 RPC 调用过程

（3）Dubbo 在进行远程调用时，消费者与提供者之间采用专门的 dubbo 协议进行通信，而 OpenFeign 与提供者之间采用 HTTP 协议进行通信。HTTP 协议要求消费者发送的请求数据中包含庞大的请求头，要求提供者发送的响应数据中包含庞大的响应头，而 dubbo 协议则不需要通信双方发送许多额外数据，因此 dubbo 协议是轻量级的通信协议，比 HTTP 协议具有更好的通信性能。

> 📢提示
> Dubbo 框架实际上支持多种通信协议：dubbo、HTTP、RMI、Redis 等，用户可以根据不同的场景灵活地选择特定的协议。不过，Dubbo 官方推荐使用的是 dubbo 协议。

7.2　创建采用 Dubbo 框架的范例

扫一扫，看视频

在本范例中，消费者和提供者有一个共同的服务接口 HelloService，它位于 hello-common 公共模块中。例程 7.1 是 HelloService 接口的源代码。

例程 7.1　HelloService.java

```java
package demo.hellocommon;
public interface HelloService {
  public String sayHello(String username);
}
```

7.2.1　创建 hello-provider 模块

创建 hello-provider 模块包括以下内容。

1. 在 pom.xml 文件中加入 Dubbo 依赖

在 hello-provider 模块的 pom.xml 文件中需要加入 hello-common 模块的依赖，还要加入 spring-cloud-starter-dubbo 依赖，该依赖能够把 Spring Cloud 与 Dubbo 整合到一起。例程 7.2 是 pom.xml 文件中的主要依赖代码。

例程 7.2　hello-provider 模块的 pom.xml 文件中的主要依赖代码

```xml
<dependency>
  <artifactId>hello-common</artifactId>
  <groupId>demo</groupId>
  <version>0.0.1-SNAPSHOT</version>
</dependency>

<dependency>
  <groupId>org.springframework.boot</groupId>
  <artifactId>
    spring-boot-starter-actuator
  </artifactId>
</dependency>

<dependency>
  <groupId>org.springframework.boot</groupId>
  <artifactId>spring-boot-starter-web</artifactId>
</dependency>

<dependency>
  <groupId>org.springframework.cloud</groupId>
  <artifactId>spring-cloud-starter</artifactId>
</dependency>

<dependency>
  <groupId>com.alibaba.cloud</groupId>
  <artifactId>
    spring-cloud-starter-alibaba-nacos-discovery
  </artifactId>
</dependency>

<dependency>
  <groupId>com.alibaba.cloud</groupId>
  <artifactId>spring-cloud-starter-dubbo</artifactId>
</dependency>
```

值得注意的是，在 Spring Cloud Alibaba 2021.0.1.0 之前的版本中，有一个用于便捷地整合 Dubbo 的 spring-cloud-starter-dubbo 启动器。从 2021.0.1.0 版本开始，移除了 spring-cloud-starter-dubbo 启动器。在 Spring Boot 中可通过 dubbo-spring-boot-starter 启动器来整合 Dubbo。

2. 在 application.yaml 文件中配置 Dubbo

在 application.yaml 文件中，除了设置 server.port 属性和 Nacos Discovery 组件的属性，还需要设置 Dubbo 框架的一些属性，参见例程 7.3。

例程 7.3　hello-provider 模块的 application.yaml 文件

```yaml
server:
  port: 8081
spring:
  application:
    name: hello-provider-service
  main:
    allow-bean-definition-overriding: true
    allow-circular-references: true
  cloud:
    nacos:
      discovery:
        server-addr: 127.0.0.1:8848
dubbo:
  application:
    name: hello-provider-service
  registry:
    address: spring-cloud://127.0.0.1
    username: nacos
    password: nacos
  scan:
    base-packages: demo.helloprovider
  protocol:
    name: dubbo
    port: -1
```

与前面几章中的 hello-provider 模块相比，本范例的 application.yaml 文件中增加了如下属性。

- spring.main.allow-bean-definition-overriding 属性：取值为 true，表示如果先后在 Spring 框架中注册了同名的 Bean 组件，则新的 Bean 组件会覆盖旧的 Bean 组件，默认值为 false。当应用加入了很多的依赖类库时，为了避免同名的 Bean 组件发生冲突，需要设置此项。
- spring.main.allow-circular-references 属性：取值为 true，表示如果存在互相循环的依赖，如类库 A 依赖类库 B，而类库 B 又依赖类库 A，那么会切断这种循环，默认值为 false。当应用加入了很多依赖类库，容易出现依赖类库之间的循环依赖时，需要设置此项。
- dubbo.application.name 属性：指定微服务的名字。
- dubbo.registry.address 属性：指定注册中心，即 Nacos 服务器的地址。
- dubbo.registry.username 属性：指定登录注册中心的用户名。
- dubbo.registry.password 属性：指定登录注册中心的口令。
- dubbo.registry.scan.base-packages 属性：指定扫描的包，在这个包以及子包中存放了服务接口的实现类，即用 @DubboService 注解标识的类。

- dubbo.protocol.name 属性：指定 Dubbo 框架进行 RPC 通信所使用的协议名字。
- dubbo.protocol.port 属性：指定 Dubbo 框架进行 RPC 通信所监听的端口。

dubbo.protocol.port 属性既可以是一个具体的端口号，也可以取值为 –1。

```
port: 20880          # 指定具体的端口号
```

或者

```
port: -1             # 自动分配任意的未被占用的端口号，取值 ≥ 20880
```

当 port 取值为 –1 时，Dubbo 会自动选择一个取值大于等于 20880 的未被占用的端口号。

3. 创建实现 HelloService 接口的 HelloServiceImpl 类

例程 7.4 中的 HelloServiceImpl 类实现了 HelloService 接口，它原本只是一个很普通的 Java 类，用 @DubboService 注解标识后，就被纳入 Dubbo 框架的编制中，成为能够被 Dubbo 框架调用的服务类。

例程 7.4　HelloServiceImpl.java

```java
@DubboService
public class HelloServiceImpl implements HelloService {
  @Override
  public String sayHello(String username){
    return "Hello,"+username;
  }
}
```

答主："当一个游客戴上特定的徽章时，就成了某个旅游团的一员。同样，在 Java 领域中，开发人员自定义的类为了能加入第三方的框架，也会用第三方框架的注解来标识自身，这个注解就像赋予游客某种身份的徽章。除了上述 HelloServiceImpl 类，你还能再举一些例子吗？"

阿云："如果前面章节的 HelloProviderController 类用 @RestController 注解标识，就会成为 Spring Web 框架的控制器类。如果 6.6.2 小节中的 HelloFeignFallback 类用 @Component 注解标识，就会成为 Spring 框架的 Bean 组件。"

4. 创建 HelloProviderApplication 启动类

HelloProviderApplication 启动类用 @EnableDubbo 注解标识，启用提供者方的 Dubbo 框架，参见例程 7.5。

例程 7.5　HelloProviderApplication.java

```java
@EnableDubbo
@SpringBootApplication
public class HelloProviderApplication {…}
```

7.2.2　创建 hello-consumer 模块

创建 hello-consumer 模块包括以下内容。

1. 在 pom.xml 文件中加入 Dubbo 依赖

hello-consumer 模块与 hello-provider 模块的 pom.xml 文件基本相同，都需要加入 hello-common 模块的依赖，以及 spring-cloud-starter-dubbo 依赖。

2. 在 application.yaml 文件中配置 Dubbo

在 application.yaml 文件中，除了设置 server.port 属性和 Nacos Discovery 组件的属性，还必须设置 Dubbo 的属性，参见例程 7.6。

例程 7.6　hello-consumer 模块的 application.yaml 文件

```yaml
server:
  port: 8082
spring:
  application:
    name: hello-consumer-service
  main:
    allow-bean-definition-overriding: true
    allow-circular-references: true
  cloud:
    nacos:
      discovery:
        server-addr: 127.0.0.1:8848
dubbo:
  application:
    name: hello-consumer-service
  cloud:
    subscribed-services: hello-provider-service
  registry:
    address: spring-cloud://127.0.0.1
    username: nacos
    password: nacos
  protocol:
    name: dubbo
    port: -1
```

以上代码中的 dubbo.cloud.subscribed-services 属性指定消费者从 Nacos 注册中心订阅的微服务的名字。如果不设定该属性，默认情况下，消费者会订阅所有的微服务列表，并将其存放在消费者的缓存中，这样会占用很多内存空间。因此，Dubbo 框架从提高消费者的运行性能的角度考虑，提供了这一属性。

3. 创建访问 HelloService 接口的 HelloConsumerController 类

答主："唐朝的杨贵妃爱吃荔枝，她只需在皇宫里告诉随从想吃荔枝，用不了多久，新鲜的荔枝就会出现在她眼前。实际上这些荔枝是从哪儿来的呢？"

阿云："荔枝是骑兵从千里之外的南方运输过来的。"

答主："Dubbo 框架中的消费者和杨贵妃一样，想要访问什么资源，也只需打个招呼，Dubbo 框架就会把远程的资源传送给消费者。"

例程 7.7 中的 HelloConsumerController 类只需调用 HelloService 接口的 sayHello() 方法，Dubbo 框架就能远程调用 hello-provider 模块的 HelloServiceImpl 类的 sayHello() 方法。

例程 7.7　HelloConsumerController.java

```java
@RestController
public class HelloConsumerController {

  @DubboReference
  private HelloService helloService;


  @GetMapping(value = "/enter/{username}")
  public String sayHello(@PathVariable String username) {
    return helloService.sayHello(username);
  }

}
```

HelloConsumerController 类的 helloService 成员变量用 @DubboReference 注解标识，表明它引用由 Dubbo 框架提供的 HelloService 对象，该对象充当 HelloService 接口在消费者方的代理。

答主："开发人员自定义的 HelloConsumerController 类置于第三方的 Dubbo 框架中，为了使用第三方 Dubbo 框架提供的 HelloService 接口的代理对象，会把 helloService 成员变量用 @DubboReference 注解标识，第三方 Dubbo 框架就会为该变量赋值。这种通过第三方的注解来获取第三方提供资源的方式，你还能再举个例子吗？"

阿云："在 2.7 节中用 @Autowired 注解标识了 restTemplate 变量，它引用了由 Spring 框架提供的 RestTemplate 对象。"

4. 创建 HelloConsumerApplication 启动类

HelloConsumerApplication 启动类与 HelloProviderApplication 类很相似，也需要用 @Enable-Dubbo 注解进行标识，以启用消费者方的 Dubbo 框架。

7.2.3　消费者远程访问提供者

分别启动 Nacos 服务器、hello-provider 模块和 hello-consumer 模块，通过浏览器访问 Nacos 服务器的控制台 http://localhost:8848/nacos，查看微服务列表，浏览器中会显示注册了 hello-provider-service 微服务和 hello-consumer-service 微服务。图 7.4 展示了 hello-provider-service 微服务的详情页面上的部分内容。其中，8081 端口是 hello-provider 模块的内置 Tomcat 监听的端口；20880 是 dubbo 协议监听的端口。

IP	端口	元数据
192.168.100.106	8081	dubbo.metadata-service.urls=["dubbo://192.168.100.106:20880/com.alibaba.cloud.dubbo.service.DubboMeta dataService?anyhost=true&application=hello-provider- service&bind.ip=192.168.100.106&bind.port=20880&deprecated=false&dubbo =2.0.2&dynamic=true&generic=false&group=hello-provider- service&interface=com.alibaba.cloud.dubbo.service.DubboMetadataService&m ethods=getAllServiceKeys,getServiceRestMetadata,getExportedURLs,getAllExp ortedURLs&pid=6828&qos.enable=false&release=2.7.15&revision=2021.0.1.0 &service.name=ServiceBean:hello-provider- service/com.alibaba.cloud.dubbo.service.DubboMetadataService:1.0.0&side=pr ovider&timestamp=1652192001590&version=1.0.0"] dubbo.metadata.revision=864CAD706D604C7ED08655C96007117A dubbo.protocols.dubbo.port=20880 preserved.register.source=SPRING_CLOUD

图 7.4　hello-provider-service 微服务的详情页面上的部分内容

通过浏览器访问 http://localhost:8082/enter/Tom，在页面上显示返回结果：Hello,Tom。由此可见，HelloConsumerController 类的 sayHello() 方法会通过 Dubbo 框架远程调用 hello-provider 模块的 HelloServiceImpl 类的 sayHello() 方法，获得返回结果。

扫一扫，看视频

7.3　超时时间和重试次数设置

Dubbo 可以设置消费者远程访问微服务的超时时间和重试次数，涉及以下两个属性。

- timeout 属性：指定超时时间，以毫秒为单位。
- retries 属性：指定重试次数，默认值为 2，表示当调用微服务失败后，还会重试 2 次，因此实际上调用 retries+1 次。

在提供者方和消费者方，都可以设置访问微服务的超时时间和重试次数，并且都可以在全局范围或者针对特定服务类进行设置。

hello-provider 模块作为提供者，在 application.yaml 文件中设置 dubbo.provider.timeout 和 dubbo. provider.retries 全局属性。

```
dubbo:
  provider:
    timeout: 3000            # 超时时间为 3000ms
    retries: 3               # 重试次数为 3 次
```

在 hello-provider 模块中，还可以针对 HelloServiceImpl 服务类设置超时时间和重试次数。

```
@DubboService(timeout=3000,retries=3)
public class HelloServiceImpl implements HelloService {…}
```

hello-consumer 模块作为消费者，在 application.yaml 文件中设置 dubbo.consumer.timeout 和 dubbo.consumer.retries 全局属性。

```
dubbo:
  consumer:
```

```
timeout: 3000
retries: 3
```

在 hello-consumer 模块中，还可以针对 HelloService 服务类设置超时时间和重试次数。

```
@RestController
public class HelloConsumerController {
  @DubboReference(timeout=3000,retries=3)
  private HelloService helloService;
  ...
}
```

假如在提供者方、消费者方、全局范围以及针对特定服务类都设置了超时时间和重试次数，Dubbo 会按照以下规则选用优先级高的配置。

（1）针对特定服务类的配置的优先级高于全局范围的配置。

（2）针对消费者方的配置的优先级高于提供者方的配置。

阿云：“既然 timeout 属性和 retries 属性既可以在提供者方进行设置，也可以在消费者方进行设置，那么到底在哪一方进行设置比较合适呢？”

答主：“首先在提供者方进行设置，因为提供者作为服务的供应方，更清楚以何种方式访问服务具有很好的性能。通常在提供者方设定默认的配置。另外，一个提供者会为多个消费者服务，不同消费者的需求会有所差别。如果有的消费者希望覆盖提供者的某些配置，则可以进行客户化的设置。”

下面对 HelloServiceImpl 类做如下修改，用于演示超时的效果，粗体字部分是修改的代码。

```
@DubboService(timeout=3000)
public class HelloServiceImpl implements HelloService {
  @Override
  public String sayHello(String username){
    try{
      Thread.sleep(10000);    // 睡眠 10s
    }catch(Exception e){e.printStackTrace();}

    return "Hello,"+username;
  }
}
```

通过浏览器访问 http://localhost:8082/enter/Tom，浏览器中返回图 7.5 所示的错误页面。

图 7.5　浏览器显示错误页面

在运行 hello-consumer 模块的 IDEA 控制台中会输出以下异常信息。

```
org.apache.dubbo.remoting.TimeoutException:
Waiting server-side response timeout by scan timer.
```

由于消费者远程访问 HelloServiceImpl 类的超时时间为 3s，而 sayHello() 方法睡眠 10s 才会返回结果，因此当 HelloConsumerController 类远程访问 HelloServiceImpl 类时，就会产生超时错误。

7.4　异常处理

在 7.3 节中，当消费者远程访问提供者出现超时错误时，消费者的程序代码没有处理这种错误，而是完全由服务器来处理。如果消费者希望自己处理错误，只需在调用 HelloService 接口时捕获异常即可。

首先在 HelloConsumerController 类的 sayHello() 方法中加入处理异常的流程。

```
@GetMapping(value = "/enter/{username}")
public String sayHello(@PathVariable String username) {
  try {
    return helloService.sayHello(username);
  }catch (Exception ex){
    return username+",something is wrong."
          +"<br>"+getStackTrace(ex);
  }
}
```

再通过浏览器访问 http://localhost:8082/enter/Tom，会得到图 7.6 所示的错误页面，页面上的错误信息由 HelloConsumerController 类的 sayHello() 方法产生。

```
← → C  ⓘ localhost:8082/enter/Tom

Tom,something is wrong.

org.apache.dubbo.rpc.RpcException: Failed to invoke the method sayHello
in the service demo.hellocommon.HelloService.
Tried 4 times of the providers [192.168.100.106:20880]
```

图 7.6　HelloConsumerController 类返回的错误信息

7.5　传递复杂对象类型数据

HelloService 接口的 sayHello() 方法的参数和返回值都是 String 类型。

```
public String sayHello(String username);
```

当消费者调用提供者的 HelloServiceImpl 类的 sayHello() 方法时，String 类型的 username 参数

及返回值就会在网络上传输。此外,服务方法的参数或返回值还可以是复杂对象类型,Dubbo 也能对其进行传输。不过,Dubbo 对需要在网上传输的复杂对象类型进行了一个约束,要求它们必须实现 Serializable 接口。

下面介绍消费者和提供者之间传递复杂对象类型数据的步骤。

(1)对 6.7 节中介绍的 Name 类、User 类和 Result 类做如下修改,使它们都能实现 Serializable 接口。

```
public class Name implements Serializable{……}
public class User implements Serializable{……}
public class Result implements Serializable{……}
```

(2)在 hello-common 模块的 HelloService 接口中增加 testUser() 方法,参数为 User 类型,返回值为 Result 类型。

```
public Result testUser(User user);
```

(3)在 hello-provider 模块的 HelloServiceImpl 类中实现 testUser() 方法。

```
@Override
public Result testUser(User user) {
  System.out.println("id:"+user.getId()
        +",name:"+user.getName().getFirstname()
        +" "+user.getName().getLastname());
  return new Result(100,"OK");
}
```

(4)在 hello-consumer 模块的 HelloConsumerController 类中调用 HelloService 接口的 testUser() 方法。

```
@GetMapping(value = "/testuser")
public Result testUser() {
  Name name = new Name("xiaoming", "zhang");
  User user=new User(1,name);
  return helloService.testUser(user);
}
```

(5)通过浏览器访问 http://localhost:8082/testuser,HelloConsumerController 类就会发起远程调用,返回图 7.7 所示的页面。从返回结果可以看出,消费者与提供者之间能顺利地传递 User 对象和 Result 对象。

```
←  →  C  ⓘ localhost:8082/testuser

{"code":100,"description":"OK"}
```

图 7.7 远程调用 HelloServiceImpl 类的 testUser() 方法的返回页面

扫一扫，看视频

7.6 负载均衡

Dubbo 在远程访问 hello-provider-service 微服务时，如果该微服务有多个实例，则 Dubbo 会保证负载均衡。Dubbo 支持以下 5 种负载均衡算法。

- random：随机算法。随机选择微服务的实例，权重高的实例获得更多被选中的机会。这是 Dubbo 的默认负载均衡算法。
- roundrobin：轮询算法。轮流选择微服务的所有实例，权重高的实例获得更多被选中的机会。
- consistenthash：一致性哈希算法。根据哈希值选择微服务实例，参数相同的请求总是访问同一个实例。
- leastactive：最少活跃调用算法。首先选择最不活跃的微服务实例，如果每个实例的活跃度相同，就随机选择一个实例。
- shortestresponse：最短响应算法，这是 Dubbo2.7 版本以上新增的算法。选择响应时间最短的微服务实例。如果每个实例的响应时间相同，就随机选择一个实例。

Dubbo 的 loadbalance 属性用于设置负载均衡算法。在提供者方和消费者方都可以设置负载均衡算法，并且都可以在全局范围或者针对特定服务类进行设置。

hello-provider 模块作为提供者，在 application.yaml 文件中设置 dubbo.provider.loadbalance 全局属性。

```yaml
dubbo:
  provider:
    loadbalance: roundrobin
```

在 hello-provider 模块中，还可以针对 HelloServiceImpl 类设置负载均衡算法。

```java
@DubboService(loadbalance="roundrobin")
public class HelloServiceImpl implements HelloService {…}
```

hello-consumer 模块作为消费者，在 application.yaml 文件中设置 dubbo.consumer.loadbalance 全局属性。

```yaml
dubbo:
  consumer:
    loadbalance: roundrobin
```

在 hello-consumer 模块中，还可以针对 HelloService 服务设置负载均衡算法。

```java
@RestController
public class HelloConsumerController {
  @DubboReference(loadbalance="roundrobin")
```

```
private HelloService helloService;
...
}
```

为了更精准地保证负载均衡，还可以设置 weight 权重属性，权重高的微服务实例获得更多被选中的机会。例如，在 hello-provider 模块的 application.yaml 文件中加入全局的权重属性。

```
dubbo:
  provider:
    loadbalance: roundrobin
    weight:100
```

针对 HelloServiceImpl 类，也可以设定权重属性。

```
@DubboService(loadbalance="roundrobin",weight=100)
public class HelloServiceImpl implements HelloService {…}
```

如果 hello-provider-service 微服务有多个实例，并且它们的 dubbo.provider.weight 属性不一样，那么 Dubbo 在按照轮询算法选择微服务实例时，权重大的实例将获得更多被选中的机会。

假如在提供者方、消费者方、全局范围以及针对特定服务类都设置了负载均衡算法，Dubbo 会按照以下规则选用优先级高的配置。

（1）针对特定服务类的配置的优先级高于全局范围的配置。

（2）针对消费者方的配置的优先级高于提供者方的配置。通常在提供者方设置默认的负载均衡算法，而消费者方根据实际需要可以覆盖提供者方的负载均衡算法。

以下步骤演示 roundrobin 算法的运行效果。

（1）在 hello-provider 模块中，针对 HelloServiceImpl 类设置 roundrobin 算法，并且修改 sayHello() 方法，在返回值中添加 server.port 属性的值。

```
@DubboService(loadbalance="roundrobin")
public class HelloServiceImpl implements HelloService {
  @Value("${server.port}")
  private String servicePort;

  @Value("${spring.application.name}")
  private String serviceName;

  @Override
  public String sayHello(String username){
    return "Hello," + username
            +"<br>Service Name:" + serviceName
            +"<br>Service Port:"+servicePort;
  }
}
```

（2）参照 2.5 节，启动 hello-provider-service 微服务的两个实例，分别监听 8081 和 8091 端口。

（3）通过浏览器访问 http://localhost:8082/enter/Tom，不断刷新页面，页面中显示 server.port 属性值在 8081 和 8091 之间切换，如图 7.8 所示。这是因为 Dubbo 按照 roundrobin 算法，轮流调用 hello-provider-service 微服务的两个实例。

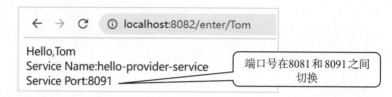

图 7.8　按照 roundrobin 算法轮流调用 hello-provider-service 微服务的两个实例

扫一扫，看视频

7.7　Dubbo 与 Sentinel 的整合

阿云： "在 Dubbo 框架中，如果忽然出现了流量洪峰，有十万个消费者同时请求访问一个提供者实例，超出了该提供者实例的承载负荷，这种情况该如何处理呢？"

答主： "可以利用 Sentinel 进行限流。"

Sentinel 是流量控制组件，本节主要介绍 Dubbo 与 Sentinel 的整合，建议先学习第 8 章，掌握了 Sentinel 的用法后再来学习本节内容。

对于本章运用 Dubbo 框架的 hello-provider-service 微服务，与 Sentinel 整合的步骤如下。

（1）在 hello-provider 模块的 pom.xml 文件中加入以下依赖。

```xml
<!-- Sentinel 的依赖 -->
<dependency>
  <groupId>com.alibaba.cloud</groupId>
  <artifactId>
    spring-cloud-starter-alibaba-sentinel
  </artifactId>
</dependency>

<!-- Dubbo 与 Sentinel 整合的依赖 -->
<dependency>
  <groupId>com.alibaba.csp</groupId>
  <artifactId>sentinel-apache-dubbo-adapter</artifactId>
</dependency>

<!-- 微服务连接到 Sentinel 控制台的依赖 -->
<dependency>
  <groupId>com.alibaba.csp</groupId>
  <artifactId>sentinel-transport-simple-http</artifactId>
</dependency>
```

（2）在 hello-provider 模块的 application.yaml 文件中配置所连接的 Sentinel 控制台的地址。

```
spring:
  cloud:
    sentinel:
      transport:
        dashboard: 127.0.0.1:8080
```

（3）参照 8.2.2 小节安装和运行 Sentinel 控制台。

（4）访问 http://localhost:8082/enter/Tom，使 hello-provider-service 微服务具有访问流量，再登录 Sentinel 控制台的管理页面，选择菜单"簇点链路"，显示图 7.9 所示的链路信息。

图 7.9　hello-provider-service 微服务的簇点链路

（5）在图 7.9 中，针对资源 demo.hellocommon.HelloService:sayHello(java.lang.String)，选择菜单"流控"，增加一条流控规则，如图 7.10 所示。该流控规则指定 1s 内只允许通过一个请求。

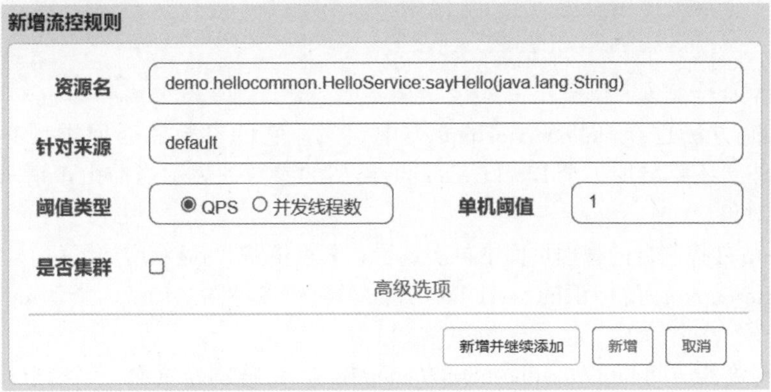

图 7.10　为 sayHello() 方法增加一条流控规则

（6）通过浏览器访问 http://localhost:8082/enter/Tom，快速刷新页面，当请求流量违反了流控规则时，浏览器中就会返回图 7.11 所示的错误页面。

图 7.11　请求被拒绝的错误页面

图 7.11 返回的错误信息对用户不是很友好，让用户难以理解到底发生了什么错误。为了给用户带来更友好的服务体验，可以按以下步骤指定请求被拒绝的处理方式。

（1）以下代码为 hello-provider 模块的 HelloServiceImpl 类的 sayHello() 方法加上 @Sentinel-Resource 注解。其中，value 属性指定资源名为 say；blockHandler 属性指定由 handleBlock() 方法处理请求被拒绝的情况。

```java
// 把 sayHello() 方法标识为 Sentinel 的资源
@SentinelResource(value="say", blockHandler = "handleBlock")
public String sayHello(String username){
  return "Hello," + username
              +"<br>Service Name:" + serviceName
              +"<br>Service Port:"+servicePort;
}


// 处理请求被拒绝的情况
public String handleBlock(String username, BlockException ex) {
  ex.printStackTrace();
  return username+",request is blocked.";
}
```

handleBlock() 方法也在 HelloServiceImpl 类中定义，它的参数和返回类型必须和 sayHello() 方法相同。此外，还要增加一个 BlockException 类型的参数，表示当前由于请求被拒绝产生的 BlockException 对象。

（2）在 Sentinel 控制台的管理页面中再次查看"簇点链路"，显示增加了一个名为 say 的资源，它与 @SentinelResource 注解标识的 sayHello() 方法对应。参考图 7.10，为资源 say 配置一个流控规则。

（3）通过浏览器访问 http://localhost:8082/enter/Tom，快速刷新页面，当请求流量违反了流控规则时，浏览器中就会返回图 7.12 所示的错误页面，错误信息由 handleBlock() 方法产生。

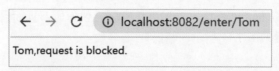

图 7.12　handleBlock() 方法返回的错误信息

扫一扫，看视频

7.8　提供者回调消费者

在 Dubbo 框架中，消费者可以远程调用提供者的服务方法。此外，提供者也可以远程调用消费者的方法，这种调用过程称为回调。

在图 7.13 中，有两个消费者访问提供者。消费者远程调用提供者的 HelloServiceImpl 对象的 sayHello() 方法，该方法在提供者方执行；此外，提供者会回调消费者的 MyCallbackListener 对象的 report() 方法，该方法在消费者方执行。

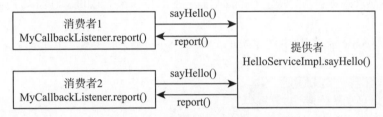

图 7.13　提供者回调消费者的方法

图 7.14 展示了整个 helloapp 软件项目的类框图。其中，HelloService 接口和 CallbackListener 接口位于 hello-common 模块，MyCallbackListener 类和 HelloConsumerController 类位于 hello-consumer 模块，HelloServiceImpl 类位于 hello-provider 模块。

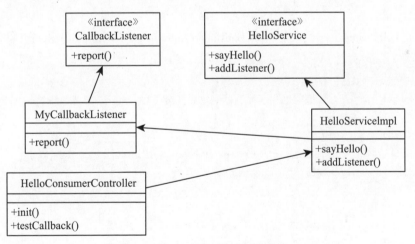

图 7.14　helloapp 软件项目的类框图

hello-provider-service 微服务回调 hello-consumer-service 微服务的步骤如下。

（1）在 hello-common 模块中创建 CallbackListener 回调接口，参见例程 7.8。

例程 7.8　CallbackListener.java

```
public interface CallbackListener {
    // 这是提供者回调消费者的方法
```

```
public void report(String msg);
}
```

（2）在 hello-common 模块的 HelloService 接口中增加两个方法：

```
// 提供者的服务方法
public String sayHello(String username,String key);
// 消费者通过此方法向提供者注册 CallbackListener
public void addListener(String key, CallbackListener listener);
```

为了便于提供者管理和访问特定 CallbackListener 对象，每个 CallbackListener 对象都有唯一的 key。

（3）在 hello-consumer 模块中创建 MyCallbackListener 类，它实现了 CallbackListener 接口，参见例程 7.9。

例程 7.9　MyCallbackListener.java

```
public class MyCallbackListener implements CallbackListener{
  @Override
  public void report(String msg) {
    System.out.println(msg);
  }
}
```

（4）在 hello-consumer 模块的 HelloConsumerController 类中增加 init() 和 testCallback() 方法。

```
@Value("${server.port}")
private String servicePort;
// 该注解表示 Spring 框架创建了控制器对象后就会调用 init() 方法
@PostConstruct
public void init(){
  // 向提供者注册 MyCallbackListener 对象，以 servicePort 作为 key
  helloService.addListener(servicePort,
                           new MyCallbackListener());
}
@GetMapping(value = "/callback/{username}")
public String testCallback(@PathVariable String username){
  // 调用提供者的 sayHello() 服务方法
  return helloService.sayHello(username,servicePort);
}
```

以上代码把当前微服务实例监听的 servicePort 作为 MyCallbackListener 对象的 key。在实际应用中，也可以用其他具有业务含义的属性作为 key，只要保证每个 MyCallbackListener 对象的 key 具有唯一性即可。

（5）修改 hello-provider 模块的 HelloServiceImpl 类，实现 HelloService 接口的 addListener() 方法和 sayHello(String username,String key) 方法，参见例程 7.10。

例程 7.10　HelloServiceImpl.java

```java
@DubboService(
  // 指明 addListener() 方法的 listener 参数是回调类型的参数
  methods={
    @Method(name="addListener",
            arguments={@Argument(index=1,callback=true)})}
)
public class HelloServiceImpl implements HelloService {
  // 存放消费者所注册的 CallbackListener 对象
  private final Map<String, CallbackListener> listeners =
    new ConcurrentHashMap<String, CallbackListener>();

  public HelloServiceImpl() {
    // 创建定时向消费者推送当前时间信息的线程
    Thread t = new Thread(new Runnable() {
      public void run() {
        while(true){
          try{
            for(Map.Entry<String, CallbackListener> entry :
                                      listeners.entrySet()){
              try{
                // 回调消费者的 CallbackListener 的 report() 方法
                entry.getValue().report("当前时间: "+new Date());
              }catch (Throwable t) {
                listeners.remove(entry.getKey());
              }
            }
            Thread.sleep(5000);// 通过睡眠定时向消费者推送时间信息
          }catch (Throwable ex){
            ex.printStackTrace();
          }
        }
      }
    });
    t.setDaemon(true);    // 作为后台线程运行
    t.start();
```

```
    }

    @Override
    public void addListener(String key,CallbackListener listener) {
      // 加入消费者注册的 CallbackListener 对象
      listeners.put(key, listener);
    }

    @Override
    public String sayHello(String username,String key){
      CallbackListener listener=listeners.get(key);
      // 回调消费者的 CallbackListener 对象的 report()方法
      listener.report(username+" 打过招呼。");
      return "Hello," + username;
    }
    ...
  }
```

在以上代码中，HelloServiceImpl 类的 @DubboService 注解嵌套了 @Method 注解，@Method 注解又嵌套了 @Argument(index=1,callback = true) 注解。@Argument 注解的作用是指定 addListener() 方法的索引为 1 的参数（listener 参数）是回调类型的参数。

（6）先后启动 hello-provider 模块和 hello-consumer 模块。HelloConsumerController 在初始化的过程中会通过调用 helloService.addListener(servicePort, new MyCallbackListener()) 方法，向提供者注册 MyCallbackListener 对象。

在提供者方，在创建时 HelloServiceImpl 对象启动了一个后台线程，该线程定时回调消费者注册的所有 CallbackListener 对象的 report() 方法，推送当前的时间信息。

通过浏览器访问 http://localhost:8082/callback/Tom，提供者方的 HelloServiceImpl 对象的 sayHello(String username,String key) 方法会回调当前消费者注册的 CallbackListener 对象的 report() 方法，然后返回响应结果。在运行 hello-consumer 模块的 IDEA 控制台中会输出如下信息。

```
当前时间: Fri May 27 13:25:38 CST 2022
当前时间: Fri May 27 13:25:43 CST 2022
当前时间: Fri May 27 13:25:49 CST 2022
Tom 打过招呼。
当前时间: Fri May 27 13:25:54 CST 2022
当前时间: Fri May 27 13:25:59 CST 2022
```

图 7.15 展示了当浏览器访问 http://localhost:8082/callback/Tom 时，消费者和提供者中的类互相通信的时序图。

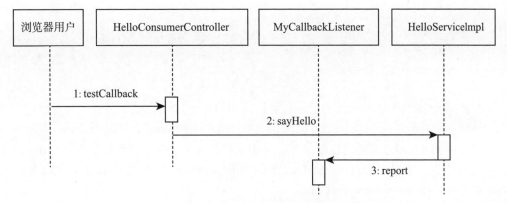

图 7.15　消费者和提供者中的类互相通信的时序图

7.9　消费者异步调用提供者的服务方法

阿云: "如果提供者的一个服务方法要执行很长时间，而消费者在发出调用后，不希望进入阻塞状态一直等待响应结果，而是能继续执行后续的其他业务，等到提供者的服务方法有了返回结果后再进行处理，该如何实现呢?"

答主: "可以使用 Dubbo 框架提供的异步调用机制。"

如图 7.16 所示，当消费者异步调用提供者的 doTask() 方法时，会立即返回 null，消费者继续执行后续的操作。等到提供者执行完 doTask() 方法，再把真正的响应结果发送给消费者，消费者再处理响应结果。

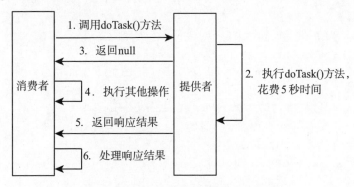

图 7.16　消费者异步调用提供者的服务方法

hello-consumer-service 微服务异步调用 hello-provider-service 微服务的步骤如下。

（1）在 hello-common 模块的 HelloService 接口中增加一个表示执行时间很长的 doTask() 方法。

```
public String doTask(String longtask);
```

（2）在 hello-provider 模块的 HelloServiceImpl 类中实现 doTask() 方法。

```
public String doTask(String longtask){
```

```
try{
    Thread.sleep(5000);                    // 睡眠 5s，模拟耗时很长的操作
}catch (Exception ex){
    ex.printStackTrace();
}
return longtask+" 已经完成 ";
}
```

以上代码中的 doTask() 方法通过睡眠 5s，模拟执行长任务。为了避免提供者执行 doTask() 方法时产生超时错误，需要把 HelloServiceImpl 类的 @DubboService 注解的 timeout 属性设为大于 5s 的时间，如 @DubboService(timeout=10000)。

（3）修改 hello-consumer 模块的 HelloConsumerController 类，在 @DubboReference 注解中嵌套 @Method 注解。@Method 注解指定异步调用 doTask() 方法。另外，再定义一个 testAsync() 方法，它会异步调用 helloService.doTask(" 保存文件 ") 方法。

```
// 指定异步调用 doTask() 方法
@DubboReference(methods=
        {@Method(name="doTask",async = true)})
private HelloService helloService;

@GetMapping(value = "/testasync")
public String testAsync() {
    // 此方法立即返回 null
    helloService.doTask(" 保存文件 ");

    // 获得存放异步调用结果的 CompletableFuture 对象
    CompletableFuture<String> helloFuture =
        RpcContext.getContext().getCompletableFuture();

    // 指定收到异步调用结果时的操作，参数 result 表示调用结果
    helloFuture.whenComplete((result, exception) -> {
        if (exception == null) {
            System.out.println(result);
        } else {
            exception.printStackTrace();
        }
    });
    return " 任务已经下达 ";
}
```

先后启动 hello-provider 模块和 hello-consumer 模块，通过浏览器访问 http://localhost:8082/testasync，浏览器中会立即显示 HelloConsumerController 类的 testAsync() 方法的返回值 "任务已

经下达"。在运行 hello-consumer 模块的 IDEA 控制台中过 5s 后输出远程 HelloServiceImpl 对象的 doTask() 方法返回的结果"保存文件已经完成"。

7.10 小 结

如果把消费者与提供者比作两个火车站，那么 OpenFeign 是开普通列车在两个站点之间传输数据，而 Dubbo 是开专列在两个站点之间传输数据。

OpenFeign 开的普通列车采用 HTTP 协议，它是使用很广泛的超文本传输协议。HTTP 协议按照传输网络数据的思路来设计，消费者发送请求数据，提供者返回响应数据，该协议不是专门为 RPC 设计的；而 Dubbo 开的专列，默认使用定制的轻量级的 dubbo 协议，在进行远程调用时具有更好的运行性能。Dubbo 是专门为 RPC 设计的，消费者通过调用服务接口来访问服务，提供者通过实现服务接口来提供服务。

阿云: "dubbo 协议是否也有局限呢？"

答主: "dubbo 协议底层采用 FTP（File Transfer Protocol，文件传输协议）建立长连接，并采用 Netty 框架进行非阻塞异步通信。dubbo 协议的适用场景包括高并发调用服务、传输小数据包、消费者数目远大于提供者数目。dubbo 协议不适合传输大数据包的服务调用。"

第8章 流量控制组件：Sentinel

前面章节介绍的 OpenFeign 和 Dubbo 也可以比作快递员，只要知道了提供者的地址，就会在消费者和提供者之间准确地传送请求和响应数据。本章所指的消费者可以是微服务或者浏览器。例如，在图 8.1 中，对于浏览器与微服务 A 之间的通信，浏览器是消费者，微服务 A 是提供者；对于微服务 A 和微服务 B 之间的通信，微服务 A 是消费者，微服务 B 是提供者。

图 8.1 消费者发出请求，提供者返回响应

如果只有快递员，还不能保证消费者和提供者之间顺利快速地通信，还取决于以下因素。

● 消费者与提供者之间的网络通畅，没有断开。

● 提供者没有宕机，处于可用状态。

● 请求数量没有超过提供者的承载负荷，确保提供者能够对每个请求及时作出响应。

阿云："以上因素都是不可控的，万一网络断开，或者提供者宕机，或者请求流量突然剧增，该如何处理呢？如何减少损失，尽可能为消费者提供最友好的服务呢？"

答主："可以运用流量控制组件 Sentinel，它能提高微服务系统的容错能力。"

Sentinel 是分布式系统的流量哨兵，它的技术发展历程如下：

（1）2012 年，阿里巴巴公司开发了 Sentinel，主要功能是控制请求流量。

（2）2013—2017 年，Sentinel 在阿里巴巴内部大量用于生产实践，成为软件系统中的基础技术模块。

（3）2018 年，Sentinel 对外开源，并持续演进和版本迭代。

如今，Sentinel 顺利通过了阿里巴巴的秒杀大促销、"双 11"等流量洪峰的考验，已有不少企业在使用开源版本和云版本的 Sentinel，包括顺丰、每日优鲜、拼多多、爱奇艺、喜马拉雅 FM、百融金服等。Sentinel 被业界公认为是一款性能卓越可靠的流量控制组件。

扫一扫，看视频

8.1 微服务容错的基本原理

提供者通过启动多个工作线程实现并发响应消费者的大量请求，如图 8.2 所示。

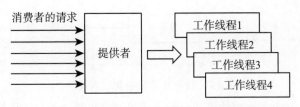

图 8.2　提供者的多个工作线程并发响应消费者的请求

图 8.2 中的工作线程就像超市里的售货员,如果超市里的消费者数量很少,那么每个消费者都能快速在收银台完成付款;如果超市里搞促销,涌入大量的消费者,那么消费者只能排队等待付款了。

答主: "如果你作为消费者,去超市买一支笔也要排队等候 3 个小时,你能接受吗?"

阿云: "不能接受。"

答主: "你希望超市如何提供更友好的服务呢?"

阿云: "希望超市在消费者流量很大时,增加售货员人数。"

答主: "超市增加售货员人数是一个好办法,但是不能无限制地增加,因为这样会增加超市的运营成本,最后超出超市的承受能力。当超市所能增加的售货员人数已经达到极限,仍然不能满足快速为大量消费者服务的需求时,该怎么办呢?"

阿云: "那么超市必须限制人流。例如,规定一个小时内超市里最多只能接纳 500 位消费者,其余的消费者就暂时被拒之门外。"

在图 8.3 中,消费者要买鲜榨果汁,售货服务调用榨果汁服务,形成了服务调用链。其中,执行售货服务的售货员就相当于微服务中的工作线程。

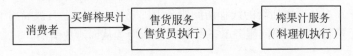

图 8.3　一个服务调用另一个服务,形成服务调用链

假定料理机出了故障,在维修的过程中,售货员处于长时间等待状态,相当于售货服务的一个工作线程进入了阻塞。假如所有的消费者碰巧都在购买鲜榨果汁,那么所有的售货员都处于等待状态。接下来,许多消费者又进入超市购买各种商品,超市会增加一些新的计时付费的售货员,但是这些售货员一旦遇到购买鲜榨果汁的消费者,就会进入等待状态,超市不断增加计时付费的售货员,运营成本急剧上升,超市最后不堪重负,只能关门大吉,这就是雪崩效应。由于一个服务出故障宕机,导致调用它的上游服务也跟着崩盘。

在图 8.4 中,服务 A 调用服务 B,当服务 B 不可用时,导致服务 A 中许多调用服务 B 的工作线程阻塞,同时,服务 A 还在接收大量消费者的请求,服务 A 启用更多工作线程来响应消费才者的请求,当这些工作线程消耗的资源超过了服务 A 的承受负荷时,服务 A 就会宕机。由此可见,如果不采取措施,一个节点的宕机会像传染病一样,蔓延到许多依赖它的节点,一层一层地传染,导致许多节点宕机,从而形成雪崩效应。

图 8.4　服务 B 宕机引起雪崩效应

　　在微服务系统中，某个节点出故障或者请求流量迎来洪峰，都是不可控的。因此，流量控制组件提供了以下三种应对突发状况的措施。

　　（1）限流：避免请求流量一起涌进来，冲垮系统。对超过阈值的请求拒绝响应。

　　（2）隔离：对访问特定服务的工作线程的数目进行限制。

　　（3）熔断与降级：禁止访问已经出故障或者存在安全隐患的节点。熔断的后果是导致整个分布式系统降级运行，因为部分节点不再提供服务。例如，只有基础服务仍然在运行，暂时不允许访问一些负载高但是不太重要的不稳定服务。

　　下面对这三种措施展开进行讲解。

1. 限流

　　请求流量并不是匀速到达提供者，流量有时大，有时小，随机不可控，经过 Sentinel 限流后，可以将流量调整为适合提供者处理的规模。8.3.2 小节将介绍限流的三种效果。

2. 隔离

　　在图 8.5 中，服务 A 会调用服务 B 和服务 C，如果服务 B 出现故障宕机，引发雪崩，导致服务 A 也宕机，那么会使服务 A 无法再访问服务 C。隔离是指限制服务 A 中访问服务 B 的工作线程数目。例如，阈值为 10，表示服务 A 最多只允许 10 个工作线程访问服务 B，当 10 个工作线程都处于阻塞时，服务 A 不会再增加新的线程访问服务 B，服务 B 实际上就被隔离了，这样就会避免服务 A 节点由于无限制地增加访问服务 B 的线程而被击垮，从而避免雪崩。

图 8.5　服务 A 运用隔离机制避免雪崩

　　对于本节开头介绍的消费者到超市购物的例子，运用上述隔离机制后，虽然料理机出现故障会导致超市无法再出售鲜榨果汁，但是仍然可以向消费者出售其他商品。

3. 熔断与降级

　　熔断也是避免雪崩的一种措施。在图 8.6 中，当服务 B 出现故障不再可用时，就熔断服务 A 与服务 B 之间的调用链路，服务 A 暂时无法调用服务 B，直到服务 B 恢复运行，再连通服务 A 与服务 B 之间的调用链路。

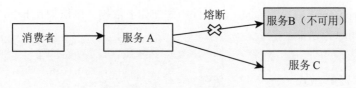

图 8.6　服务 B 被熔断

熔断的结果是导致微服务系统降级运行。所谓降级，是指本来服务 A 可以通过调用服务 B 来提供特定服务，而熔断后，不能再提供该服务。但是服务 A 还是可以通过调用服务 C 来提供其他的服务。

服务 B 不仅在不可用时会被熔断，在以下情况下也会被熔断。

（1）经常抛出异常，在单位时间内抛出异常的数目达到阈值。服务 B 频繁地抛出异常，说明已经变得很不可靠，及时熔断，可以防患于未然。

（2）处理请求的时间大大超出了正常处理的时间，达到了阈值。服务 B 处理请求时间过长，可能是因为超负荷运行，或者长时间等待其他服务资源。不管是什么原因，处理请求的时间过长，都意味着再继续访问服务 B 会存在击垮系统的隐患。

8.2　微服务与 Sentinel 的整合

扫一扫，看视频

答主："对于得了严重胃病的人，医生如何详细了解他的病情呢？"

阿云："把胃镜插到病人的胃里，医生在终端显示器上就能了解他的病情。"

答主："Sentinel 也是采用这样的原理控制一个微服务的流量，里应外合，就能进行流量控制。"

如图 8.7 所示，在微服务内部，需要集成 Sentinel 控制器，这个 Sentinel 控制器就相当于放到病人胃里的胃镜。Sentinel 控制器也称为 Sentinel 客户端。在微服务外面，有一个独立的 Sentinel 控制台，用户通过浏览器访问 Sentinel 控制台，就能控制微服务的流量。

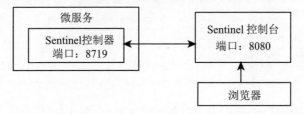

图 8.7　Sentinel 控制台与 Sentinel 控制器里应外合，控制微服务的流量

阿云："Sentinel 控制器就像潜入对方阵营的卧底。"

答主："这个比喻很形象。在 Spring Cloud Alibaba 框架中，为了把微服务与其他软件整合，经常会运用这样的思路：在微服务中安装一个插件，由这个插件与软件主程序进行通信。例如，在微服务中安装了 Nacos Discovery 插件，这个微服务就能与 Nacos 服务器进行通信了。"

8.2.1　hello-consumer 模块与 Sentinel 的整合

整合 hello-consumer 模块与 Sentinel 的步骤如下。

（1）在 hello-consumer 模块的 pom.xml 文件中添加如下依赖，该依赖在 hello-consumer-service 微服务中安装 Sentinel 控制器。

```
<dependency>
  <groupId>com.alibaba.cloud</groupId>
  <artifactId>
    spring-cloud-starter-alibaba-sentinel
  </artifactId>
</dependency>
```

（2）在 hello-consumer 模块的 application.yaml 文件中设置 spring.cloud.sentinel.transport.dashboard 属性，指定 Sentinel 控制台的地址。

```
spring:
  cloud:
    sentinel:
      transport:
        dashboard: 127.0.0.1:8080
```

安装在 hello-consumer-service 微服务中的 Sentinel 控制器监听的默认端口为 8719，Sentinel 控制器通过该端口与 Sentinel 控制台进行通信，向控制台发送微服务的流量情报，同时也会接收控制台发送的流量调控指令。Sentinel 控制器监听的端口也可以通过 spring.cloud.sentinel.transport.port 属性来显式指定。

启动 hello-consumer 模块，通过浏览器也可以查看 Sentinel 控制器，网址为 http://localhost:8719/api，如图 8.8 所示。在该网页中显示了 Sentinel 控制器暴露给 Sentinel 控制台的 API 列表。

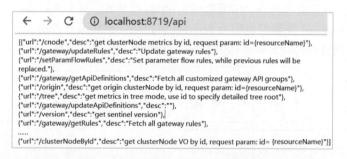

图 8.8　Sentinel 控制器暴露给 Sentinel 控制台的 API 列表

8.2.2　安装 Sentinel 控制台

Sentinel 控制台（Dashboard）是基于 Spring Boot 开发的一个独立应用，官方下载网址参见本书技术支持网页的【链接 13】。从该网址下载 Sentinel 控制台的 JAR 类库文件 sentinel-dashboard-1.8.4.jar。假定把该 JAR 类库文件存放在 C:\helloapp 目录下。在 DOS 命令行窗口中，转到 C:\helloapp 目录，运行如下命令，就能启动 Sentinel 控制台。

```
java -jar sentinel-dashboard-1.8.4.jar
```

sentinel–dashboard–1.8.4.jar 在 JDK8 版本中可以顺利运行。在 JDK17 中，为了保证版本的兼容，需要通过以下命令运行它。

```
java --add-exports=java.base/sun.net.util=ALL-UNNAMED
  -jar sentinel-dashboard-1.8.4.jar
```

Sentinel 控制台默认情况下监听 8080 端口。通过浏览器访问 http://localhost:8080，在弹出的登录窗口中输入默认的用户名 sentinel 和口令 sentinel，就会登录 Sentinel 控制台的主页，如图 8.9 所示。

图 8.9　Sentinel 控制台的主页

8.2.3　在 Sentinel 控制台中查看微服务的流量

分别启动 Nacos 服务器、Sentinel 控制台、hello–provider 模块和 hello–consumer 模块，通过浏览器登录 Sentinel 控制台，这时候没有看到任何微服务的流量信息。这是因为只有当微服务接收到了请求，Sentinel 控制台才能探测到微服务的请求流量。

通过浏览器访问 http://localhost:8082/enter/Tom，不断刷新页面，再观察 Sentinel 控制台的管理页面，选择菜单 hello–consumer–service →"实时监控"，就可以查看资源 /enter/{username} 的流量信息，如图 8.10 所示。

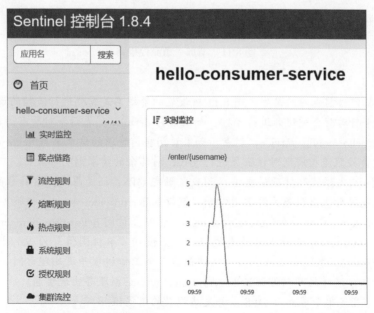

图 8.10　Sentinel 控制台对 hello–consumer–service 微服务的实时监控

在图 8.10 的左侧菜单中，有流控（流量控制）规则、熔断规则、热点规则等，通过配置这些规则，可以灵活地控制微服务的请求流量。

扫一扫，看视频

8.3 流 控 规 则

Sentinel 控制流量的方式有以下两种。

（1）限流：限定 QPS（Queries Per Second，每秒请求 / 查询数量）。

（2）隔离：限定并发的工作线程的数目。

在 Sentinel 控制台的管理页面中，选择菜单 hello-consumer-service → "流控规则" → "新增流控规则"，增加一条流控规则，如图 8.11 所示。

图 8.11　增加一条流控规则

在图 8.11 中，需要设定以下配置项。

- 资源名：指定当前资源的名字。图 8.11 中设置的资源名是需要进行流控的请求路径。
- 针对来源：针对哪个调用者进行流控。如果设为 default，则表示针对所有的调用者进行流控；如果设为 hello-config-service，则表示如果访问当前资源的请求来自 hello-config-service 微服务，就会按照流控规则对该服务进行流控，对其余的请求则全部放行。
- 阈值类型：指定限流统计项的类型，到底是限定 QPS，还是限定并发线程数。8.1.2 节中讲过，隔离能够防止微服务系统出现雪崩。假设 hello-provider-service 微服务宕机，而 hello-consumer-service 微服务的 /enter/{username} 资源会访问 hello-provider-service 微服务，针对 /enter/{username} 资源限定并发线程数，如设定 "单机阈值" 为 3，则意味着在 hello-consumer-service 微服务节点上，只允许最多 3 个工作线程并发处理访问 /enter/{username} 资源的请求，这样就可以防止 hello-consumer-service 微服务出现雪崩。
- 单机阈值：指定单个节点上 QPS 或并发线程数的限定值。
- 是否集群：指定是否针对集群进行流控，默认是对单个节点进行流控。
- 流控模式：指定当某资源的限流统计项达到阈值时，就对当前资源进行流控。默认值为

"直接"。在图 8.11 中，"流控模式"为"直接"，表示在单个节点上，对于资源 /enter/{username}，1s 内只允许放行一个访问该资源的请求。如果"流控模式"为"直接"，并且把"阈值类型"设为"并发线程数"，就表明对于资源 /enter/{username}，只允许一个工作线程处理访问该资源的请求。8.3.1 小节会详细介绍流控模式。

- 流控效果：指定流量控制的效果。默认值为"快速失败"，表示对于超过阈值的请求，会立即返回拒绝响应的错误信息。8.3.2 小节会详细介绍流控效果。

通过浏览器访问 http://localhost:8082/enter/Tom，不断刷新页面，有时会返回图 8.12 所示的页面，表明当每秒请求数量达到阈值时，新的请求就会被 Sentinel 拒绝。

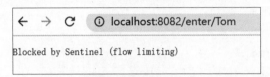

图 8.12　超过阈值的请求被 Sentinel 拒绝

在 Sentine 控制台的管理页面中选择"实时监控"，会显示每秒内通过的请求数目和被拒绝的请求数目，如图 8.13 所示。

时间	通过 QPS	拒绝QPS	响应时间/ms
10:18:27	1.0	2.0	14.0
10:18:26	1.0	3.0	328.0

图 8.13　每秒内通过的请求数目和被拒绝的请求数目

阿云："用浏览器来测试 Sentinel 的流控效果，快速发送大规模的请求不是很方便。如果需要模拟 100 个用户并发访问 hello-consumer-service 微服务，该如何实现呢？"

答主："可以使用专门的 JMeter 测试工具，它是 Apache 组织创建的开源软件，用 Java 语言开发，其官方网址参见本书技术支持网页的【链接 14】。JMeter 通过创建线程组来模拟多个用户并发请求访问微服务。"

8.3.1　流控模式

流控模式指定当某资源的限流统计项达到阈值时，就对当前资源进行流控。该模式有以下三个可选值。

- 直接：当前资源的限流统计项达到阈值时，对当前资源限流。8.3 节中的图 8.11 就采用这种流控模式。
- 关联：关联资源的限流统计项达到阈值时，对当前资源限流。
- 链路：调用链路上的入口资源的限流统计项达到阈值时，对当前资源限流。

假定针对资源 /testA 设置流控规则，资源 /testA 会调用资源 /testB，/testB 就是 /testA 的关联资源，如图 8.14 所示。

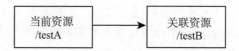

图 8.14 当前资源 /testA 调用关联资源 /testB

在图 8.15 中，把"流控模式"设为"关联"。当 /testB 的限流统计项达到阈值时，会对 /testA
限流，此时访问 /testA，会得到 8.3 节中图 8.12 所示的拒绝页面。

图 8.15 根据 /testA 的关联资源 /testB 进行限流

在图 8.16 中，有两条调用链：/father 调用 /kid，/mother 调用 /kid。因此，资源 /kid 有两个入
口资源：/father 和 /mother。

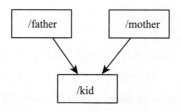

图 8.16 /father 和 /mother 是 /kid 的入口资源

在图 8.17 中，当前资源为 /kid 时，把"流控模式"设为"链路"，"入口资源"设为 /father，
表明当 /father 的限流统计项达到阈值时，对 /kid 进行限流，此时访问 /kid，会返回 8.3 节中图 8.12
所示的拒绝页面。

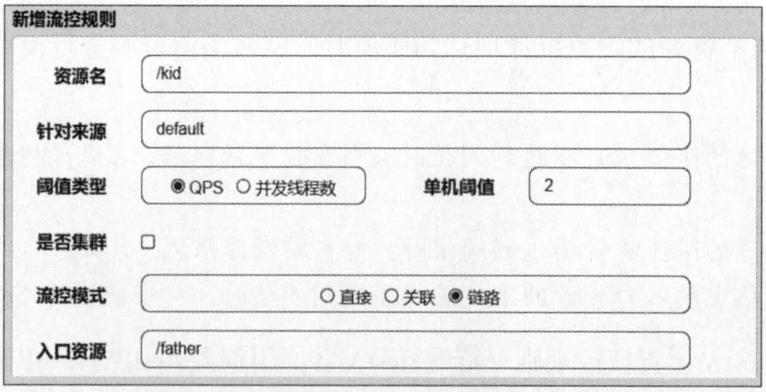

图 8.17 根据 /kid 的入口资源 /father 进行限流

8.3.2　流控效果

流控效果分为快速失败、Warm Up（预热）和排队等待。其中快速失败比较简单，8.3 节中图 8.11 所示就选用了快速失败，当请求被限流时，会立即返回 8.3 节中图 8.12 所示的拒绝页面。下面介绍 Warm Up 和排队等待这两种流控效果。

1.Warm Up

当一个超市早上刚营业时，营业员要做一些准备工作，如打开收银机、确认库存、检查冷柜是否有异常等。当营业员在忙于这些准备工作时，就无法接待很多的消费者。直到准备工作就绪，营业员才能接待常规流量的消费者。

同样，软件系统在刚开始提供服务时，也需要完成加载相关数据等准备工作，因此软件系统这时就无法响应很多的请求，直到准备工作就绪，才能及时响应常规流量的请求。

Warm Up 就是给微服务提供一个缓冲时间，单机阈值在一段时间内从默认的初始值 3 增加到指定的值。如图 8.18 所示，把"流控效果"设为 Warm Up，"预热时长"设为 6s。在 6s 的时间内，单机阈值从 3 逐渐增加到 10。也就是说，在 6s 的时间内，每秒允许通过的请求数目从 3 逐渐增加到 10。

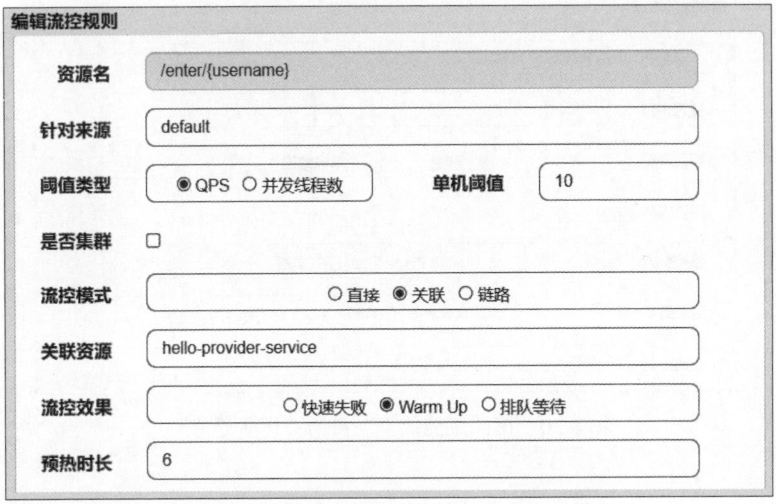

图 8.18　把"流控效果"设为 Warm Up

通过浏览器访问资源 /enter/{username}，不断刷新请求，浏览器中会显示一开始被拒绝的请求很多，慢慢地，被拒绝的请求减少了。

2. 排队等待

请求流量有时大、有时小，会导致微服务有时忙、有时空闲。如图 8.19 所示，排队等待是把不规则的请求流量调整为匀速的流量，这样能保证微服务匀速地处理请求。

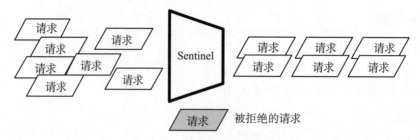

图 8.19　排队等待的流控效果

这就好比在交通要道设了关卡，交警控制车辆通行。到达关口的车流量忽大忽小，有时到来1 辆车，有时蜂拥而至 10 辆车，交警对它们进行限流，假定交警每 30s 只放行两辆车子，就会保证车子分批通过关口，车流匀速前行。

在图 8.20 中，把"流控效果"设为"排队等待"，"超时时间"设为 500ms，"单机阈值"设为 2。在 1s 内，只能通过 2 个请求。其余的请求不会被立刻拒绝，而是排队等待，有可能在后面的时间内放行。如果一个请求的排队等待时间超过 500ms，就会被拒绝，此时，发出请求的消费者会得到 8.3 节中图 8.12 所示的拒绝页面。

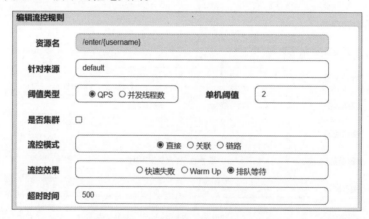

图 8.20　把"流控效果"设为"排队等待"

扫一扫，看视频

8.4　熔断规则

在微服务的调用链路中，当一个微服务出现不稳定的情况时，为了避免局部的不稳定导致整个微服务系统的雪崩，可以熔断对不稳定微服务的调用。

微服务的不稳定包括以下两种情况。

● 响应请求的时间过长。

● 在单位时间内产生大量异常。

熔断规则根据不稳定情况的类型有以下三种策略可选。

- 慢调用比例:在单位时间内,响应时间过长(慢调用)的请求数目占所有请求数目的比例。
- 异常比例:在单位时间内,响应结果为异常的请求数目占所有请求数目的比例。
- 异常数:在单位时间内,响应结果为异常的请求数目。

熔断有以下三种状态。

- OPEN:熔断开启,拒绝所有请求。
- HALF_OPEN:探测恢复状态,如果接下来的一个请求不符合熔断标准(不是慢调用,或者未产生异常),就结束熔断,否则继续熔断。
- CLOSED:熔断关闭,请求顺利通过。

8.4.1 慢调用比例

在图 8.21 中,把资源 /enter/{username} 的"熔断策略"设为"慢调用比例"。RT(Response Time)表示响应时间。如果一个请求的响应时间超过"最大 RT",就被认为是慢调用。

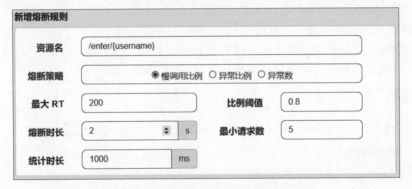

图 8.21 把"熔断策略"设为"慢调用比例"

在图 8.21 中,响应时间超过 200ms 的请求被认为是慢调用。另外,图 8.21 中包含的以下几个配置项共同决定了熔断的条件。

(1)在"统计时长"1000ms 内,慢调用请求数目占所有请求数目的比例超过"比例阈值"0.8。

(2)在"统计时长"1000ms 内,所有请求数目大于"最小请求数"5。

如果同时满足以上两个条件,就会熔断 2s。在熔断期间,访问资源 /enter/{username} 的请求会得到 8.3 节中图 8.12 所示的拒绝页面。过了 2s 的熔断时间,就会进入探测恢复阶段(对应 HALF_OPEN 状态),如果接下来的一个请求不是慢调用,就会结束熔断,否则再次熔断。

8.4.2 异常比例

在图 8.22 中,把资源 /enter/{username} 的"熔断策略"设为"异常比例"。

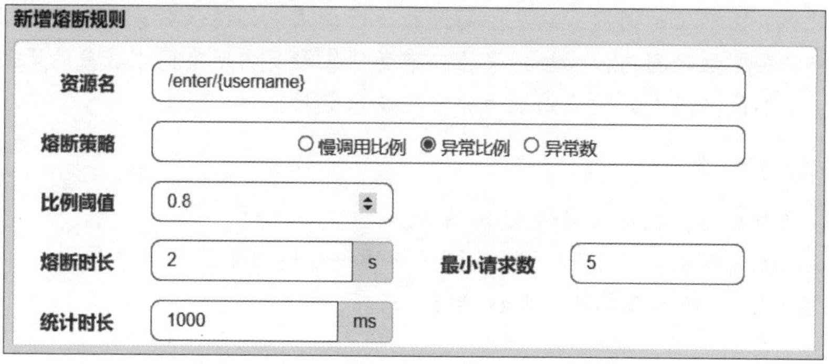

图 8.22 把"熔断策略"设为"异常比例"

图 8.22 中的以下配置项共同决定了熔断的条件。

（1）"统计时长"1000ms 内，响应结果为异常的请求数目占所有请求数目的比例超过"比例阈值"0.8。

（2）在"统计时长"1000ms 内，所有请求数目大于"最小请求数"5。

如果同时满足以上两个条件，就会熔断 2s。在熔断期间，访问资源 /enter/{username} 的请求会得到 8.3 节中图 8.12 所示的拒绝页面。过了 2s 的熔断时间，就会进入探测恢复阶段，如果接下来的一个请求没有返回异常，就会结束熔断，否则再次熔断。

8.4.3 异常数

在图 8.23 中，把资源 /enter/{username} 的"熔断策略"设为"异常数"。

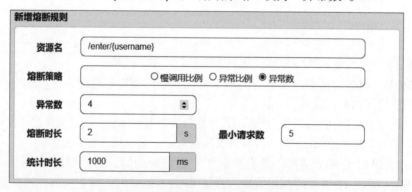

图 8.23 把"熔断策略"设为"异常数"

图 8.23 中的以下配置项共同决定了熔断的条件。

（1）在"统计时长"1000ms 内，响应结果为异常的请求数目超过 4 个。

（2）在"统计时长"1000ms 内，所有请求数目大于"最小请求数"5。

如果同时满足以上两个条件，请求就会熔断 2s。在熔断期间，访问资源 /enter/{username} 的请求会得到 8.3 节中图 8.12 所示的拒绝页面。过了 2s 的熔断时间，就会进入探测恢复阶段，如果接下来的一个请求没有返回异常，就会结束熔断，否则再次熔断。

8.5　系统规则

流控规则和熔断规则都是针对微服务的某个资源设定的，而系统规则是针对整个
微服务设定的规则，用于控制微服务的入口流量，如图 8.24 所示。

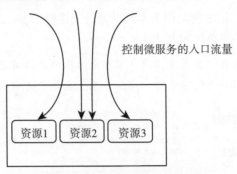

图 8.24　控制微服务的入口流量

在 Sentinel 控制台中，对 hello-consumer-service 微服务新增系统规则（又称系统保护规则）
的页面如图 8.25 所示。

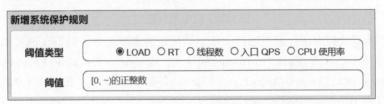

图 8.25　对 hello-consumer-service 微服务新增系统规则的页面

图 8.25 中的"阈值类型"表示限流统计项的类型，有 5 个可选值：LOAD、RT、线程数、入
口 QPS、CPU 使用率。表 8.1 对这些阈值类型进行了说明。

表 8.1　系统规则的各种阈值类型

阈值类型	取　值	说　明
LOAD（系统负载）	大于或等于 0 的整数	当微服务的系统负载达到阈值且并发线程数超过系统容量时，会触发限流机制，建议设置为 CPU 核心数 ×2.5。Sentinel 会依据操作系统来计算系统负载和系统容量。该阈值类型仅对 Linux 或 UNIX-like 操作系统生效
RT（响应时间）	大于或等于 0 的整数	当入口流量的平均 RT 达到阈值时，会触发限流机制
线程数	大于或等于 0 的整数	当用于响应入口流量的并发线程数达到阈值时，会触发限流机制
入口 QPS	大于或等于 0 的整数	当入口流量的每秒请求数目达到阈值时，会触发限流机制
CPU 使用率	百分比，0~1 的小数	当微服务占用 CPU 的百分比达到阈值时，会触发限流机制

当微服务的限流统计项达到阈值时，就会触发 Sentinel 的限流机制，Sentinel 接下来会拒绝访问微服务的部分请求，返回 8.3 节中图 8.12 所示的拒绝页面。

扫一扫，看视频

8.6　授权规则

授权规则根据请求的调用方来判断通过或拒绝请求。如图 8.26 所示，授权规则包括指定白名单和黑名单两种方式。

- 白名单：在白名单内的调用者允许访问，不在白名单内的调用者不允许访问。
- 黑名单：在黑名单内的调用者不允许访问，不在黑名单内的调用者允许访问。

新增授权规则		
资源名	/enter/{username}	
流控应用	origin1,origin2,origin3	
授权类型	◉白名单 ○黑名单	

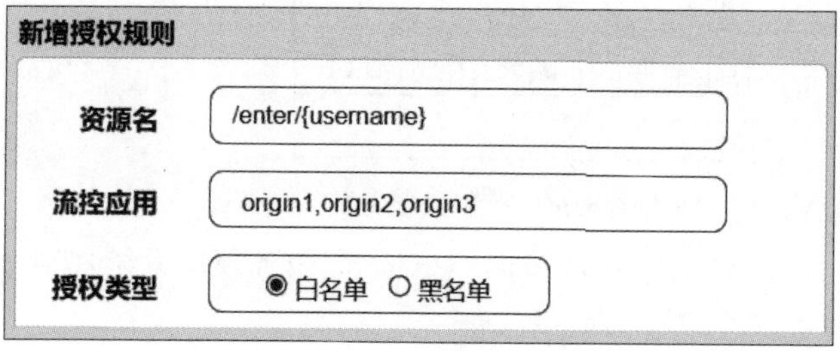

图 8.26　设定授权规则

授权规则中的"流控应用"配置项用于指定调用者的来源名单，以英文逗号隔开。

阿云："对于每一个访问 /enter/{username} 的请求，Sentinel 如何知道该请求的调用者来源呢？"

答主："Sentinel 通过 RequestOriginParser 接口的 parseOrigin() 方法来获取请求的调用者来源。"

Sentinel API 的 RequestOriginParser 接口的定义如下：

```
public interface RequestOriginParser {
    // 从 request 请求对象中获取调用者来源的名字，获取方式自定义
    public String parseOrigin(HttpServletRequest request);
}
```

在 Sentinel 为 RequestOriginParser 接口提供的默认实现中，parseOrigin() 方法总是返回 default。也就是说，把所有请求的调用者来源都命名为 default。

在实际运用中，为了区别不同的调用者来源，需要为 RequestOriginParser 接口提供自定义的实现，以下是常用的实现方式。

- 从特定请求参数中获得调用者来源的名字。例如，假定请求参数 origin 表示调用者来源的名字。
- 根据 HTTP 请求头中的特定项获得调用者来源的名字。例如，假定请求头中的 origin 项表示调用者来源的名字。

例程 8.1 中的 MyOriginParser 类实现了 RequestOriginParser 接口，根据请求参数 origin 获得调用者来源的名字。

例程 8.1　MyOriginParser.java

```java
@Component
public class MyOriginParser implements RequestOriginParser{
    @Override
    public String parseOrigin(HttpServletRequest request){
        // 获取请求参数
        String origin = request.getParameter("origin");
        return origin==null: "blank" ? origin;
    }
}
```

按照图 8.26 设置了授权规则后，通过浏览器访问以下链接，当 origin 参数为 origin1 时，会得到正常响应结果；当 origin 参数为 origin4 时，会得到 8.3 节中图 8.12 所示的拒绝页面。

```
// 来源位于白名单，请求通过
http://localhost:8082/enter/Tom?origin=origin1

// 来源不位于白名单，请求被拒绝
http://localhost:8082/enter/Tom?origin=origin4
```

8.7　@SentinelResource 注解

扫一扫，看视频

前面介绍的各种规则都是通用的，如果还需要针对特定资源定制客户化规则，则可以使用 @SentinelResource 注解，它具有以下属性。

（1）value 属性：指定资源的名字。

（2）blockHandler 属性：指定当请求被 Sentinel 拒绝时的处理方法。

（3）blockHandlerClass 属性：指定当请求被 Sentinel 拒绝时的处理类。

（4）fallback 属性：指定响应过程中产生的异常的处理方法。

（5）fallbackClass 属性：指定响应过程中产生的异常的处理类。

（6）exceptionsToIgnore 属性：指定需要被忽略的异常。当出现这些异常时，fallback 属性和 fallbackClass 属性的设定值不起作用。

当控制器类的一个请求处理方法用 @SentinelResource 注解标识时，它就成为 Sentinel 的资源，可以为它指定客户化的规则，主要包括以下三个方面。

（1）指定热点规则，针对热点参数进行限流。

（2）指定当请求被 Sentinel 拒绝时的处理方式。

（3）指定响应过程中产生的异常的处理方式。

8.7.1　热点规则

答主："对一条道路进行交通管制，10min 内只允许通过一辆车。假如执行紧急灭火任务的一组消防车要通过这条道路，这个规则是否适用呢？"

阿云："应该有所变通，如允许1min内通过5辆消防车。"

同样，对请求进行限流，也会遇到特例。例如，某个购物网站的一位VIP用户，频繁光顾网站，大量购物。如果对该用户进行常规限流，就是断了网站的财路。另外，对于故意到网站捣乱的信用不良的用户，则需要进行比常规限流更严格的管控。

对于hello-consumer模块，假定资源/enter/{username}的username参数为热点参数，需要对用户Tom和Mike进行专门的限流。

为了配置热点规则，首先在HelloConsumerController类中为sayHello()方法加上@Sentinel-Resource注解，该注解的value属性把资源名设为enter。

```
@SentinelResource(value="enter")
@GetMapping(value = "/enter/{username}")
public String sayHello(@PathVariable String username) {…}
```

然后在Sentinel控制台的管理页面中新增热点规则，如图8.27所示，将资源名设为enter，与@SentinelResource注解的value属性值必须一致。

图8.27 设置热点规则

图8.27中的参数索引指定参数位于请求数据中的序号。假定一个资源的URL路径为/test/{param1}/{param2}。在这个URL路径中有两个参数：param1和param2。其中，param1参数的索引为0；param2参数的索引为1。

图8.27中设置的热点规则如下：

（1）普通请求的"单机阈值"为3，即在"统计窗口时长"为1s时只允许通过3个请求。

（2）如果请求中索引为0的参数（第1个参数）的值为Tom，那么"限流阈值"为20。

（3）如果请求中索引为0的参数的值为Mike，那么"限流阈值"为1。

由此可见，热点规则允许对不同的热点参数值设定不同的"限流阈值"。

通过浏览器访问以下URL，不断刷新网页，浏览器中显示限流的效果不一样。

```
http://localhost:8082/enter/Jack        // 限流阈值为 3
http://localhost:8082/enter/Tom         // 限流阈值为 20
http://localhost:8082/enter/Mike        // 限流阈值为 1
```

8.7.2 请求被拒绝的处理方式

当 Sentinel 依据特定的规则拒绝一个请求时,会产生 BlockException,对这种异常的默认处理方式是返回 8.3 节中图 8.12 所示的拒绝页面。这种页面带来的用户体验不是很友好。如果需要定制请求被拒绝的处理方式,可以指定 @SentinelResource 注解的 blockHandler 属性。

以下代码中的 @SentinelResource 注解设定了 blockHandler 属性,它指定由 handleBlock() 方法来处理请求被拒绝的情况。

```
@SentinelResource(value="enter", blockHandler="handleBlock")
@GetMapping(value = "/enter/{username}")
public String sayHello(@PathVariable String username) {…}
public String handleBlock(String username, BlockException ex) {
  ex.printStackTrace();
  return username+",request is blocked.";
}
```

handleBlock() 方法也在 HelloConsumerController 类中定义,它的参数和返回类型必须和 sayHello() 方法相同。此外,还需要增加一个 BlockException 类型的参数,表示当前的 BlockException 对象。

在 Sentinel 控制台中,为以上 @SentinelResource 注解所标识的 enter 资源设定一个流控规则,如图 8.28 所示。

图 8.28 为 enter 资源设定一个流控规则

通过浏览器访问 http://localhost:8082/enter/Tom,不断刷新网页,有时会返回图 8.29 所示的错误提示页面。该页面的信息是由 handleBlock() 方法返回的。

图 8.29 handleBlock() 方法返回的错误提示页面

如果希望在单独的类中处理请求被拒绝的情况,可以设定 @SentinelResource 注解的 blockHandler 属性和 blockHandlerClass 属性。

```
@SentinelResource(value="enter",
         blockHandler="handleBlock",
         blockHandlerClass=MyBlockHandler.class)
@GetMapping(value = "/enter/{username}")
public String sayHello(@PathVariable String username){…}
```

在以上代码中，@SentinelResource 注解指定由 MyBlockHandler 类的 handleBlock() 方法处理请求被拒绝的情况。例程 8.2 是 MyBlockHandler 类的源代码。

例程 8.2　MyBlockHandler.java

```
public class MyBlockHandler {
  public static String handleBlock(String username,
                                   BlockException ex) {
    ex.printStackTrace();
    return username+",request is blocked.";
  }
}
```

值得注意的是，当以上代码中的 handleBlock() 方法位于单独的 MyBlockHandler 类中时，其必须是静态方法。

8.7.3　对异常的处理

Sentinel 拒绝请求时会抛出 BlockException 异常，为了与这种异常区分，本书把由 HelloConsumer-Controller 类的 sayHello() 方法处理业务逻辑抛出的异常称为服务异常。默认情况下，当出现服务异常时，会返回图 8.30 所示的错误提示页面。

图 8.30　sayHello() 方法抛出异常时返回的错误提示页面

以上错误页面带来的用户体验不是很友好。如果需要定制对异常的处理方式，可以设置 @SentinelResource 注解的 fallback 属性。

以下代码中的 @SentinelResource 注解设定了 fallback 属性，它指定由 handleException() 方法处理异常。

```
@SentinelResource(value="enter", fallback="handleException")
@GetMapping(value = "/enter/{username}")
public String sayHello(@PathVariable String username) {
```

```
  if(username.equals("Monster"))
    throw new IllegalArgumentException("Illegal Argument");
  return helloFeignService.sayHello(username);
}

public String handleException(String username,Throwable ex) {
  ex.printStackTrace();
  return username+",something is wrong.";
}
```

以上代码中的 handleException() 方法也在 HelloConsumerController 类中定义，它的参数和返回类型必须和 sayHello() 方法相同，此外，还需要增加一个 Throwable 类型的参数，表示当前产生的异常对象。

📢 提示

如果没有设定 @SentinelResource 注解的 blockHandler 属性，那么对于 Sentinel 拒绝请求而产生的 BlockException 异常，也由 fallback 属性指定的方法来处理。

通过浏览器访问 http://localhost:8082/enter/Monster，就会返回图 8.31 所示的错误提示页面。该页面的信息是由 handleException() 方法返回的。

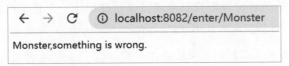

图 8.31 handleException() 方法返回的错误提示页面

如果希望在单独的类中处理异常，可以设定 @SentinelResource 注解的 fallback 属性和 fallbackClass 属性。

```
@SentinelResource(value="enter",
        fallback="handleException",
        fallbackClass = MyExceptionHandler.class)
@GetMapping(value = "/enter/{username}")
public String sayHello(@PathVariable String username) {…}
```

在以上代码中，@SentinelResource 注解指定由 MyExceptionHandler 类的 handleException() 方法处理异常。例程 8.3 是 MyExceptionHandler 类的源代码。

例程 8.3 MyExceptionHandler.java

```
public class MyExceptionHandler {
  public static String handleException(
                String username, Throwable ex) {
    ex.printStackTrace();
```

```
        return username+",something is wrong.";
    }
}
```

值得注意的是，当以上代码中的 handleException() 方法位于单独的 MyExceptionHandler 类中时，其必须是静态方法。

@SentinelResource 注解还有一个 exceptionsToIgnore 属性，用于指定所有被忽略的异常。例如：

```
@SentinelResource(value="enter",
        blockHandler="handleBlock",
        blockHandlerClass=MyBlockHandler.class,
        fallback="handleException",
        fallbackClass = MyExceptionHandler.class,
        exceptionsToIgnore={NullPointerException.class})
```

以上代码表明，当出现 NullPointerException 异常时，MyExceptionHandler 类的 handleException() 方法不会处理该异常。

扫一扫，看视频

8.8　自定义处理 BlockException 异常的方式

Sentinel 依照各种规则控制请求流量，在拒绝一个请求时，会产生 BlockException 异常，更确切地说，是产生 BlockException 类的特定子类异常，具体包括以下类型。

- FlowException：违反流控规则产生的流控异常。
- ParamFlowException：违反热点规则产生的热点异常。
- DegradeException：违反熔断规则产生的熔断降级异常。
- AuthorityException：违反授权规则产生的授权异常。
- SystemBlockException：违反系统规则产生的系统异常。

Sentinel 对以上异常的默认处理方式是返回 8.3 节中图 8.12 所示的拒绝页面。如果希望自定义处理 BlockException 异常的方式，可以实现 Sentinel 的 BlockExceptionHandler 接口，它的定义如下：

```
public interface BlockExceptionHandler {
  // 处理 BlockException
  public void handle(HttpServletRequest request,
            HttpServletResponse response,
            BlockException e) throws Exception;
}
```

例程 8.4 中的 SentinelExceptionHandler 类实现了 BlockExceptionHandler 接口，提供了自定义处理 BlockException 异常的方式。

例程 8.4　SentinelExceptionHandler.java

```java
@Component
public class SentinelExceptionHandler
                    implements BlockExceptionHandler {
  @Override
  public void handle(HttpServletRequest request,
                    HttpServletResponse response,
                    BlockException ex) throws Exception {
    String msg = "未知异常";
    int status = 429;

    if (ex instanceof FlowException) {
      msg = "请求被限流了";
    } else if (ex instanceof ParamFlowException) {
      msg = "请求被热点参数限流";
    } else if (ex instanceof DegradeException) {
      msg = "请求被熔断降级了";
    } else if (ex instanceof SystemBlockException) {
      msg = "系统入口流量被限流了";
    } else if (ex instanceof AuthorityException) {
      msg = "没有权限访问";
      status = 401;
    }
    response.setContentType(
              "application/json;charset=utf-8");
    response.setStatus(status);
    response.getWriter().println("{\"msg\": \"" + msg
                      + "\", \"status\": " + status + "}");

  }
}
```

假定对资源 /enter/{username} 设定了流控规则，当一个请求违反了流控规则时，Sentinel-ExceptionHandler 会返回图 8.32 所示的错误信息。

图 8.32　SentinelExceptionHandler 返回的错误信息

阿云："8.7.2 小节介绍过，对于用 @SentinelResource 注解标识的资源，可以通过该注解的 blockHandler 属性来指定处理 BlockException 异常的方式。它和 SentinelExceptionHandler 会冲突吗？"

答主："@SentinelResource 注解的 blockHandler 属性指定的处理方式具有更高的优先级。"

扫一扫，看视频

8.9　集群流控

　　在图 8.33 中，一个微服务有多个实例，构成了微服务集群。单机流控只是对集群中的一个实例节点进行流控。在实际运行环境中，到达集群中每个节点的请求流量并不均匀，而所有的实例节点都遵循同样的单机流控规则，就会出现一种不合理的情况：当集群的总流量还没到达阈值时，有的节点就已经限流了。因此，需要从集群的角度进行整体限流，并以单机限流兜底，更好地发挥流量控制的效果。

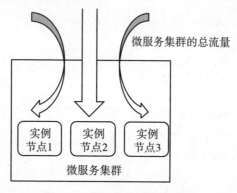

图 8.33　微服务集群的总流量

8.9.1　集群流控的原理

阿云："微服务集群中的每个实例节点独立运行，如何知道集群的总流量，如何把对总流量的限流落实到每个节点呢？"

答主："需要设立一个 Token Server 来专门统计集群的总流量，其他的节点都与这台 Token Server 通信，来获知对访问某个节点的请求到底是通过还是拒绝。"

　　集群限流的原理很简单，和单机限流一样，都需要对 QPS 等数据进行统计，区别就在于单机限流是在每个节点中进行统计的，而集群限流由 Token Server 负责统计集群的总流量。

　　专门用来统计集群的总流量的节点称为 Token Server，其他节点都是 Token Client。如图 8.34 所示，Token Client 接收到一个请求时，会向 Token Server 申请 Token，如果能获得 Token，就说明当前的 QPS 还未达到集群的总阈值，允许通过当前请求；如果不能获得 Token，就说明当前的 QPS 已经达到集群的总阈值，当前请求被拒绝。

图 8.34　Token Client 收到 Token 就会放行请求

在单机流控中,节点只有一种身份,即 Token Server。和单机流控相比,集群流控中节点的身份有以下两种。

- Token Client : 集群流控客户端,每接收到一个请求,就尝试向 Token Server 申请 Token。
- Token Server : 集群流控服务器,处理来自 Token Client 的申请,根据配置的集群流控规则判断是否应该发放 Token (是否允许通过当前请求)。

阿云: "Token Server 或 Token Client 的职责到底由谁来完成呢?"
答主: "当然是由安装在节点上的 Sentinel 插件来完成。"
Sentinel 集群流控支持两种规则:限流规则和热点规则,并支持以下两种总阈值计算模式。

- 集群总体模式:直接指定集群的 QPS 的总阈值。
- 单机均摊模式:指定单机均摊的阈值。Token Server 会根据所有节点的数目来计算总阈值。例如,单机均摊阈值为 10,一共有三个节点,那么总阈值就是 30,如果有一个节点宕机了,那么总阈值就变为 20。Token Server 会按照总阈值进行限流。这种模式比较适合节点经常变更的集群环境。

8.9.2　Token Server 的部署模式

Token Server 有两种部署模式:独立部署和嵌入式部署。

1. 独立部署模式

启动一个专门的 Token Server 来处理 Token Client 的请求,如图 8.35 所示。

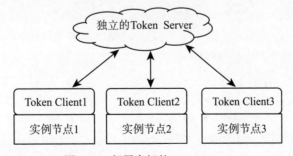

图 8.35　部署专门的 Token Server

在图 8.35 中,实例节点 1、实例节点 2 和实例节点 3 上集成的 Sentinel 插件充当 Token Client,运行在独立服务器上的 Sentinel 插件充当 Token Server。

如果独立部署的 Token Server 宕机，其他的 Token Client 就退化成本地流控的模式，即单机流控。因此，为了保证集群流控正常运行，就需要确保 Token Server 的高可用性。

2. 嵌入式部署模式

对于嵌入式部署模式，内置的 Token Server 与微服务在同一进程中运行，集群中每个实例节点都是对等的，Token Server 和 Token Client 可以随时进行身份转变，如图 8.36 所示。

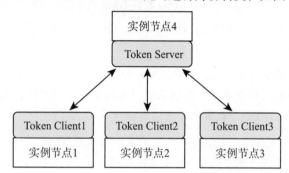

图 8.36　Token Server 位于一个微服务实例节点上

在图 8.36 中，实例节点 1、实例节点 2 和实例节点 3 上集成的 Sentinel 插件充当 Token Client，实例节点 4 上集成的 Sentinel 插件充当 Token Server。

在嵌入式部署模式中，如果 Token Server 宕机，可以将另一个 Token Client 升级为 Token Server。

8.9.3　配置集群流控

对于充当 Token Client 的节点，需要加入 Sentinel 集群客户端依赖。

```
<dependency>
    <groupId>com.alibaba.csp</groupId>
    <artifactId>
 sentinel-cluster-client-default
    </artifactId>
</dependency>
```

对于充当 Token Server 的节点，需要加入 Sentinel 集群服务器依赖。

```
<dependency>
  <groupId>com.alibaba.csp</groupId>
  <artifactId>
    sentinel-cluster-server-default
  </artifactId>
</dependency>
```

对于 hello-consumer-service 微服务的集群，按照嵌入式 Token Server 模式配置集群流控的步骤如下。

（1）在 hello-consumer 模块的 pom.xml 文件中同时引入 Sentinel 集群客户端依赖和服务器依赖。此外，还要加入 Sentinel 的 sentinel-core 核心依赖和 sentinel-annotation-aspectj 注解依赖。

```xml
<dependency>
  <groupId>com.alibaba.csp</groupId>
  <artifactId>sentinel-core</artifactId>
</dependency>

<dependency>
  <groupId>com.alibaba.csp</groupId>
  <artifactId>
    sentinel-annotation-aspectj
  </artifactId>
</dependency>

<dependency>
  <groupId>com.alibaba.csp</groupId>
  <artifactId>
    sentinel-cluster-client-default
  </artifactId>
</dependency>

<dependency>
  <groupId>com.alibaba.csp</groupId>
  <artifactId>
    sentinel-cluster-server-default
  </artifactId>
</dependency>
```

（2）参考 2.5 节，启动 hello-consumer-service 微服务的三个实例，分别监听 8082、8083 和 8084 端口。在 IDEA 中，启动这三个实例所设置的系统属性如下：

```
# 第一个实例
-Dserver.port=8082
-Dcsp.sentinel.dashboard.server=127.0.0.1:8080
-Dcsp.sentinel.api.port=8727
-Dcsp.sentinel.log.use.pid=true

# 第二个实例
-Dserver.port=8083
-Dcsp.sentinel.dashboard.server=127.0.0.1:8080
-Dcsp.sentinel.api.port=8728
```

```
-Dcsp.sentinel.log.use.pid=true

# 第三个实例
-Dserver.port=8084
-Dcsp.sentinel.dashboard.server=127.0.0.1:8080
-Dcsp.sentinel.api.port=8729
-Dcsp.sentinel.log.use.pid=true
```

（3）通过浏览器访问 hello-consumer-service 微服务的三个实例。

```
http://localhost:8082/enter/Tom
http://localhost:8083/enter/Tom
http://localhost:8084/enter/Tom
```

有了以上访问量后，就会在 Sentinel 控制台的管理页面中显示图 8.37 所示的机器列表。

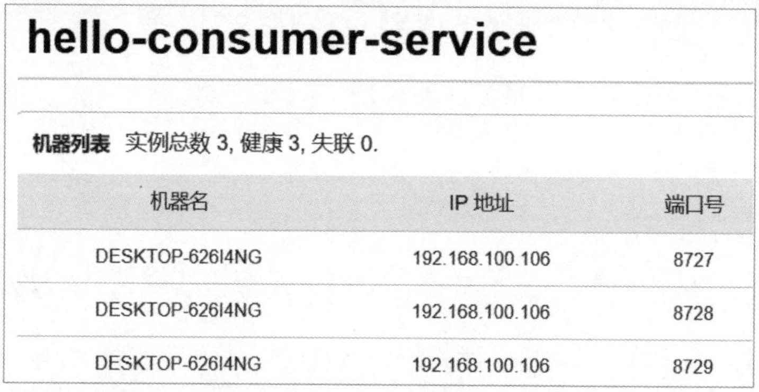

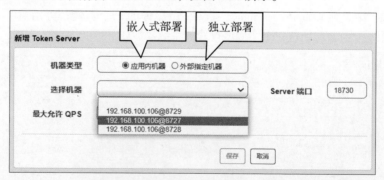

图 8.37 hello-consumer-service 微服务集群的三个节点

（4）在 Sentinel 控制台页面中选择菜单"集群流控"→"新增 Token Server"，选择地址为 192.168.100.106@8727 的节点作为 Token Server，如图 8.38 所示。

图 8.38 选择一个节点作为嵌入式的 Token Server

在图 8.38 中，如果把"机器类型"设为"应用内机器"，就表示 Token Server 采用嵌入式部署模式，与微服务实例在同一个节点上。

（5）把其余的两个节点设为 Token Client，如图 8.39 所示。

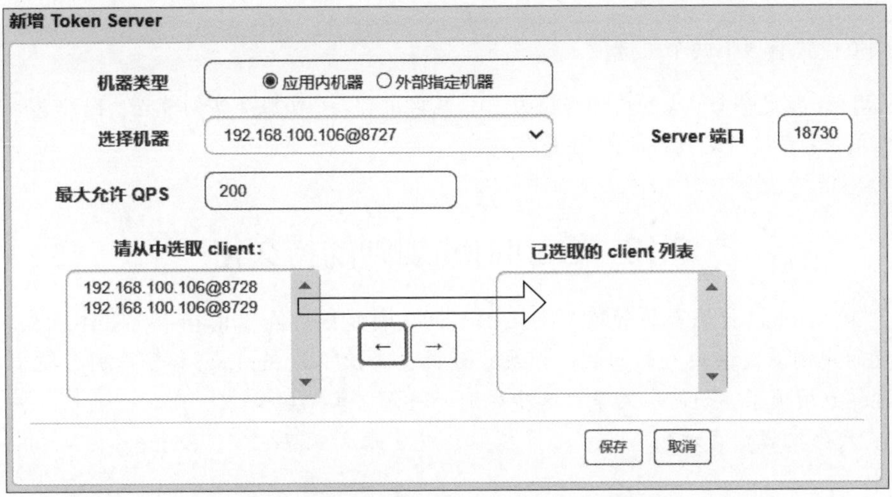

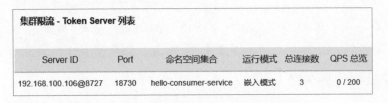

图 8.39　选择其余两个节点作为 Token Client

Token Server 新增成功后，在集群流控页面中会显示新增的 Token Server 的信息，如图 8.40 所示。

集群限流 - Token Server 列表

Server ID	Port	命名空间集合	运行模式	总连接数	QPS 总览
192.168.100.106@8727	18730	hello-consumer-service	嵌入模式	3	0 / 200

图 8.40　新增的 Token Server 的信息

图 8.39 中的“最大允许 QPS”是针对集群的所有流量的总阈值。此外，针对集群中的某个资源，还可以参照 8.3 节单独设定流控规则，如图 8.41 所示。

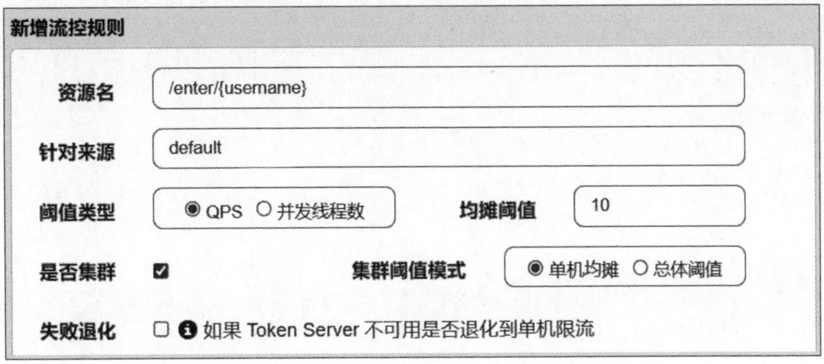

图 8.41　针对特定资源设定集群流控规则

图 8.41 中的“失败退化”选项表示如果当前 Token Server 不可用，就退化到单机限流。如果

不选择此项，那么当前的 Token Server 宕机后，需要在 Sentinel 控制台页面中手工设置新的 Token Server。

集群阈值模式有以下两个可选值。

● 单机均摊：指定每个节点的均摊阈值为 10。集群中有三个微服务实例节点，因此总阈值为 30。
● 总体阈值：直接指定集群的总阈值为 10。

扫一扫，看视频

8.10　Sentinel 规则的持久化

阿云："在 Sentinel 控制台的管理页面上配置的各种规则存在于内存中，当终止 Sentinel 控制台时，配置的规则就随着内存的回收而消失。因此，每次重启 Sentinel 控制台时，就需要重新配置规则，这样太烦琐了。如何永久保存这些规则，避免重复配置呢？"

答主："只要把规则存放到 Nacos 配置中心，就能永久保存它们。Sentinel 会从 Nacos 配置中心加载规则。"

为了把 hello-consumer-service 微服务的 Sentinel 规则存放到 Nacos 配置中心，需要在 hello-consumer 模块的 pom.xml 文件中加入以下依赖。

```xml
<dependency>
    <groupId>com.alibaba.csp</groupId>
    <artifactId>sentinel-datasource-nacos</artifactId>
</dependency>
```

8.10.1　流控规则的持久化

下面是对 hello-consumer-service 微服务的流控规则进行持久化的步骤。

（1）在 application.yaml 文件中为 Sentinel 配置一个数据源 ds1。ds1 数据源的数据来自 Nacos 配置中心的 Data ID（以下统称为 ID）为 hello-consumer-ds1 的配置单元。

```yaml
spring:
  cloud:
    sentinel:
      datasource:
        ds1:    #自定义的数据源的名字，不重复即可
          nacos:
            server-addr: 127.0.0.1:8848      #Nacos 服务器的地址
            dataId: hello-consumer-ds1       # 配置单元的 ID
            groupId: DEFAULT_GROUP           # 配置单元所在的分组
            ruleType: flow                   # 规则类型
```

以上代码中的 ruleType 属性指定 Sentinel 规则的类型，有以下可选值。

- flow：表示流控规则，参见本小节。
- degrade：表示熔断规则，参见 8.10.2 小节。
- system：表示系统规则，参见 8.10.3 小节。

（2）在 Nacos 配置中心中创建 ID 为 hello-consumer-ds1 的配置单元，如图 8.42 所示。

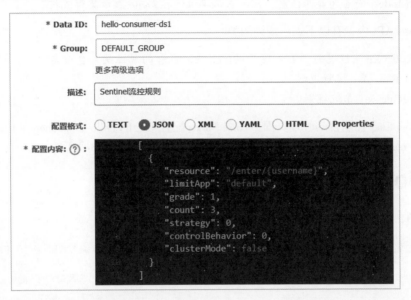

图 8.42 创建 ID 为 hello-consumer-ds1 的配置单元

图 8.42 中的"配置内容"指定了具体的流控规则。

```
[
  {
    "resource": "/enter/{username}",
    "limitApp": "default",
    "grade": 1,
    "count": 3,
    "strategy": 0,
    "controlBehavior": 0,
    "clusterMode": false
  }
]
```

以上代码中的流控规则包含以下属性。

- resource：资源名。
- limitApp：来源应用。如果取值为 default，则表示针对所有的调用者都会进行流控。
- grade：阈值类型。0 表示并发线程数类型；1 表示 QPS 类型。取值参考 Sentinel API 的

RuleConstant 类。

- count：单机阈值。
- strategy：流控模式。0 表示直接；1 表示关联；2 表示链路。
- controlBehavior：流控效果。0 表示快速失败；1 表示 Warm up（预热）；2 表示排队等待。
- clusterMode：是否为集群流控。false 表示单机流控；true 表示集群流控。

在 Sentinel API 中，有以下表示规则的类。

- FlowRule 类：流控规则。图 8.42 中的配置内容包含的属性就来自该类。
- DegradeRule 类：熔断规则。
- SystemRule 类：系统规则。

（3）在 Sentinel 控制台的管理页面中加载 Nacos 配置中心的 hello-consumer-ds1 配置单元，页面显示 hello-consumer-service 微服务增加了一条流控规则，如图 8.43 所示。

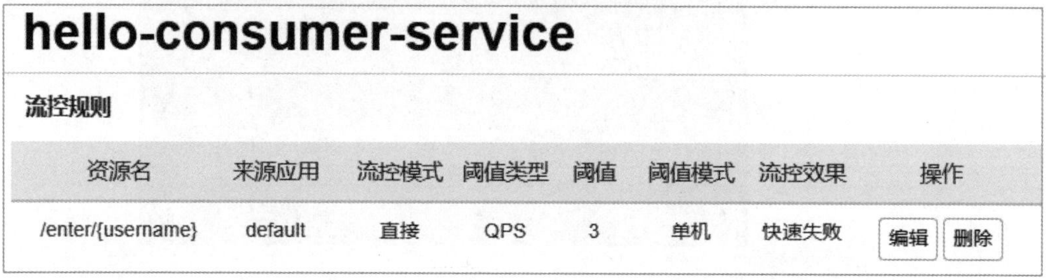

hello-consumer-service

流控规则

资源名	来源应用	流控模式	阈值类型	阈值	阈值模式	流控效果	操作
/enter/{username}	default	直接	QPS	3	单机	快速失败	编辑 删除

图 8.43　hello-consumer-service 微服务的流控规则

8.10.2　熔断规则的持久化

下面是对 hello-consumer-service 微服务的熔断规则进行持久化的步骤。

（1）在 application.yaml 文件中为 Sentinel 配置一个数据源 ds2。ds2 数据源的数据来自 Nacos 配置中心的 ID 为 hello-consumer-ds2 的配置单元。

```
spring:
  cloud:
    sentinel:
      datasource:
        ds2:    # 自定义的数据源的名字，不重复即可
          nacos:
            server-addr: 127.0.0.1:8848      #Nacos 服务器的地址
            dataId: hello-consumer-ds2        # 配置单元的 ID
            groupId: DEFAULT_GROUP            # 配置单元所在的分组
            ruleType: degrade                 # 规则类型
```

以上代码中的 ruleType 属性设为 degrade，表示熔断规则。

（2）在 Nacos 配置中心中创建 ID 为 hello-consumer-ds2 的配置单元，如图 8.44 所示。

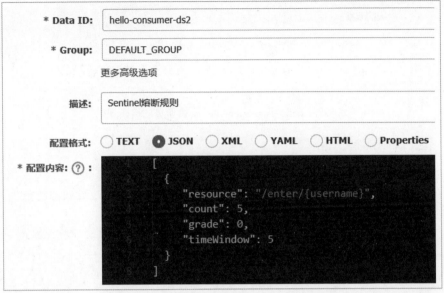

图 8.44　创建 ID 为 hello-consumer-ds2 的配置单元

图 8.44 中的"配置内容"描述了具体的熔断规则。

```
[
  {
    "resource": "/enter/{username}",
    "count": 5,
    "grade": 0,
    "timeWindow": 5
  }
]
```

以上代码中的熔断规则包含以下属性，这些属性来自 Sentinel API 的 DegradeRule 类。

- resource：资源名。
- count：比例阈值。
- grade：熔断策略。0 表示慢调用比例；1 表示异常比例；2 表示异常数。取值参考 Sentinel API 的 RuleConstant 类。
- timeWindow：熔断时长，以秒为单位。

（3）在 Sentinel 控制台的管理页面中加载 Nacos 配置中心的 hello-consumer-ds2 配置单元，页面中显示 hello-consumer-service 微服务增加了一条熔断规则，如图 8.45 所示。

图 8.45　hello-consumer-service 微服务的熔断规则

8.10.3　系统规则的持久化

下面是对 hello-consumer-service 微服务的系统规则进行持久化的步骤。

（1）在 application.yaml 文件中为 Sentinel 配置一个数据源 ds3。ds3 数据源的数据来自 Nacos 配置中心的 ID 为 hello-consumer-ds3 的配置单元。

```
spring:
  cloud:
    sentinel:
      datasource:
        ds3:  # 自定义的数据源的名字，不重复即可
          nacos:
            server-addr: 127.0.0.1:8848    #Nacos 服务器的地址
            dataId: hello-consumer-ds3      # 配置单元的 ID
            groupId: DEFAULT_GROUP .        # 配置单元所在的分组
            ruleType: system                # 规则类型
```

以上代码中的 ruleType 属性设为 system，表示系统规则。

（2）在 Nacos 配置中心中创建 ID 为 hello-consumer-ds3 的配置单元，如图 8.46 所示。

图 8.46　创建 ID 为 hello-consumer-ds3 的配置单元

图 8.46 中的"配置内容"指定了具体的系统规则,其中的 qps 属性表示入口 QPS 的阈值。以上系统规则包含以下属性,来自 Sentinel API 的 SystemRule 类。

- highestSystemLoad:系统负载的阈值。
- avgRt:RT 阈值。
- maxThread:线程数的阈值。
- qps:入口 QPS 的阈值。
- highestCpuUsage:CPU 使用率的阈值。

(3)在 Sentinel 控制台的管理页面中加载 Nacos 配置中心的 hello-consumer-ds3 配置单元,页面中显示 hello-consumer-service 微服务增加了一条系统规则,如图 8.47 所示。

图 8.47 hello-consumer-service 微服务的系统规则

8.11 小 结

交警通常会在川流不息的马路上有条不紊地控制车流量。Sentinel 就像交警一样,会灵活地控制请求流量。

当请求流量的洪峰到来时,Sentinel 会进行限流,即限制通过的请求数目。假如被请求的资源不稳定,响应时间过长或者频繁抛出异常,该请求就会熔断,暂时不允许访问该资源。这就像交警得知前方道路发生故障时,会暂时阻止车辆前往。

Sentinel 既可以对微服务的特定资源设定控制规则,又可以对微服务的入口流量设定系统规则,还可以对微服务集群进行流控。对于特定的资源,还可以通过 @SentinelResource 注解设定客户化的热点参数规则,以及定制处理异常的方式。

第9章 网关组件: GateWay

答主: "在进口贸易中,其他国家的商品都要先经过中国的海关进行预处理,才能输送到目的地。海关有什么作用呢?"

阿云: "海关能对所有的商品执行一些通用的操作,如安全检查、征收关税,以及查缉走私等。"

答主: "在微服务系统中,对所有访问微服务系统的请求,也需要进行一些通用的操作,网关组件 GateWay 就承担了这一职责,它相当于一个国家的海关。"

GateWay 是由 Spring Cloud 组织开发的网关组件,如图 9.1 所示。GateWay 会预处理所有访问微服务系统的请求,然后按照既定的路由,把请求转发给相应的微服务。

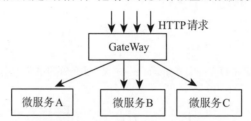

图 9.1　GateWay 会预处理所有的请求

值得注意的是,GateWay 面向最终用户,接收的是 HTTP 请求。对于微服务系统内部由消费者微服务向提供者微服务发出的请求,则不由 GateWay 进行转发。

9.1　GateWay 简介

扫一扫,看视频

网关是整个微服务系统的门户入口,具有路由转发、监控、限流、权限检查等功能。GateWay 组件是网关的具体实现产品。该组件借鉴了由 Netflix 开发的网关软件 Zuul,并且在此基础上进行了扩展和优化,如今已经替代了 Zuul,成为运用广泛的网关软件。

GateWay 按照响应式编程的模式开发,运用了 Spring 的 WebFlux 响应式框架,以高性能的 Netty 作为服务器。

GateWay 包括以下三大核心技术。

● 路由(Router)转发:按照既定的路由,把请求转发给相应的微服务。

● 断言(Predicate):判断请求是否符合特定条件。

● 过滤(Filter):在请求到达微服务之前,以及微服务返回响应结果之后,进行的一些通用处理。

9.2 创建网关服务模块

扫一扫，看视频

GateWay 本身也是基于 Spring 开发的组件，运行在 Netty 服务器中。本章将在第 2 章的 helloapp 项目的基础上，再创建一个集成了 GateWay 组件的 hello-gateway 模块，以提供网关服务。以下是创建步骤。

（1）在 IDEA 中，为 helloapp 项目添加一个 hello-gateway 模块。它的 pom.xml 文件包含以下依赖，其中 spring-cloud-starter-gateway 用于集成 GateWay 组件。

```xml
<dependency>
  <groupId>org.springframework.cloud</groupId>
  <artifactId>spring-cloud-starter</artifactId>
</dependency>

<dependency>
  <groupId>org.springframework.cloud</groupId>
  <artifactId>spring-cloud-starter-gateway</artifactId>
</dependency>

<dependency>
  <groupId>org.springframework.boot</groupId>
  <artifactId>spring-boot-starter-test</artifactId>
  <scope>test</scope>
</dependency>
```

📢提示

由于 GateWay 组件运行在 Netty 服务器中，而不是运行在 Tomcat 中，因此在 pom.xml 文件中不能加入 spring-boot-starter-web 依赖，否则在启动 hello-gateway 模块时会报错。

（2）在 application.yaml 文件中配置 GateWay，设定 server.port 属性和 spring.cloud.gateway.routes 属性。

```yaml
server:
  port: 80
spring:
  cloud:
    gateway:
      routes:
        - id: provider-route
          uri: http://localhost:8081
          order: 1                          # 路由优先级，数值越小，优先级越高，默认为 0
```

```
          predicates:
            - Path=/greet/**          # 路径的匹配条件，** 为通配符
        - id: consumer-route
          uri: http://localhost:8082
          order: 1                    # 路由优先级，数值越小，优先级越高，默认为 0
          predicates:
            - Path=/enter/**          # 路径的匹配条件
```

在以上代码中，server.port 属性指定 Netty 服务器监听的端口为 80。spring.cloud.gateway.routes 属性设定了两个路由，它们包括以下属性。

● id：路由的 id，任意设定，只要保证唯一即可。

● uri：路由转发的 URI 地址。

● order：指定路由的优先级，数值越小，优先级越高，默认为 0。当两个路由的 Path 属性相同时，优先级高的路由会优先匹配。

● predicates：指定匹配路由的各种判断条件，此处设定了路径的匹配条件。

本章假定 hello-provider-service 微服务和 hello-consumer-service 微服务都允许直接被终端用户通过浏览器访问。如图 9.2 所示，hello-gateway 模块的 GateWay 组件会根据配置的路由转发请求。

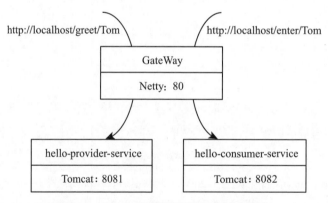

图 9.2　GateWay 根据配置的路由转发请求

（3）分别启动 Nacos 服务器、hello-provider 模块、hello-consumer 模块和 hello-gateway 模块，通过浏览器访问以下 URL。

```
http://localhost/greet/Tom
http://localhost/enter/Tom
```

GateWay 首先接收访问以上 URL 的两个 HTTP 请求，然后根据路由配置中路径的匹配条件，把这两个请求分别转发给 hello-provider-service 微服务和 hello-consumer-service 微服务。

9.3　GateWay 与 Nacos 的整合

扫一扫，看视频

在 9.2 节中，每个路由的 URI 是固定的，如 id 为 provider-route 的路由的 URI 为

```
uri: http://localhost:8081
```

如果微服务的实例改变了监听端口，或者一个微服务有多个实例，那么以上设置方式会很不灵活。为了更灵活地设置路由，可以把 GateWay 与 Nacos 整合。在 GateWay 的路由配置中，只需把 URI 设置为微服务的名字，与微服务名字对应的具体地址则由 Nacos 提供。

对于 hello-gateway 模块，把 GateWay 与 Nacos 整合的步骤如下。

（1）在 pom.xml 文件中加入 Nacos 和 LoadBalancer 的依赖。

```xml
<dependency>
  <groupId>com.alibaba.cloud</groupId>
  <artifactId>
    spring-cloud-starter-alibaba-nacos-discovery
  </artifactId>
</dependency>

<dependency>
  <groupId>org.springframework.cloud</groupId>
  <artifactId>
    spring-cloud-starter-loadbalancer
  </artifactId>
</dependency>
```

（2）在 application.yaml 文件中配置 LoadBalancer、GateWay 和 Nacos。

```yaml
server:
  port: 80
spring:
  application:
    name: hello-gateway-service
  cloud:
    loadbalancer:
      enabled: true   #启用 LoadBalancer
    gateway:
      discovery:
        locator:
          enabled: true
      routes:
        - id: provider-route
```

```
              uri: lb://hello-provider-service
              order: 1
              predicates:
               - Path=/greet/**
           - id: consumer-route
             uri: lb://hello-consumer-service
              order: 1
              predicates:
                - Path=/enter/**
       nacos:
         discovery:
           server-addr: 127.0.0.1:8848
```

对于 id 为 provider-route 的路由，它的 URI 是 hello-provider-service 微服务的名字。

```
uri: lb://hello-provider-service
```

当 spring.cloud.gateway.discovery.locator.enabled 属性设为 true 时，GateWay 就会从 Nacos 服务器中订阅微服务列表，获得 hello-provider-service 微服务的实际地址。

当 spring.cloud.loadbalancer.enabled 属性设为 true 时，GateWay 就会利用 LoadBalancer 负载均衡器来实现负载均衡。在图 9.3 中，hello-provider-service 微服务有两个实例，因此对应两个地址，LoadBalancer 会依据负载均衡策略选择其中的一个地址。spring.cloud.loadbalancer.enabled 属性的默认值为 true，因此该属性也可以不显式设置。

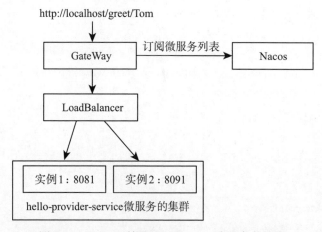

图 9.3　GateWay 利用 LoadBalancer 实现负载均衡

（3）依次启动 Nacos 服务器、hello-provider 模块、hello-consumer 模块和 hello-gateway 模块，通过浏览器访问以下 URL。

```
http://localhost/greet/Tom
http://localhost/enter/Tom
```

GateWay 首先接收访问以上 URL 的两个 HTTP 请求,然后根据路由配置中路径的匹配条件,把这两个请求分别转发给 hello-provider-service 微服务和 hello-consumer-service 微服务。

9.4　断　　言

扫一扫, 看视频

答主:"当国外的商品到达我国的海关时,哪些商品不允许通过呢?"

阿云:"违禁商品,如枪支、毒品、破坏我国生态平衡的动植物等,不允许通过。此外,如果商品来自受贸易制裁的国家,也不允许通过。还有些商品根据国内的供需平衡状况,只允许在特定时间内可以通过。"

答主:"对于到达 GateWay 的请求,GateWay 也会对请求数据进行各种检查,包括请求参数、请求头、请求方式、发送请求的时间、请求的目标路径、发出请求的主机等,只有满足条件的请求才能通过。"

断言(Predicate)用于指定匹配路由的判断条件,只有请求符合特定的判断条件,GateWay 才会根据匹配的路由,把请求转发到相应的微服务。在 GateWay API 中,断言工厂 RoutePredicate-Factory 接口用于生成特定的 Predicate 对象。GateWay 为 RoutePredicateFactory 接口提供了许多内置的实现,用于指定对请求的常用判断条件。此外,GateWay 还允许开发人员创建自定义的 Route-PredicateFactory 实现类,用于对请求指定客户化的判断条件。

在配置路由时,predicates 属性用于设定一个或多个断言。例如:

```
routes:
  - id: provider-route
    uri: lb://hello-provider-service
    order: 1
    predicates:
      - Path=/greet/**
      - Method=GET
```

在以上代码中,Path 断言对应的断言工厂类为 PathRoutePredicateFactory,用于判断路径是否符合特定的匹配条件;Method 断言对应的断言工厂类为 MethodRoutePredicateFactory,用于判断请求方式是否为 GET。同时符合这两个断言的请求才会按照 provider-route 路由进行转发。以此类推,××× 断言对应的断言工厂类为 ×××RoutePredicateFactory。

9.4.1　内置的断言工厂类

GateWay 提供的内置断言工厂类主要包括以下几种。

(1)基于日期时间类型的断言工厂类。

基于日期时间类型的断言工厂类根据日期时间进行判断,主要有以下三个。

● AfterRoutePredicateFactory:接收一个日期时间参数,判断请求的日期时间是否晚于指定的参数值。

- BeforeRoutePredicateFactory：接收一个日期时间参数，判断请求的日期时间是否早于指定的参数值。
- BetweenRoutePredicateFactory：接收两个日期时间参数，判断请求的日期时间是否在指定的时间段内。

示例代码如下：

```
# 判断请求的日期时间是否在指定日期时间之后
- After=2024-07-12T17:23:34.789+08:00[Asia/Shanghai]

# 判断请求的日期时间是否在指定日期时间之前
- Before=2024-07-15T17:23:34.789+08:00[Asia/Shanghai]

# 判断请求的日期时间是否在指定的日期时间段内
- Between=2024-07-12T17:23:34.789+08:00[Asia/Shanghai],
          2024-07-15T17:23:34.789+08:00[Asia/Shanghai],
```

（2）基于远程地址的断言工厂类：RemoteAddrRoutePredicateFactory。

RemoteAddrRoutePredicateFactory 接收一个表示 IP 地址段的参数，判断发出请求的主机地址是否在指定的地址段内。示例代码如下：

```
- RemoteAddr=192.168.18.1/24
```

（3）基于 Cookie 的断言工厂类：CookieRoutePredicateFactory。

CookieRoutePredicateFactory 接收两个参数：Cookie 名字和正则表达式，判断请求中是否具有给定名字的 Cookie，并且该 Cookie 的值是否与给定的正则表达式匹配。示例代码如下：

```
# 判断是否有名字为 username 的 Cookie，并且 Cookie 值是否为小写字母
- Cookie=username,[a-z]+
```

（4）基于 HTTP 请求头的断言工厂类：HeaderRoutePredicateFactory。

HeaderRoutePredicateFactory 接收两个参数：HTTP 请求头中一个项的名字和正则表达式，判断 HTTP 请求头中是否具有给定名字的项，并且该项的值是否与给定的正则表达式匹配。示例代码如下：

```
# 判断请求头中是否具有名字为 X-Request-Id 的项，并且该项的值为数字
- Header=X-Request-Id, \d+
```

（5）基于远程主机的断言工厂类：HostRoutePredicateFactory。

HostRoutePredicateFactory 接收一个参数，表示主机名字的匹配模式，判断发出请求的主机的名字是否与给定的名字模式匹配。示例代码如下：

```
- Host=**.javathinker.net
```

（6）基于 HTTP 请求方式的断言工厂类：MethodRoutePredicateFactory。

MethodRoutePredicateFactory 接收一个参数，表示 HTTP 请求方式，判断请求方式是否为给定值。HTTP 请求方式包括 GET、POST、PUT 和 DELETE 等。示例代码如下：

```
- Method=GET     # 判断请求方式是否为 GET
```

（7）基于 Path 请求路径的断言工厂类：PathRoutePredicateFactory。

PathRoutePredicateFactory 接收一个参数，表示路径的匹配模式，判断请求的 URI 是否与给定的路径模式匹配。示例代码如下：

```
- Path=/enter/**
```

（8）基于 Query 请求参数的断言工厂类：QueryRoutePredicateFactory。

QueryRoutePredicateFactory 接收两个参数：请求参数名字和正则表达式，判断请求是否具有给定名字的请求参数，并且该请求参数的值是否与给定的正则表达式匹配。示例代码如下：

```
# 判断请求是否具有 username 请求参数，并且值是否为 Tom
- Query=username,Tom
```

（9）基于路由权重的断言工厂类：WeightRoutePredicateFactory。

WeightRoutePredicateFactory 接收两个参数：组名和权重，对同一个组内的路由按照权重进行转发。示例代码如下：

```
gateway:
  routes:
  - id: route1
    uri: lb://host1
    predicates:
      - Path=/product/**
      - Weight=product_group, 2      #20% 的请求流量进入 route1
  - id: route2
    uri: lb://host2
    predicates:
      #route1 和 route2 的匹配路径一致，组一致，权重不同
      - Path=/product/**
      - Weight= product_group, 8      #80% 的请求流量进入 route2
```

以上代码配置了两个路由：route1 和 route2。它们的 Path 匹配路径相同，都是 /product/**，组都是 product_group，但是权重不一样，分别是 2 和 8。因此，对于路径和 /product/** 匹配的请求，20% 的请求流量进入 route1，80% 的请求流量进入 route2。

9.4.2 自定义断言工厂类

除了可以使用内置的断言工厂类，GateWay 还允许开发人员创建自定义断言工厂类，以设定对请求的客户化判断条件。在 GateWay API 中有一个 AbstractRoutePredicateFactory 类，它为 RoutePredicateFactory 接口提供了基础的实现。自定义断言工厂类只要继承 AbstractRoutePredicate-

Factory 类即可。

例程 9.1 为 hello-gateway 模块创建了自定义断言工厂类 AgeRoutePredicateFactory，它创建的 Age 断言接收两个参数：年龄最小值和年龄最大值。Age 断言的判断条件是请求参数 age 的取值在给定的年龄最小值和年龄最大值之间。

例程 9.1　AgeRoutePredicateFactory.java

```java
@Component
public class AgeRoutePredicateFactory
            extends AbstractRoutePredicateFactory
            <AgeRoutePredicateFactory.Config> {
  public AgeRoutePredicateFactory() {
    super(AgeRoutePredicateFactory.Config.class);
  }

  // 指定 Age 断言的两个参数的名字，建立与 Config 类的属性的对应关系
  @Override
  public List<String> shortcutFieldOrder() {
    return Arrays.asList("minAge","maxAge");
  }

  @Override
  public Predicate<ServerWebExchange> apply(Config config) {
    return exchange -> {
      // 获取请求参数列表中的 age 参数
      String age = exchange.getRequest()
              .getQueryParams().getFirst("age");
      if(StringUtils.isNotEmpty(age)) {
        try {
          int a = Integer.parseInt(age);
          boolean res =
              a >= config.minAge && a <= config.maxAge;
          return res;
        } catch (Exception ex) {
          System.out.println(ex.getMessage());
        }
      }
      return false;
    };
  }
```

```
@Validated
//Age 断言的两个参数会分别赋值给 Config 类的两个属性
public static class Config {
  private Integer minAge;
  private Integer maxAge;

  public Integer getMinAge() {
    return minAge;
  }

  public void setMinAge(Integer minAge) {
    this.minAge = minAge;
  }

  public Integer getMaxage() {
    return maxAge;
  }

  public void setMaxage(Integer maxage) {
    this.maxAge = maxage;
  }
}
}
```

AgeRoutePredicateFactory 类有一个内部类 Config，它的 minAge 和 maxAge 属性与 Age 断言的两个参数对应。在 AbstractRoutePredicateFactory 父类实现中，会把 Age 断言的两个参数赋值给 Config 类的两个属性。AgeRoutePredicateFactory 类的 apply() 方法用于判断请求参数 age 的值是否位于 Config 类的 minAge 和 maxAge 属性之间。

apply() 方法的返回类型是 Predicate<ServerWebExchange>。ServerWebExchange 接口来自 Spring API，向程序提供了获得 HTTP 请求和响应的方法。ServerWebExchange 接口的定义如下：

```
public interface ServerWebExchange {
  String LOG_ID_ATTRIBUTE =
        ServerWebExchange.class.getName() + ".LOG_ID";

  // 获得 HTTP 请求
  ServerHttpRequest getRequest();

  // 获得 HTTP 响应结果
  ServerHttpResponse getResponse();
```

```
    // 获得存放在 HTTP 请求中的属性
    Map<String, Object> getAttributes();
    ...
    }
```

下面对 hello-gateway 模块的 application.yaml 文件做如下修改，在 id 为 consumer-route 的路由中增加 Age 断言。

```
- id: consumer-route
  uri: lb://hello-consumer-service
  order: 1
  predicates:
    - Path=/enter/**
    - Age=20,30
```

通过浏览器访问以下 URL，当请求参数 age 的值为 21 时，请求被 GateWay 正常转发；而当请求参数 age 的值为 33 时，请求被 GateWay 拒绝转发，浏览器会收到 404 的错误信息。

```
// 请求被 GateWay 正常转发
http://localhost/enter//Tom?age=21

// 请求被 GateWay 拒绝转发，收到 404 的错误信息
http://localhost/enter//Tom?age=33
```

扫一扫，看视频

9.5 过滤器

如图 9.4 所示，GateWay 运用过滤器（Filter）对 HTTP 请求进行预处理，以及对生成的响应结果进行附加处理。

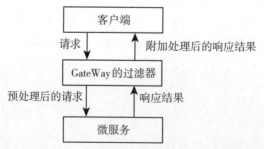

图 9.4 GateWay 的过滤器对请求和响应结果进行过滤

在图 9.4 中，请求从客户端经过 GateWay 的过滤器过滤后，再转发给微服务。在现实世界里，水从上游流到下游。参照这一自然现象，在转发请求的过程中，不妨把客户端称为上游客户，把微服务称为下游服务。

过滤器分为全局过滤器和局部过滤器。全局过滤器对所有的路由起作用，而局部过滤器只对

特定的路由起作用。GateWay 提供了内置的过滤器，还允许开发人员自定义过滤器。

在以下路由配置代码中，filters 属性用于设定一个或多个过滤器。AddRequestParameter 过滤器的作用是为请求增加一个请求参数 age，取值为 21。

```
- id: consumer-route
  uri: lb://hello-consumer-service
  order: 1
  predicates:
    - Path=/enter/**
  filters:
    # 增加一个值为 21 的请求参数 age
    - AddRequestParameter=age,21
```

以上代码采用了过滤器的简写形式。例如，AddRequestParameter 过滤器接收两个参数：name 和 value，分别表示请求参数的名字和值，还可以按照如下详写形式配置 AddRequestParameter 过滤器。

```
filters:
  - name: AddRequestParameter
  args:
    name: age       # 过滤器的第一个参数
    value: 21       # 过滤器的第二个参数
```

9.5.1 局部内置过滤器

在 GateWay API 中，GatewayFilterFactory 接口用于创建局部内置过滤器，GateWay 提供了一些内置的过滤器工厂实现类。例如，AddRequestParameterGatewayFilterFactory 类会创建 AddRequestParameter 过滤器，SetRequestHeaderGatewayFilterFactory 类会创建 SetRequestHeader 过滤器，以此类推，×××GatewayFilterFactory 会创建 ××× 过滤器。

局部内置过滤器只对当前的路由起作用。例如，在以下配置代码中，AddRequestParameter 过滤器只对 id 为 consumer-route 的路由起作用。

```
- id: consumer-route
  ...
  filters:
    - AddRequestParameter=age,21
```

下面介绍常见内置过滤器的用法。

（1）AddRequestHeader 过滤器：在请求头中添加一个项。该过滤器接收两个参数：name 和 value。其中，name 参数表示 HTTP 请求头中的一个项的名字；value 参数表示该项的取值。示例代码如下：

```
# 在 HTTP 请求头中增加一项 X-Request-token，取值为 123456
```

```
- AddRequestHeader=X-Request-token, 123456
```

（2）AddRequestParameter 过滤器：添加请求参数。该过滤器接收两个参数：name 和 value。其中，name 参数表示请求参数的名字；value 参数表示请求参数的值。示例代码如下：

```
# 增加一个值为 98 的请求参数 score
- AddRequestParameter=score,98
```

（3）AddResponseHeader 过滤器：在响应头中添加一个项。该过滤器接收两个参数：name 和 value。其中，name 参数表示 HTTP 响应头中的一个项的名字；value 参数表示该项的值。示例代码如下：

```
# 在 HTTP 响应头中增加一项 token, 取值为 123456
- AddResponseHeader=token, 123456
```

（4）DedupeResponseHeader 过滤器：剔除响应头中重复的项。该过滤器接收两个参数：name 和 strategy（可选）。其中，name 参数表示响应头中一个或多个项的名字，可以包含多个项的名字，以空格隔开；strategy 参数表示剔除策略，是可选的，允许省略。示例代码如下：

```
# 如果响应头中存在重复的 Content-Type 项和 Content-Encoding 项
# 则剔除重复的项
- DedupeResponseHeader=Content-Type Content-Encoding
```

以上代码采用默认的剔除策略 RETAIN_FIRST，此外，也可以显式指定剔除策略，有以下可选值。

- RETAIN_FIRST（默认）：只保留第一个值，其余的删除。
- RETAIN_LAST：只保留最后一个值，其余的删除。
- RETAIN_UNIQUE：保留所有取值唯一的值。

（5）MapRequestHeader 过滤器：映射请求头中的项，把原来项的值映射到新的项。该过滤器接收两个参数：fromHeader（原来的项）和 toHeader（新的项）。如果 fromHeader 项不存在，就不执行任何操作；如果 toHeader 项已经存在，就把 fromHeader 项的值扩充到 toHeader 项；如果 toHeader 项不存在，就增加 toHeader 项，并把 fromHeader 项赋值给 toHeader 项。示例代码如下：

```
# 把 X-Request-from 项的值映射到 X-Request-to 项
- MapRequestHeader=X-Request-from, X-Request-to
```

（6）PrefixPath 过滤器：为匹配的请求路径加上前缀。该过滤器接收一个表示前缀的 prefix 参数。示例代码如下：

```
# 为匹配的请求路径加上前缀 /mypath
# 把原始请求路径 /enter 变为 /mypath/enter
- PrefixPath=/mypath
```

（7）PreserveHostHeader 过滤器：保留请求头中表示客户端主机的 Host 项。该过滤器没有参

数。示例代码如下:

```
    - PreserveHostHeader
```

（8）RedirectTo 过滤器:对请求进行重定向。该过滤器接收两个参数: status 和 url。其中,status 参数指定 HTTP 重定向状态代码,取值为 3××,如 302; url 参数指定重定向 URL。示例代码如下:

```
# 把请求重定向到 www.javathinker.net
    - RedirectTo=302, http://www.javathinker.net
```

（9）RemoveRequestHeader 过滤器:删除请求头中的一个项。该过滤器接收一个 name 参数,表示请求头中一个项的名字。示例代码如下:

```
# 删除请求头中的 X-Request-Foo 项
    - RemoveRequestHeader=X-Request-Foo
```

（10）RemoveResponseHeader 过滤器:删除响应头中的一个项。该过滤器接收一个 name 参数,表示响应头中一个项的名字。示例代码如下:

```
# 删除响应头中的 X-Response-Foo 项
    - RemoveResponseHeader=X-Response-Foo
```

如果希望删除响应头中的敏感数据,就可以使用该过滤器。

（11）RemoveRequestParameter 过滤器:删除请求中的一个请求参数。该过滤器接收一个表示请求参数名字的 name 参数。示例代码如下:

```
# 删除请求中的请求参数 age
    - RemoveRequestParameter=age
```

（12）RewritePath:改写请求路径。该过滤器接收两个参数: regexp 和 replacement,这两个参数都是正则表达式。其中,regexp 参数表示原始请求路径的匹配模式; replacement 参数表示改写后的请求路径。示例代码如下:

```
# 改写请求路径, 如把 /main/hello 改为 /hello
    - RewritePath=/main(?<segment>/?.*), $\{segment}
```

（13）RewriteResponseHeader 过滤器:改写响应头中一个项的值。该过滤器接收三个参数: name、regexp 和 replacement。其中,name 参数表示响应头中一个项的名字; regexp 参数表示项的原始值的匹配模式; replacement 参数表示改写后的值。regexp 和 replacement 两个参数都是正则表达式。示例代码如下:

```
# 改写 X-Response-Foo 项, 如把 password=321 改为 password=***
    - RewriteResponseHeader=X-Response-Foo, password=[^&]+, password=***
```

（14）SaveSession 过滤器:强制执行 WebSession::save 操作,确保在进行请求转发之前已保存会话状态。该过滤器没有参数。示例代码如下:

```
    - SaveSession
```

（15）SetPath 过滤器：重新设置请求路径。该过滤器接收一个参数 template，表示请求路径的修改模式。示例代码如下：

```
routes:
  - id: setpath_route
    uri: http://www.javathinker.net
    predicates:
      - Path=/foo/{segment}
    filters:
      # 重新设置路径。例如，把路径 /foo/bar 改为 /bar
      - SetPath=/{segment}
```

（16）SetRequestHeader 过滤器：重新设置请求头中的项。该过滤器接收两个参数：name 和 value。其中，name 参数表示请求头中项的名字；value 参数表示项的值。示例代码如下：

```
# 把请求头中 X-Request-Foo 项的值设为 Bar
- SetRequestHeader=X-Request-Foo, Bar
```

（17）SetResponseHeader 过滤器：重新设置响应头中的项。该过滤器接收两个参数：name 和 value。其中，name 参数表示响应头中项的名字；value 参数表示项的值。示例代码如下：

```
# 把响应头中 X-Response-Foo 项的值设为 Bar
- SetResponseHeader=X-Response-Foo, Bar
```

（18）SetStatus 过滤器：设置响应结果的状态。该过滤器接收一个表示响应状态的 status 参数，它的取值是一个整数（如 404）或者字符串（如 NOT_FOUND）。示例代码如下：

```
- SetStatus=NOT_FOUND
或者：
- SetStatus=404
```

（19）StripPrefix 过滤器：去除请求路径中的部分子路径。该过滤器接收一个表示子路径数目的参数 parts。示例代码如下：

```
- id: nameRoot
  uri: http://localhost:8081
  predicates:
    - Path=/enter/user/**
  filters:
    # 去除一个子路径 /enter，因此过滤后的请求路径为 /user/**
    - StripPrefix=1
```

如果把 StripPrefix 过滤器的 parts 参数设为 2，那么对于路径 /enter/user/item/**，过滤后将变为 /item/**。

（20）RequestSize 过滤器：指定请求数据的大小的限定值，当请求数据的大小超过该限定值时，则不允许把请求转发到下游服务。该过滤器接收一个表示限定值的 maxSize 参数，默认的单位是字节，默认值为 5000000 字节，即约为 5MB。maxSize 参数的值是一个数字，后面跟一个可选的单位，如 B（默认值，表示字节）、KB 或 MB。示例代码如下：

```
filters:
- name: RequestSize
  args:
    maxSize: 5000000      # 限定值约为 5MB
```

（21）SetRequestHostHeader 过滤器：重新设置请求头的 Host 项。该过滤器接收一个 host 参数，表示 Host 项的值。示例代码如下：

```
filters:
- name: SetRequestHostHeader
  args:
    # 把请求头中的 Host 项设为 javathinker.net
    host: javathinker.net
```

9.5.2　默认过滤器

对于 9.5.1 小节中的局部内置过滤器，也可以把它们设置为默认过滤器，这样就会对所有的路由起作用。例如：

```
spring:
  cloud:
    gateway:
      default-filters:
        - AddResponseHeader=X-Response-Foo,Bar
        - AddRequestHeader=X-Request-Foo,Bar
        - AddRequestParameter=color,red
```

以上代码中的 default-filters 属性用于设置默认的过滤器，这些过滤器对所有的路由起作用。

9.5.3　全局内置过滤器

9.5.2 小节已经介绍了 spring.cloud.gateway.default-filters 属性，可用于设置全局过滤器。此外，GateWay 还提供了一些全局内置过滤器，即使它们不在 default-filters 属性中配置，也照样在全局范围内生效。

GateWay 的全局内置过滤器包括以下几种。

（1）GlobalFilter：全局过滤器的接口。开发人员通过实现 GlobalFilter 接口来创建自定义的全局过滤器。

（2）ForwardRoutingFilter：当路由中 uri 属性的协议为 forward（如 forward://otherendpoint）时，该过滤器会把请求转发到当前网关的本地接口。

（3）ReactiveLoadBalancerClientFilter：通过注册中心自动发现服务地址，并通过 Spring Cloud 的 ReactorLoadBalancer 实现负载均衡。当路由中 uri 属性的协议为 lb 时，就使用了该过滤器。例如：

```
routes:
  - id: myRoute
    uri: lb://hello-provider-service
```

（4）NettyRoutingFilter：通过 HttpClient 组件转发请求。当路由中 uri 属性的协议为 http/https 时，该过滤器会通过 Netty 的 HttpClient 组件来调用下游服务，调用结束后，把响应结果放到 ServerWebExchangeUtils.CLIENT_RESPONSE_ATTR 的 exchange 属性中，以供后续使用。

（5）NettyWriteResponseFilter：向客户端返回代理响应。当 ServerWebExchangeUtils.CLIENT_RESPONSE_ATTR 属性中包含 Netty 的 HttpClientResponse 时，该过滤器会在所有其他过滤器执行结束后把响应返回给网关的客户端。

（6）RouteToRequestUrlFilter：转换路由中的 URI。当 ServerWebExchangeUtils.GATEWAY_ROUTE_ATTR 属性中包含 Route 对象时，该过滤器会根据请求中的 uri 创建新的 uri。

（7）WebsocketRoutingFilter：用于代理转发 WebSocket 服务。

（8）GatewayMetricsFilter：当 spring.cloud.gateway.metrics.enabled 属性为 true 时，该过滤器会开启网关指标执行器，用户访问向 Actuator 暴露的端点 /actuator/metrics/spring.cloud.gateway.requests，就能监控 routeId、routeUri、status、httpStatusCode、httpMethod、path 等信息。

（9）ForwardedHeadersFilter：用于在请求头中添加 Forwarded 项。

（10）RemoveHopByHopHeadersFilter：用于从请求头中删除一些项。默认情况下，删除的项包括 Connection、Keep-Alive、Proxy-Authenticate、Proxy-Authorization、TE、Trailer、Transfer-Encoding、Upgrade，也可以通过配置 spring.cloud.gateway.filter.remove-hop-by-hop.headers 属性，来指定需要删除请求头中的哪些项。

（11）XForwardedHeadersFilter：用于创建一系列 X-Forwarded-* 请求头。

9.5.4　自定义局部过滤器

除了可以使用内置的局部过滤器工厂类，GateWay 还允许开发人员创建自定义局部过滤器工厂类，设定客户化的过滤操作。在 GateWay API 中有一个 AbstractGatewayFilterFactory 类，它为 GatewayFilterFactory 接口提供了基础的实现。自定义局部过滤器工厂类只要继承 AbstractGatewayFilterFactory 类即可。

例程 9.2 为 hello-gateway 模块创建了自定义的过滤器工厂类 PrintParamGatewayFilterFactory，它创建的过滤器 PrintParam 有一个 param 参数，用于指定请求参数的名字。PrintParam 过滤器会在控制台中输出指定的请求参数的值。

例程 9.2　PrintParamGatewayFilterFactory.java

```
@Component
public class PrintParamGatewayFilterFactory
        extends AbstractGatewayFilterFactory
```

```
                <PrintParamGatewayFilterFactory.Config> {

  public PrintParamGatewayFilterFactory() {
    super(Config.class);
  }


  @Override
  // 指定过滤器的一个参数的名字为 param
  public List<String> shortcutFieldOrder() {
    return Arrays.asList("param");
  }


  @Override
  public GatewayFilter apply(Config config) {
    return (exchange, chain) -> {
      // 获取 param 参数指定的请求参数
      ServerHttpRequest request = exchange.getRequest();
      if (request.getQueryParams()
          .containsKey(config.param)){
        request.getQueryParams()
          .get(config.param).forEach((v) -> {
          // 输出请求参数
          System.out.print(" 请求参数 "+config.param+"="+ v);
        });
      }
      return chain.filter(exchange);
    };
  }


  // 用于存放过滤器的参数
  public static class Config{
    // 属性与过滤器的参数对应
    private String param;

    public String getParam() {
      return param;
    }

    public void setParam(String param) {
      this.param = param;
    }
  }
}
```

　　PrintParamGatewayFilterFactory 类有一个内部类 Config，它的 param 属性与 PrintParam 过滤器的 param 参数对应。在 AbstractGatewayFilterFactory 父类实现中，会把 PrintParam 过滤器的 param 参数赋值给 Config 类的 param 属性。PrintParamGatewayFilterFactory 类的 apply() 方法执行自定义的过滤操作，输出请求参数。

　　对 hello-gateway 模块的 application.yaml 文件做如下修改，在 id 为 consumer-route 的路由中增加 PrintParam 过滤器。

```
- id: consumer-route
  uri: lb://hello-consumer-service
  order: 1
  predicates:
    - Path=/enter/**
  filters:
    - PrintParam=age
```

　　通过浏览器访问 http://localhost/enter/Tom?age=21，PrintParam 过滤器会在运行 hello-gateway 模块的 IDEA 控制台中输出"请求参数 age=21"。

9.5.5　自定义全局过滤器

　　如果要让自定义全局过滤器对所有的路由都起作用，则需要实现 GateWay API 的 GlobalFilter 接口和 Ordered 接口。例程 9.3 的 FlagGatewayFilter 类就是一个自定义的全局过滤器，它会拒绝不包含请求参数 flag 的所有请求。

例程 9.3　FlagGatewayFilter.java

```java
@Component
@Slf4j
public class FlagGatewayFilter implements GlobalFilter, Ordered {

  @Override
  public Mono<Void> filter(ServerWebExchange exchange,
                           GatewayFilterChain chain) {
    log.info("FlagGatewayFilter: " + new Date());
    String flag = exchange.getRequest()
                          .getQueryParams()
                          .getFirst("flag");
    if (flag == null) {
      log.info("FlagGateWayFilter: flag 为 null, 不允许访问 ");
      exchange.getResponse()
              .setStatusCode(HttpStatus.NOT_ACCEPTABLE);
      byte[] response=("Access Refused:"
```

```
                +exchange.getRequest().getPath()).getBytes();
        DataBuffer wrapResponse=exchange.getResponse()
                .bufferFactory().wrap(response);
        return exchange.getResponse()
                .writeWith(Flux.just(wrapResponse));
    }
    return chain.filter(exchange);
  }

    // 返回调用过滤器的排序号, 值越小优先级越高
    @Override
    public int getOrder() {
      return 0;
    }
}
```

在以上代码中,FlagGatewayFilter 类实现了 GlobalFilter 接口的 filter() 方法,对请求进行过滤,拒绝不包含请求参数 flag 的请求。filter() 方法的返回类型是 Mono 类,它来自响应式编程 Reactor API,支持异步非阻塞通信。

FlagGatewayFilter 类还实现了 Ordered 接口的 getOrder() 方法,返回该过滤器的排序号。排序号越小的全局过滤器的优先级越高。如果有多个自定义的全局过滤器,GateWay 会按照由小到大的排序号依次执行每个全局过滤器。

通过浏览器访问以下 URL,如果请求中不包含请求参数 flag,浏览器中就会显示返回的拒绝信息。

```
// 返回拒绝信息: Access Refused:/greet/Tom
http://localhost/greet/Tom

// 返回正常响应结果
http://localhost/greet/Tom?flag=1
```

9.5.6 SLF4J 日志工具

在 9.5.5 小节的例程 9.3 的 FlagGatewayFilter 类中,通过 @Slf4j 注解引入了 SLF4J 日志工具,在 filter() 方法中会调用 log.info() 方法输出日志。

在 hello-gateway 模块的 pom.xml 文件中,需要加入 SLF4J 日志工具及 lombok 软件包的依赖。

```xml
<dependency>
  <groupId>org.slf4j</groupId>
  <artifactId>slf4j-api</artifactId>
</dependency>
```

```
<!-- @Slf4j 注解来自该依赖 -->
<dependency>
  <groupId>org.projectlombok</groupId>
  <artifactId>lombok</artifactId>
</dependency>
```

扫一扫，看视频

9.6　GateWay 与 Sentinel 的整合

答主："上周日你带孩子去迪士尼游乐园玩，游乐园有没有因一些不可抗力采取限流措施？"

阿云："有的。在游乐园的大门口就有限流，一天内的游客量为 1 万人。在游乐园里面，有些热门场所还会单独限制每小时进入的人数。"

答主："同样，在微服务系统中，在任何有请求流量的大入口和小入口处，都可以用 Sentinel 来限流。"

第 8 章介绍了用 Sentinel 对访问微服务或者特定资源的请求进行限流，本节将介绍用 Sentinel 对所有进入 GateWay 的请求进行限流。

在 hello-gateway 模块中，为了把 GateWay 与 Sentinel 整合，需要引入它们的网关适配器依赖。

```
<dependency>
  <groupId>com.alibaba.csp</groupId>
  <artifactId>
    sentinel-spring-cloud-gateway-adapter
  </artifactId>
</dependency>
```

在网关适配器 API 中，以下两个类用于指定限流规则和限流的资源。

（1）GatewayFlowRule 类：指定网关限流规则。

（2）ApiDefinition 类：自定义的 API 入口，可以看作一些 URL 路径的组合。

GatewayFlowRule 类具有以下属性。

（1）resource：需要限流的资源。该属性可以是路由的 ID 或者自定义 API 入口的名字。

（2）resourceMode：指定需要限流的资源模式。该属性有两种模式：路由模式或自定义 API 入口模式。

（3）grade：阈值类型。该属性与 8.10.1 小节介绍的流控规则的 grade 属性相同。

（4）count：限流阈值。

（5）intervalSec：统计时间窗口，以秒为单位，默认为 1s。

（6）controlBehavior：流控效果。目前支持快速失败和排队两种模式，默认为快速失败。该属性与 8.10.1 小节介绍的流控规则的 controlBehavior 属性相同。

（7）burst：应对突发请求时额外允许的请求数目。

（8）maxQueueingTimeoutMs：当流控效果为排队模式时的最长排队时间，以毫秒为单位。只在排队模式下生效。

（9）paramItem：参数限流配置。若不设置该属性，则表示不针对参数进行限流，此时该限流规则会转换为 Sentinel 的普通流控规则；若设置了该属性，则会转换为 Sentinel 的热点流控规则。

下面具体介绍 GatewayFlowRule 类中的 resourceMode 属性和 paramItem 属性。

GatewayFlowRule 类的 resourceMode 属性表示需要限流的资源模式，它的可选值是 Sentinel-GatewayConstants 类的以下常量。

（1）RESOURCE_MODE_ROUTE_ID：采用路由模式指定路由的 ID。

（2）RESOURCE_MODE_CUSTOM_API_NAME：采用自定义 API 入口模式指定 API 入口的名字。

GatewayFlowRule 类的 paramItem 属性表示限流的热点参数，该属性为 GatewayParamFlowItem 类型。GatewayParamFlowItem 类具有以下属性。

（1）parseStrategy：从请求中提取参数的策略，包括以下 4 种。

①来自 IP 的参数，对应常量 PARAM_PARSE_STRATEGY_CLIENT_IP。

②来自主机 Host 的参数，对应常量 PARAM_PARSE_STRATEGY_HOST。

③来自请求头 Header 的参数，对应常量 PARAM_PARSE_STRATEGY_HEADER。

④来自请求参数，对应常量 PARAM_PARSE_STRATEGY_URL_PARAM。

这些常量都位于 SentinelGatewayConstants 类中。

（2）fieldName：若提取参数策略为 PARAM_PARSE_STRATEGY_HEADER 或 PARAM_PARSE_STRATEGY_URL_PARAM，则需要指定请求头中项的名字或请求参数的名字。

（3）pattern：为 String 类型，指定参数值的匹配模板，当一个请求的参数符合该匹配模板时，该请求就会纳入统计和流控。若 pattern 属性为空，则只要一个请求包含了指定的参数，无论取值多少，都会纳入统计和流控。

（4）matchStrategy：参数值的匹配策略，包括以下三种。

①精确匹配，对应常量 PARAM_MATCH_STRATEGY_EXACT。

②子串匹配，对应常量 PARAM_MATCH_STRATEGY_CONTAINS。

③正则表达式匹配，对应常量 PARAM_MATCH_STRATEGY_REGEX。

这些常量都位于 SentinelGatewayConstants 类中。

网关适配器 API 的 SentinelGatewayFilter 类实现了 GateWay API 中的 GlobalFilter 接口。因此，SentinelGatewayFilter 类会作为全局过滤器，对网关的流量进行限流。

只需创建一个用 @Configuration 注解标识的配置类，就可以在 hello-gateway 模块中设定网关限流。具体操作如下：

（1）初始化一个 SentinelGatewayFilter 类型的 Bean 组件，以全局过滤器的身份对请求流量进行限流。

（2）初始化一个 SentinelGatewayBlockExceptionHandler 类型的 Bean 组件，处理 BlockException 异常，也就是处理请求被 Sentinel 拒绝的情况。

（3）创建表示网关限流规则的 GatewayFlowRule 对象，并通过 GatewayRuleManager.loadRules() 方法加载这些限流规则对象。

9.6.1　对路由限流

在 hello-gateway 模块的 application.yaml 文件中，配置了一个 ID 为 provider-route 的路由。例程 9.4 中的 RouterGatewayConfiguration 类为 provider-route 路由设置了限流规则：1s 内请求数目的限流阈值为 1，并且只有当请求中包含请求参数 age 时，才会使用该限流规则。

例程 9.4　RouterGatewayConfiguration.java

```java
@Configuration
public class RouterGatewayConfiguration {
  private final List<ViewResolver> viewResolvers;
  private final ServerCodecConfigurer serverCodecConfigurer;

  public RouterGatewayConfiguration(
    ObjectProvider<List<ViewResolver>>
                      viewResolversProvider,
    ServerCodecConfigurer serverCodecConfigurer) {
    this.viewResolvers = viewResolversProvider
                      .getIfAvailable(Collections::emptyList);
    this.serverCodecConfigurer = serverCodecConfigurer;
  }

  // 初始化限流过滤器
  @Bean("RouterSentinelGatewayFilter")
  @Order(Ordered.HIGHEST_PRECEDENCE)
  public GlobalFilter sentinelGatewayFilter() {
    return new SentinelGatewayFilter();
  }

  // 初始化 BlockException 异常的处理器
  @Bean
  @Order(Ordered.HIGHEST_PRECEDENCE)
  public SentinelGatewayBlockExceptionHandler
      sentinelGatewayBlockExceptionHandler() {
    return new SentinelGatewayBlockExceptionHandler(
      viewResolvers,serverCodecConfigurer);
  }

  // 初始化限流规则
  @PostConstruct
  public void initGatewayRules() {
    Set<GatewayFlowRule> rules = new HashSet<>();
```

```
    // 限流资源是 ID 为 provider-route 的路由
    rules.add(new GatewayFlowRule("provider-route")
        .setResourceMode(              // 限流资源的模式
        SentinelGatewayConstants.RESOURCE_MODE_ROUTE_ID)
        .setCount(1)                   // 限流阈值
        .setIntervalSec(1)             // 时间窗口，以秒为单位
        // 对请求参数进行热点限流
        .setParamItem(new GatewayParamFlowItem()
        .setParseStrategy(SentinelGatewayConstants
        .PARAM_PARSE_STRATEGY_URL_PARAM)
        .setFieldName("age")           // 参数名称
    ));

    // 加载限流规则
    GatewayRuleManager.loadRules(rules);
  }
}
```

通过浏览器访问以下 URL，快速刷新页面，当 URL 中包含请求参数 age 时，有时请求会被拒绝。

```
// 有时请求会被拒绝，返回 Blocked by Sentinel: ParamFlowException
http://localhost/greet/Tom?age=21

// 不会触发限流规则
http://localhost/greet/Tom
```

在 RouterGatewayConfiguration 类的 initGatewayRules() 方法中，如果不调用 GatewayFlowRule 对象的 setParamItem() 方法，那么会对进入 provider-route 路由的所有请求运用限流规则。

在创建热点参数时，还可以设置参数值的模板和匹配模式。例如，以下代码指定请求参数 age 的值为 21。

```
new GatewayParamFlowItem()
    .setParseStrategy(SentinelGatewayConstants
        .PARAM_PARSE_STRATEGY_URL_PARAM)
    .setFieldName("age")                     // 参数名字
    .setPattern("21")                        // 匹配模板
    .setMatchStrategy(SentinelGatewayConstants
        .PARAM_MATCH_STRATEGY_EXACT)
```

9.6.2 对自定义的 API 入口限流

ApiDefinition 类表示自定义的 API 入口，它包含一个或多个 URL 路径。例程 9.5 中的 ApiGateway-

Configuration 类定义了两个 API 入口。

第一个 API 入口：名字为 consumer-service-api，包含的路径为 /enter/** 和 /list。

第二个 API 入口：名字为 provider-service-api，包含的路径为 /greet/**。

例程 9.5　ApiGatewayConfiguration.java

```java
@Configuration
public class ApiGatewayConfiguration {
  private final List<ViewResolver> viewResolvers;
  private final ServerCodecConfigurer serverCodecConfigurer;

  public ApiGatewayConfiguration(
    ObjectProvider<List<ViewResolver>>
              viewResolversProvider,
    ServerCodecConfigurer serverCodecConfigurer) {

    this.viewResolvers = viewResolversProvider
                        .getIfAvailable(Collections::emptyList);
    this.serverCodecConfigurer = serverCodecConfigurer;
  }

  // 初始化限流过滤器
  @Bean
  @Order(Ordered.HIGHEST_PRECEDENCE)
  public GlobalFilter sentinelGatewayFilter() {
    return new SentinelGatewayFilter();
  }

  // 初始化 BlockException 异常的处理器
  @Bean
  @Order(Ordered.HIGHEST_PRECEDENCE)
  public SentinelGatewayBlockExceptionHandler
        sentinelGatewayBlockExceptionHandler() {
    return new SentinelGatewayBlockExceptionHandler(
                viewResolvers, serverCodecConfigurer);
  }

  // 初始化自定义的 API 入口及限流规则
  @PostConstruct
  public void doInit() {
    initCustomizedApis();
    initGatewayRules();
```

```java
}

// 初始化自定义的API入口
private void initCustomizedApis() {
  Set<ApiDefinition> definitions = new HashSet<>();
  // 设置第一个API入口
  ApiDefinition api1 =
    new ApiDefinition("consumer-service-api")
      .setPredicateItems(new HashSet<ApiPredicateItem>() {{
          add(new ApiPathPredicateItem()
              .setPattern("/enter/**")
              .setMatchStrategy(SentinelGatewayConstants
                              .URL_MATCH_STRATEGY_PREFIX));
          add(new ApiPathPredicateItem()
              .setPattern("/list"));
  }});

  // 设置第二个API入口
  ApiDefinition api2 =
    new ApiDefinition("provider-service-api")
      .setPredicateItems(new HashSet<ApiPredicateItem>() {{
          add(new ApiPathPredicateItem()
              .setPattern("/greet/**")
              .setMatchStrategy(SentinelGatewayConstants
                      .URL_MATCH_STRATEGY_PREFIX));
  }});
  definitions.add(api1);
  definitions.add(api2);
  GatewayApiDefinitionManager
      .loadApiDefinitions(definitions);
}

// 初始化限流规则
public void initGatewayRules() {
  Set<GatewayFlowRule> rules = new HashSet<>();
  // 为第一个API入口配置限流规则
  rules.add(new GatewayFlowRule("provider-service-api")
      .setResourceMode(SentinelGatewayConstants
              .RESOURCE_MODE_CUSTOM_API_NAME)
      .setCount(1)                            // 限流阈值
      .setIntervalSec(1)                      // 时间窗口
```

```
        );

        // 为第二个 API 入口配置限流规则
        rules.add(new GatewayFlowRule("consumer-service-api")
            .setResourceMode(SentinelGatewayConstants
                    .RESOURCE_MODE_CUSTOM_API_NAME)
            .setCount(2)                        // 限流阈值
            .setIntervalSec(1)                  // 时间窗口
        );
        GatewayRuleManager.loadRules(rules);
    }
}
```

在 ApiGatewayConfiguration 类的 initGatewayRules() 方法中，为两个 API 入口分别设置了限流规则。通过浏览器访问以下 URL，会分别触发针对 consumer-service-api 和 provider-service-api 的限流规则。

```
// 触发针对 consumer-service-api 的限流规则
http://localhost/enter/Tom


// 触发针对 provider-service-api 的限流规则
http://localhost/greet/Tom
```

9.6.3 同时对路由和 API 入口限流

在例程 9.6 的 MixGatewayConfiguration 类中，initGatewayRules() 方法分别对 ID 为 provider-route 的路由及名为 consumer-service-api 的 API 入口设置了限流措施。

例程 9.6 MixGatewayConfiguration.java

```
@Configuration
public class MixGatewayConfiguration {
  private final List<ViewResolver> viewResolvers;
  private final ServerCodecConfigurer serverCodecConfigurer;
  ...
  // 初始化自定义的 API 入口及限流规则
  @PostConstruct
  public void doInit() {
    initCustomizedApis();
    initGatewayRules();
  }


  // 初始化自定义的 API 入口
```

```java
    private void initCustomizedApis() {
      Set<ApiDefinition> definitions = new HashSet<>();
      // 设置 API 入口
      ApiDefinition api1 =
          new ApiDefinition("consumer-service-api")
            .setPredicateItems(new HashSet<ApiPredicateItem>(){{
              add(new ApiPathPredicateItem()
                  .setPattern("/enter/**")
                  .setMatchStrategy(SentinelGatewayConstants
                      .URL_MATCH_STRATEGY_PREFIX));
              add(new ApiPathPredicateItem()
                      .setPattern("/list"));
      }});

      definitions.add(api1);
      GatewayApiDefinitionManager
            .loadApiDefinitions(definitions);
    }

    // 初始化限流措施
    public void initGatewayRules() {
      Set<GatewayFlowRule> rules = new HashSet<>();

      // 设置对路由的限流措施
      rules.add(new GatewayFlowRule("provider-route")
          .setResourceMode(SentinelGatewayConstants
                          .RESOURCE_MODE_ROUTE_ID)
          .setCount(10)                 // 限流阈值
          .setIntervalSec(1)            // 时间窗口
      );

      // 设置对 API 入口的限流措施
      rules.add(new GatewayFlowRule("consumer-service-api")
          .setResourceMode(SentinelGatewayConstants
                          .RESOURCE_MODE_CUSTOM_API_NAME)
          .setCount(1)                  // 限流阈值
          .setIntervalSec(1)            // 时间窗口
      );
      GatewayRuleManager.loadRules(rules);
    }
  }
```

扫一扫，看视频

9.7 跨域配置

目前 Web 应用广泛使用的是前后端分离的架构，前端代码运行在浏览器端，负责展示页面，以及与用户交互，后端代码运行在服务器上，负责处理业务逻辑。如果前端代码与后端代码都存放在同一个服务器上，则前端代码向服务器发送请求称为同域访问，如图 9.5 所示。

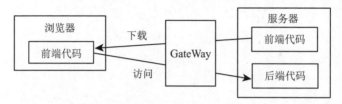

图 9.5 同域访问

在图 9.5 中，存放在服务器上的前端代码被下载到浏览器端，浏览器执行前端代码。当浏览器端的前端代码试图向服务器发出请求时，浏览器认为这是同域访问，会直接放行。

如果前端代码与后端代码存放在不同的服务器上，则前端代码向服务器发送请求称为跨域访问，如图 9.6 所示。

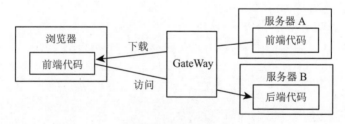

图 9.6 跨域访问

在图 9.6 中，存放在服务器 A 上的前端代码被下载到浏览器端。当浏览器端的前端代码试图向服务器 B 发出请求时，浏览器认为这是跨域访问。默认情况下，许多浏览器禁止这种跨域访问，会提示违反了 CORS（Cross-Origin Resource Sharing，跨域资源共享）政策。

GateWay 支持以配置的方式指定跨域访问条件，满足条件的请求可以进行跨域访问。以下代码位于 hello-gateway 模块的 application.yaml 文件中，用于设置跨域访问条件。

```yaml
spring:
  cloud:
    gateway:
      globalcors:
        corsConfigurations:
          '[/**]':        # 适用所有的路径
            # 允许跨域访问的客户端来源的域名，* 表示所有
            allowedOrigins: "*"
```

```
# 允许的 HTTP 请求方式，* 表示所有
allowedMethods: "*"
# 允许的 HTTP 请求头，* 表示所有
allowedHeaders: "*"
```

GateWay 还支持以编程的方式设置跨域访问条件。在例程 9.7 的 MyCorsConfiguration 类中，初始化了一个 CorsWebFilter 类型的 Bean 组件，负责按照设置的跨域访问条件对请求进行过滤。CorsWebFilter 类实现了 Spring API 中的 WebFilter 接口。

例程 9.7　MyCorsConfiguration.java

```java
@Configuration
public class MyCorsConfiguration {
  @Bean
  public CorsWebFilter corsFilter() {
    // 设置跨域访问条件
    CorsConfiguration config = new CorsConfiguration();
    config.addAllowedMethod("*");
    config.addAllowedOrigin("*");
    config.addAllowedHeader("*");
    UrlBasedCorsConfigurationSource source =
                new UrlBasedCorsConfigurationSource();
    source.registerCorsConfiguration("/**", config);

    return new CorsWebFilter(source);
  }
}
```

9.8　超时配置

扫一扫，看视频

当一个请求访问特定微服务时，GateWay 不仅可以监控该请求连接微服务的时间、微服务处理请求的响应时间，还可以设置连接超时和响应超时的时间。

GateWay 的以下两个属性用于设置全局超时时间。

- spring.cloud.gateway.httpclient.connect-timeout：连接超时时间，以毫秒为单位。

- spring.cloud.gateway.httpclient.response-timeout：响应超时时间，可以显式指定时间单位，如 5s。

在 hello-gateway 模块的 application.yaml 文件中，以下代码配置了全局超时时间。

```yaml
spring:
  cloud:
    gateway:
```

```
httpclient:
    connect-timeout: 1000
    response-timeout: 5s
```

GateWay 还可以针对特定路由设置局部超时时间，包括以下两个属性。

● connect-timeout：连接超时时间，以毫秒为单位。
● response-timeout：响应超时时间，以毫秒为单位。

在 hello-gateway 模块的 application.yaml 文件中，以下代码给 ID 为 provider-route 的路由设置了局部超时时间。

```
routes:
  - id: provider-route
    uri: lb://hello-provider-service
    order: 1
    predicates:
     - Path=/greet/**
    metadata:
      connect-timeout: 200
      response-timeout: 200
```

当一个请求访问以上路由对应的微服务时，如果出现连接超时或响应超时，会返回 504 GateWay Timeout 错误。

扫一扫，看视频

9.9　通过 Actuator 监控网关

在 hello-gateway 模块中，通过 Spring Boot 的 Actuator 监控网关的配置步骤如下。

（1）在 pom.xml 文件中加入 Actuator 的依赖。

```
<dependency>
  <groupId>org.springframework.boot</groupId>
  <artifactId>
    spring-boot-starter-actuator
  </artifactId>
</dependency>
```

（2）在 application.yaml 文件中配置以下属性。

```
management:
  endpoint:
    gateway:
      enabled: true
  endpoints:
```

```
web:
  exposure:
    include: 'gateway'
```

在以上代码中，management.endpoint.gateway.enabled 属性的默认值是 true，表示允许 GateWay 向 Actuator 暴露端点；management.endpoints.web.exposure.include 属性设为 gateway，表示允许 GateWay 通过 Web 页面访问 GateWay 的端点。

（3）启动 hello-gateway 模块，通过浏览器访问以下 URL，浏览器中就会显示 GateWay 的路由信息，如图 9.7 所示。

```
http://localhost/actuator/gateway/routes
```

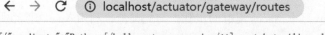

图 9.7　GateWay 的路由信息

9.10　网关集群

扫一扫，看视频

答主："古代的城市用围墙围起来，并设有城门。这个城门就好比 GateWay。一座城市会设一个城门还是多个城门？"

阿云："通常有好几个城门，如老北京的最外层曾经有 7 个城门。"

答主："一座城市设置多个城门有什么好处？"

阿云："可以分摊人流量，而且当一个城门关闭时，其他城门继续可用。"

答主："对于微服务系统，如果设立多个 GateWay，建立网关集群，也能分摊请求流量，并且能保证网关的高可用性。"

图 9.8 展示了网关集群的架构。客户请求首先到达 Nginx，Nginx 根据特定的负载均衡策略，把请求发送给网关集群中的一个 GateWay 节点，GateWay 节点再把请求转发给相应的微服务。

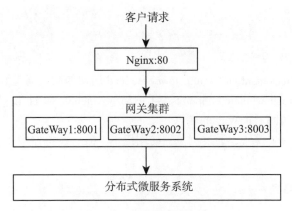

图 9.8　网关集群的架构

5.4 节介绍了利用 Nginx 建立 Nacos 集群的步骤。与此类似，利用 Nginx 建立网关集群的步骤如下。

（1）参考 2.5 节，为 hello-gateway 模块的 HelloGatewayApplication 类创建三个启动配置，分别设置如下启动属性。

```
-Dserver.port=8001
-Dserver.port=8002
-Dserver.port=8003
```

三个启动配置代表三个 GateWay 节点，分别监听 8001、8002 和 8003 端口。

（2）修改 Nginx 安装目录下的 conf/nginx.conf 文件，增加需要代理的 GateWay 节点的地址，以及代理转发的 URL。在以下代码中，粗体字部分是增加的内容。

```
# 所代理的 GateWay 节点的地址
upstream gateway{
  server 127.0.0.1:8001;
  server 127.0.0.1:8002;
  server 127.0.0.1:8003;
}

server {
  listen 80;
  server_name  localhost;

  location / {      # 指定代理转发 URL
    proxy_pass http://gateway;
  }
  ...
}
```

假定 Nginx 服务器运行在本地主机上,以上代理转发 URL 表明,当用户请求访问的 URL 的根路径为 http://localhost/ 时,该请求将由 Nginx 接收并转发给网关集群中的节点。

(3)分别启动 Nginx 服务器、Nacos 服务器、三个 GateWay 节点、hello-provider-service 微服务和 hello-consumer-service 微服务。

(4)通过浏览器访问 http://localhost/enter/Tom,Nginx 服务器会把请求转发给网关集群中的某个 GateWay 节点,再由 GateWay 节点把该请求转发给 hello-consumer-service 微服务。

> 📢 提示
>
> 为了确保 Nginx 服务器的高可用,还可以参照 5.5 节建立 Nginx 的集群。

9.11 小   结

网关是从外网进入内网的入口,对由多个微服务节点构成的内网起保护作用。网关具有以下功能。

(1)路由转发:为了保护内网服务的安全,通常不会暴露内网中微服务节点的地址,而是暴露网关地址,并通过路由建立网关地址和内网地址的对应关系。

(2)流量控制:对进入网关的请求流量限流,防止流量洪峰击垮内网。

(3)负载均衡:按照特定负载均衡策略,把请求转发给某个微服务节点。

(4)过滤请求:对请求进行预处理,以及对响应结果进行附加处理。

为了保证网关的高可用性,还可以为网关建立集群。图 9.9 展示了由 GateWay 集群、Nginx 代理服务器、Nacos 服务器及微服务节点组成的微服务系统。

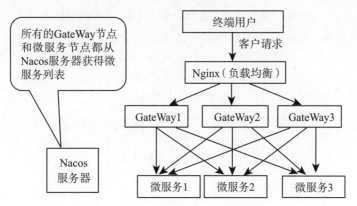

图 9.9 运用了网关集群的微服务系统

第10章　消息驱动框架：Stream

答主："在现实生活中，生产者向消费者提供货物，比较简单的操作方式为同步收发货，生产者把货发送给消费者，消费者立即接收。但在有些情况下，当生产者有时间发货时，消费者不一定有时间收货，或者当消费者有时间收货时，生产者还没有把货准备好，在这种情况下，该如何协调收发货呢？"

阿云："请一个作为中间方的物流公司来负责传送货物。生产者把货物发送给物流公司，消费者从物流公司接收货物。有了物流公司的介入，生产者和消费者可以采用异步收发货的模式。"

答主："对于两个微服务之间的通信，数据的传输也分为同步模式和异步模式。"

在前面章节的范例中，微服务之间的通信都是同步通信。如图 10.1 所示，微服务 A 请求访问微服务 B 时，微服务 A 先发出请求，微服务 B 会立即接收到请求。同样，当微服务 B 返回响应结果时，微服务 A 会立即接收到响应结果。

图 10.1　微服务 A 与微服务 B 之间采用同步通信模式

本章将介绍微服务之间的异步通信模式。在图 10.2 中，把微服务 A 与微服务 B 之间发送的请求或响应一律称为消息，消息由消息中间件统一接收和分发。消息中间件就相当于现实世界里的物流公司。

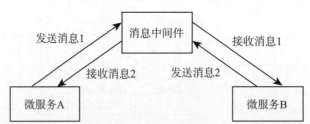

图 10.2　微服务 A 与微服务 B 之间采用异步通信模式

在图 10.2 中，当微服务 A 通过消息中间件向微服务 B 发送消息时，微服务 A 是消息的生产者，微服务 B 就是消息的消费者；反之亦然。

目前比较流行的消息中间件软件包括 RocketMQ、RabbitMQ 和 Kafka 等。Spring Cloud Stream 作为后起之秀，统领群雄，能够整合各种消息中间件，并且能将其无缝集成到 Spring Cloud 框架中，为微服务提供统一的消息驱动框架。

本章将介绍 Spring Cloud Stream 与 RocketMQ 整合而成的消息驱动框架的运作原理及详细用法。

10.1　消息中间件简介

扫一扫，看视频

消息中间件把消息存放在消息队列（Message Queue，MQ）中，生产者向消息队列发送消息，消费者从消息队列中接收消息。如图 10.3 所示，消息队列采用"先进先出"的数据结构，确保生产者发送消息的顺序和消费者接收消息的顺序一致。

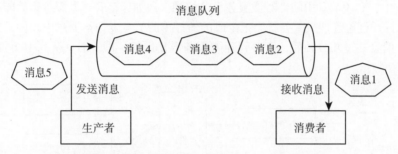

图 10.3　消息队列采用"先进先出"的数据结构

10.1.1　消息中间件的运用场景

消息中间件常用于分布式微服务系统的应用解耦、异步处理、流量削峰等场景。例如，在购物网站的秒杀业务中，如果用户下了订单后 5min 内未支付，支付管理微服务就会向订单管理微服务推送订单未及时支付的消息，订单管理微服务就会取消该订单，并向库存管理微服务推送订单已经取消的消息，使得库存管理微服务更新库存，让其他用户可以继续对该商品进行下单，如图 10.4 所示。

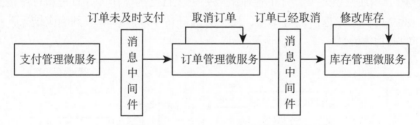

图 10.4　微服务之间的异步通信

在图 10.4 中，微服务之间通过消息中间件进行异步通信。也就是说，生产者发送消息与消费者接收消息并不是同步进行的，这样就使得生产者与消费者解耦，提高了各自的独立性。

1. 应用解耦

软件系统的耦合性越高，容错性就越低，而同步通信会增加微服务之间的耦合度。如图 10.5 所示，以购物网站为例，当用户下订单时，如果订单管理微服务耦合调用库存管理微服务和支付管理微服务，那么任何一个微服务出故障不可用，都会导致下订单操作失败，影响用户的购物体验。

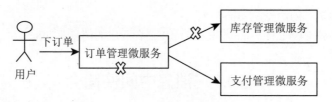

图 10.5　微服务之间的耦合关系

在图 10.5 中，当库存管理微服务操作失败时，就会使订单管理微服务无法正常执行，导致用户无法下订单。

在图 10.6 中，利用消息中间件对微服务系统解耦。假如库存管理微服务出故障，需要过几分钟才能恢复运行，订单管理微服务就会把生成的新订单的消息发送给消息中间件，然后向用户返回下单成功的信息。过几分钟后，库存管理微服务恢复运行，再从消息队列中接收新订单消息，修改相应的库存数据。

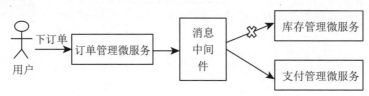

图 10.6　微服务之间通过消息中间件解耦

2. 异步处理

如果有些操作耗时很长，并且不需要同步处理，那么采用异步处理方式能提高微服务的响应效率。例如，假定订单管理微服务、库存管理微服务和支付管理微服务完成各自的操作分别需要 100ms。在图 10.5 的同步通信模式下，假如所有的微服务都可用，那么一共需要 300ms 才能完成用户的下单请求任务。

在图 10.7 的异步通信模式下，订单管理微服务完成自己的操作，并且把新订单消息发送给消息中间件后，就立即向用户返回响应结果，用户只需等待 105ms 就能收到响应结果，这给用户带来了快捷友好的购物体验。

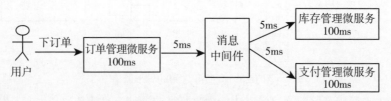

图 10.7　异步处理下订单任务

3. 流量削峰

消息中间件还能起到控制流量的作用。假定支付管理微服务每秒最多只能处理 1000 个请求，如果超过这个请求数目，就会击垮系统。在图 10.7 中，所有的请求都先存放在消息中间件的消息队列中，支付管理微服务可以按照自己每秒所能承载负荷的能力来处理请求。

如图 10.8 所示，当请求流量高峰到来时，如果 1s 内出现了 5000 个请求，那么支付管理微服务在 1s 内只能处理 1000 个请求，其余的 4000 个请求存放在消息队列中。由此可见，消息中间件把流量高峰"削"掉了。等到流量高峰过后，支付管理微服务消费消息的速度仍然维持在 1000QPS，逐渐消费队列中积压的消息，这个过程称为"填谷"。

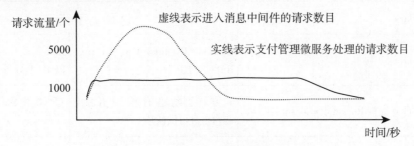

图 10.8　消息中间件对请求流量削峰填谷

10.1.2　消息中间件的缺点

消息中间件主要有以下三个缺点。

- 系统可用性降低：微服务系统引入的外部依赖越多，出错的环节也越多。一旦消息中间件宕机，整个系统就无法正常运转。
- 系统稳定性降低：消息中间件必须保证消息没有被重复消费，也没有丢失，以及按照先后顺序传送消息。如果由于异常等因素不能保证这些需求，就会降低系统的稳定性，影响业务顺利执行。
- 分布式一致性问题：假设一个任务需要微服务 A、微服务 B 和微服务 C 异步执行，共同完成，当微服务 A 执行成功时，返回了响应结果，而微服务 B 和微服务 C 并没有完成自己的子任务，这时会导致业务数据的不一致。

消息中间件是一种非常复杂的架构，引入它有很多好处，但是也需要针对它的弊端采取相应技术和架构来弥补。例如，通过为消息中间件建立集群，来提高系统的可用性。等到克服了这些弊端后，系统复杂度又提升了一个数量级。因此，消息中间件也不是万能的，只适用于有需要的场合。

10.1.3　消息中间件产品

常见的消息中间件包括 RocketMQ、Kafka 和 RabbitMQ，表 10.1 对它们的优缺点作了比较。

表 10.1　常见的消息中间件

比较信息	消息中间件		
	RocketMQ	Kafka	RabbitMQ
所属组织 / 公司	由阿里巴巴公司开发，已经加入 Apache 开源组织	Apache 开源组织	Rabbit 公司

续表

比较信息	消息中间件		
	RocketMQ	Kafka	RabbitMQ
开发语言	Java	Scala	Erlang
客户端语言	Java	C/C++、Python、Go、Erlang、Ruby、PHP 等	Java、C/C++、Python、PHP、Perl 等
控制台	官方提供 RocketMQ Console 工具	官方未提供，但有第三方开源控制台工具可供使用	官方提供 RabbitMQ Admin 工具
优点	（1）在高吞吐、低延迟、高可用方面有非常好的表现，当消息堆积时，性能也很好。 （2）支持多种消费方式。 （3）支持 BrokerServer 对消息过滤。 （4）支持事务消息。 （5）支持消息的顺序消费，消费者可以水平扩展，消费能力强。 （6）集群规模在 50 台左右；单日处理消息达上百亿条；经过真实场景中大数据流量的考验，比较稳定	（1）在高吞吐、低延迟、高可用、集群热扩散、集群容错方面有非常好的表现。 （2）为生产者提供缓存、压缩功能，提高了性能和效率。 （3）支持消息的顺序消费。 （4）支持多种客户端语言。 （5）生态完善，在大数据处理方面有大量配套软件支撑	（1）在高吞吐、高可用方面不如前两者。 （2）支持多种客户端语言。 （3）具有很好的性能。 （4）管理界面很丰富，在互联网公司有较大规模的运用
缺点	（1）生态不够完善，处理消息堆积和吞吐量的能力低于 Kafka。 （2）对于集群，不支持主从自动切换，Master 宕机后，消费者要过一段时间才能感知。 （3）客户端只支持 Java	（1）消费者集群数目受到分区数目的限制。 （2）单机 Topic 很多时，性能会明显下降。 （3）不支持事务消息	（1）Erlang 语言难度较大，集群不支持动态扩展。 （2）不支持事务消息，消息吞吐量有限。 （3）消息堆积时，性能会明显下降

值得注意的是，以上三种消息中间件的优缺点并不是一成不变的，它们在升级换代中，不仅会不断完善，增强功能，提升性能，也会优胜劣汰，性能落后的软件将被性能优越的软件取代。

10.2　RocketMQ 简介

扫一扫，看视频

RocketMQ 是由阿里巴巴公司开发的开源消息中间件，支持事务消息、顺序消息、批量消息和定时消息。与其他消息中间件相比，RocketMQ 具有以下优势。

- 支持事务消息，消息发送和数据库操作会保证最终一致性。
- 通过 RocketMQ 通信的多个系统的数据会保证最终一致性。
- 支持 18 个级别的延迟消息。
- 支持按照指定次数和时间间隔重新尝试消费失败消息。
- 支持消费者端的消息过滤，减少不必要的网络传输。
- 允许消息的重复消费。

10.2.1　RocketMQ 涉及的基本概念

RocketMQ 传送消息涉及以下基本概念。

（1）消息生产者（Producer）：把消息发送给 BrokerServer，发送消息的方式有很多种，如同步发送、异步发送、顺序发送、单向发送。同步发送和异步发送均需要 BrokerServer 返回确认信息，单向发送则不需要返回确认信息。

（2）消息消费者（Consumer）：从 BrokerServer 接收消息，接收消息的方式有两种：拉取式和推送式。

（3）主题（Topic）：表示同一类消息的集合。每个主题包含若干条消息，每条消息只能属于一个主题。这是消费者订阅消息的基本单位。

（4）代理服务器（BrokerServer）：承担消息中转站的角色，负责存储和转发消息。BrokerServer 不仅可以存储消息，还可以存储与消息相关的元数据，如消费者组、消费进度偏移、主题等。

（5）名字服务器（NameServer）：提供消息路由。生产者和消费者从 NameServer 中查找与特定主题对应的 BrokerServer 的地址列表。多个 NameServer 实例形成集群，但相互独立，没有信息交换。

（6）拉取式消费（Pull Consumer）：消费者主动从 BrokerServer 拉取消息并拥有何时接收消息的主动权。

（7）推送式消费（Push Consumer）：BrokerServer 接收到消息后，主动把消息推送给消费者并拥有何时推送消息的主动权。

（8）生产者组（Producer Group）：同一类生产者的集合，发送同一类消息。

（9）消费者组（Consumer Group）：同一类消费者的集合，接收同一类消息，这些消息的主题相同。

（10）集群消费（Clustering）：同一个消费者组中的每个消费者实例平均分摊消息。

（11）广播消费（Broadcasting）：同一个消费者组中的每个消费者实例都会接收全部消息。

（12）消息（Message）：生产者和消费者交换数据的最小单位。每条消息属于一个主题，拥有唯一的 ID，还可以携带作为业务标识的 Key。

（13）标签（Tag）：为消息设置的标志，用于区分同一主题中不同子类型的消息。

10.2.2　RocketMQ 的消息收发模型

图 10.9 展示了 RocketMQ 的消息收发模型。其中，生产者负责生产消息；消费者负责消费消息；BrokerServer 负责存储和转发消息。每个 BrokerServer 可以存储多个主题的消息，每个主题的

消息也可以分片存储在集群的多个 BrokerServer 实例中。

NameServer 的作用与 Nacos 有些类似，都是提供服务注册与发现的功能。NameServer 会注册各个 BrokerServer 节点，监控 BrokerServer 节点的实时状态，为生产者和消费者提供每个主题的路由信息。

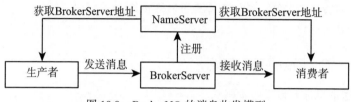

图 10.9　RocketMQ 的消息收发模型

10.2.3　安装和启动 RocketMQ

RocketMQ 的官方下载网址参见本书技术支持网页的【链接 15】，从该网址下载安装压缩包 rocketmq–all–5.2.0–bin–release.zip 文件并将其解压到本地。在 Windows 中还需要配置以下三个环境变量。

- JAVA_HOME：JDK 的安装根目录。
- ROCKETMQ_HOME：RocketMQ 的安装根目录，如图 10.10 所示。
- NAMESRV_ADDR：NameServer 的地址，设置为默认值 localhost:9876，如图 10.11 所示。

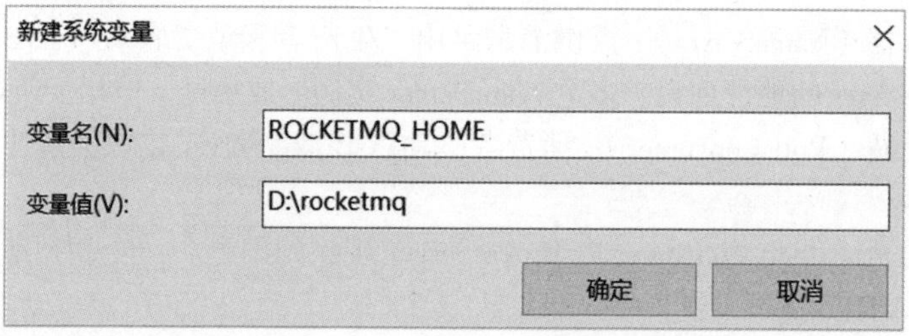

图 10.10　设置 ROCKETMQ_HOME 环境变量

图 10.11　设置 NAMESRV_ADDR 环境变量

需要注意的是，RocketMQ 的低版本只能在 JDK8 中运行，而 RocketMQ5.2 及以上高版本在 JDK17 中也能顺利运行。

环境变量配置好后, 转到 RocketMQ 的安装目录的 bin 子目录下, 运行以下两个命令文件。

- mqnamesrv.cmd : 启动 NameServer。
- mqbroker.cmd : 启动 BrokerServer。

如果没有配置 NAMESRV_ADDR 环境变量, 在运行 mqbroker.cmd 时, 也可以通过 −n 选项指定 NameServer 的地址。命令如下:

```
mqbroker -n localhost:9876
```

如果是 Linux 系统, 只要有 JDK 环境, 就无须配置额外的环境变量。转到 RocketMQ 的根目录下, 运行以下两个命令, 分别启动 NameServer 和 BrokerServer。

```
nohup sh bin/mqnamesrv &
nohup sh bin/mqbroker -n localhost:9876 &
```

BrokerServer 配置的默认 Java 虚拟机的内存比较大, 如果不修改配置, 可能会导致无法启动 BrokerServer, 因此需要修改 Java 虚拟机的内存大小, 只需修改 bin/runbroker.cmd 文件中的 JAVA_OPT 参数即可。

```
修改前:
set "JAVA_OPT=%JAVA_OPT%  -server  -Xms2g  -Xmx2g"


修改后:
set "JAVA_OPT=%JAVA_OPT%  -server  -Xms256m  -Xmx256m"
```

10.2.4　安装和启动 RocketMQ 控制台

RocketMQ 控制台是一个用 Spring Boot 开发的项目, 它的下载网址参见本书技术支持网页的【链接 16】。从该网址下载 rocketmq-externals-develop.zip 文件并将其解压到本地。RocketMQ 控制台的项目位于 rocketmq-console 子目录下。

配置和运行 RocketMQ 控制台的步骤如下:

(1) 用 IDEA 打开 RocketMQ 控制台的项目。

(2) 设置 application.properties 配置文件中的 rocketmq.config.namesrvAddr 属性, 指定 NameServer 的地址。

```
rocketmq.config.namesrvAddr=localhost:9876
```

如果未设置以上属性, 将会以 NAMESRV_ADDR 系统环境变量作为 NameServer 的地址。

(3) 运行 org.apache.rocketmq.console.App 类, 就会启动 RocketMQ 控制台。此外, 也可以把整个项目用 Maven 打包, 在项目的 target 目录下生成 rocketmq-console-ng.jar 文件, 运行以下命令, 也会启动 RocketMQ 控制台。

```
java -jar rocketmq-console-ng.jar
```

（4）RocketMQ 控制台的默认监听端口为 8080，server.port 配置属性用于显式设置监听端口。通过浏览器访问 http://localhost:8080/，就会访问 RocketMQ 控制台，如图 10.12 所示。

图 10.12　访问 RocketMQ 控制台

扫一扫，看视频

10.3　搭建 RocketMQ 集群

为了提高 RocketMQ 的可用性，可以建立 NameServer 和 BrokerServer 集群，如图 10.13 所示。

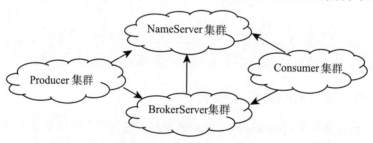

图 10.13　RocketMQ 集群

在图 10.13 中，NameServer、BrokerServer、Producer 和 Consumer 都建立了集群。

- NameServer 集群：NameServer 是几乎无状态的节点，可以集群部署，节点之间无任何信息同步。
- BrokerServer 集群：集群部署相对复杂，BrokerServer 节点按角色分为 Master 与 Slave。一个 Master 可以对应多个 Slave，但是一个 Slave 只能对应一个 Master。Master 与 Slave 的对应关系通过相同的 Broker Name 和不同的 Broker ID 来设定，Broker ID 为 0 表示 Master，非 0 表示 Slave。每个 BrokerServer 节点与 NameServer 集群中的所有节点建立长连接，定时向所有 NameServer 节点注册主题信息，如图 10.14 所示。
- Producer 与 NameServer 集群中的一个节点（随机选择）建立长连接，定期从 NameServer 获取主题路由信息。Producer 与作为 Master 的一个 BrokerServer 节点建立长连接，并且定时向该 BrokerServer 节点发送心跳。Producer 完全无状态，可集群部署。
- Consumer 与 NameServer 集群中的一个节点（随机选择）建立长连接，定期从 NameServer

获取主题路由信息。Consumer 与作为 Master 或 Slave 的一个 BrokerServer 节点建立长连接，并且定时向该 BrokerServer 节点发送心跳。Consumer 既可以从 Master 接收消息，也可以从 Slave 接收消息。

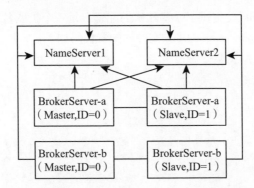

图 10.14　BrokerServer 集群与 NameServer 集群的关系

在图 10.14 中，共有 4 个 BrokerServer 节点，分为两组 Master/Slave，第一组的两个节点的名字为 BrokerServer–a，ID 分别为 0 和 1，分别表示 Master 和 Slave；第二组的两个节点的名字为 BrokerServer–b，ID 分别为 0 和 1，分别表示 Master 和 Slave。这 4 个 BrokerServer 节点都和两个 NameServer 节点连接。

Producer 向 Master 发送的消息存放在 Master 的队列中，该消息还会通过异步复制或同步双写的方式保存到 Slave 中。Producer 不能向 Slave 发送消息，而 Consumer 可以从 Master 或 Slave 中接收消息，如图 10.15 所示。

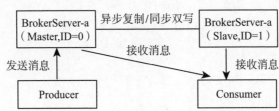

图 10.15　Producer 向 Master 发送消息，Consumer 从 Master 或 Slave 中接收消息

10.3.1　搭建 NameServer 集群

NameServer 是几乎无状态的节点，可以集群部署，节点之间无任何信息同步。例如，如果在两台主机上分别启动 NameServer，就启动了包含两个节点的 NameServer 集群。假定这两个节点的地址分别如下：

```
192.168.100.1:9876
192.168.100.3:9876
```

10.3.2　搭建 BrokerServer 集群

在 RocketMQ 的 conf 目录下有三个子目录，它们分别按照不同的模式配置 BrokerServer 集群。

- 2m-noslave 子目录：多 Master 模式，参见 10.3.3 小节。
- 2m-2s-async 子目录：多 Master 多 Slave 的异步复制模式，参见 10.3.4 小节。
- 2m-2s-sync 子目录：多 Master 多 Slave 的同步双写模式，参见 10.3.5 小节。

在以上每个子目录中都已经提供了一些默认的配置，每一个扩展名为 properties 的文件用于配置一个节点。2m-noslave/broker-a.properties 文件的配置代码如下：

```
# BrokerServer 集群的名字
brokerClusterName=DefaultCluster
# BrokerServer 节点的名字
brokerName=broker-a
# ID 为 0，表示 Master
brokerId=0
...
```

以上代码设置了作为 Master 的 broker-a 节点的基本属性。以下代码列出了 BrokerServer 节点的所有配置属性。

```
# 所属集群名字
brokerClusterName=rocketmq-cluster
# BrokerServer 节点的名字
brokerName=broker-a
# 0 表示 Master；大于 0 表示 Slave
brokerId=0
# NameServer 地址，多个地址以分号分隔
namesrvAddr=192.168.100.1:9876;192.168.100.3:9876
# 自动创建服务器不存在的 Topic，指定 Topic 的默认队列数
defaultTopicQueueNums=4
# 是否允许 BrokerServer 自动创建 Topic，建议线下开启，线上关闭
autoCreateTopicEnable=true
# 是否允许 BrokerServer 自动创建订阅组，建议线下开启，线上关闭
autoCreateSubscriptionGroup=true
# BrokerServer 对外服务的监听端口
listenPort=10911
# 删除文件时间点，默认为凌晨 4 点
deleteWhen=04
# 文件保留时间，默认为 48 小时
fileReservedTime=120
# 单个 CommitLog 文件的大小，默认为 1GB
mapedFileSizeCommitLog=1073741824
# ConsumeQueue 的每个文件默认存储 30 万条消息，可以根据业务情况调整
mapedFileSizeConsumeQueue=300000
```

```
# 检测可用磁盘空间大小的比率，超过后写入消息会报错
diskMaxUsedSpaceRatio=88
# 存储路径
storePathRootDir=C:/rocketmq/store
# CommitLog 存储路径
storePathCommitLog=C:/rocketmq/store/commitlog
# 消费队列存储路径
storePathConsumeQueue=C:/rocketmq/store/consumequeue
# 消息索引存储路径
storePathIndex= C:/rocketmq/store/index
# checkpoint 文件存储路径
storeCheckpoint= C:/rocketmq/store/checkpoint
# abort 文件存储路径
abortFile= C:/rocketmq/store/abort
# 消息的大小限制，以字节为单位
maxMessageSize=65536


# BrokerServer 的角色
#- ASYNC_MASTER   异步复制 Master
#- SYNC_MASTER    同步双写 Master
#- SLAVE
brokerRole=ASYNC_MASTER


# 刷盘方式
#- ASYNC_FLUSH   异步刷盘
#- SYNC_FLUSH    同步刷盘
flushDiskType=ASYNC_FLUSH
# 是否允许检查事务消息
checkTransactionMessageEnable=false
# 发送消息线程池的数量
sendMessageThreadPoolNums=128
# 拉取消息线程池的数量
pullMessageThreadPoolNums=128
```

以上代码中的 autoCreateTopicEnable 属性建议线下开启（取值为 true），线上关闭（取值为false）。这里所谓的线下是指在开发环境中，线上是指在生产环境中。

10.3.3 多 Master 模式

在多 Master 模式下，BrokerServer 集群中无 Slave，全是 Master。假定集群中有两个 Master，它们的信息见表 10.2。

表10.2 有两个Master的BrokerServer集群的信息

brokerName 属性	brokerId 属性	brokerRole 属性	IP 地址
broker–a	0	ASYNC_MASTER	192.168.100.101
broker–b	0	ASYNC_MASTER	192.168.100.103

根据表 10.2 中的集群配置信息，在 IP 为 192.168.100.101 的主机中启动第一个 Master，命令如下：

```
mqbroker -c C:\rocketmq\conf\2m-noslave\broker-a.properties
```

在 IP 为 192.168.100.103 的主机中启动第二个 Master，命令如下：

```
mqbroker -c C:\rocketmq\conf\2m-noslave\broker-b.properties
```

多 Master 模式的优缺点如下。

● 优点：配置简单，单个 Master 节点宕机或重启对应用无影响。在磁盘配置为 RAID10 时，即使一个节点宕机不可恢复，由于 RAID10 磁盘非常可靠，消息也不会丢失（异步刷盘会丢失少量消息，同步刷盘一条消息也不会丢失），性能最高。

● 缺点：在单个节点宕机期间，该节点上未被消费的消息在节点恢复之前不可订阅，消息实时性会受到影响。

10.3.4 多 Master 多 Slave 的异步复制模式

在多 Master 多 Slave 的异步复制模式下，每个 Master 对应一个或多个 Slave，有多组 Master/Slave。写到 Master 中的消息会异步复制到 Slave 中。Master 和 Slave 之间有毫秒级的短暂消息延迟。假定在集群中有两个 Master 和两个 Slave，它们的信息见表 10.3。

表10.3 有两个Master和两个Slave的BrokerServer集群的信息

brokerName 属性	brokerId 属性	brokerRole 属性	IP 地址
broker–a	0	ASYNC_MASTER	192.168.100.101
broker–a	1	SLAVE	192.168.100.102
broker–b	0	ASYNC_MASTER	192.168.100.103
broker–b	1	SLAVE	192.168.100.104

Master 与 Slave 配对是通过指定相同的 brokerName 属性来匹配的，Master 的 brokerId 属性必须是 0，Slave 的 brokerId 属性必须是大于 0 的整数。一个 Master 可以对应多个 Slave，与同一个 Master 对应的多个 Slave 通过指定不同的 brokerId 属性进行区分。

根据表 10.3 中的集群配置信息，在 IP 为 192.168.100.101 的主机中启动第一个 Master，命令如下：

```
mqbroker -c C:\rocketmq\conf\2m-2s-async\broker-a.properties
```

在 IP 为 192.168.100.102 的主机中启动第一个 Slave，命令如下：

```
mqbroker -c C:\rocketmq\conf\2m-2s-async\broker-a-s.properties
```

在 IP 为 192.168.100.103 的主机中启动第二个 Master，命令如下：

```
mqbroker -c C:\rocketmq\conf\2m-2s-async\broker-b.properties
```

在 IP 为 192.168.100.104 的主机中启动第二个 Slave，命令如下：

```
mqbroker -c C:\rocketmq\conf\2m-2s-async\broker-b-s.properties
```

多 Master 多 Slave 的异步复制模式的优缺点如下。

- 优点：当 Master 宕机后，消息实时性不会受影响，因为消费者仍然可以从 Slave 中消费消息，此过程对应用透明。不需要人工干预。性能与多 Master 模式几乎一样。
- 缺点：在 Master 宕机和磁盘损坏的情况下，会丢失少量消息。

10.3.5　多 Master 多 Slave 的同步双写模式

在多 Master 多 Slave 的同步双写模式下，每个 Master 对应一个或多个 Slave，有多组 Master/Slave。写到 Master 中的消息会同步写到 Slave 中，因此称为同步双写，只有 Master 和 Slave 都写成功，才会返回消息发送成功的信息。假定在集群中有两个 Master 和两个 Slave，它们的信息见表 10.4。

表 10.4　有两个 Master 和两个 Slave 的 BrokerServer 集群的信息

brokerName 属性	brokerId 属性	brokerRole 属性	IP 地址
broker-a	0	SYNC_MASTER	192.168.100.101
broker-a	1	SLAVE	192.168.100.102
broker-b	0	SYNC_MASTER	192.168.100.103
broker-b	1	SLAVE	192.168.100.104

根据表 10.4 中的集群配置信息，在 IP 为 192.168.100.101 的主机中启动第一个 Master，命令如下：

```
mqbroker -c C:\rocketmq\conf\2m-2s-sync\broker-a.properties
```

在 IP 为 192.168.100.102 的主机中启动第一个 Slave，命令如下：

```
mqbroker -c C:\rocketmq\conf\2m-2s-sync\broker-a-s.properties
```

在 IP 为 192.168.100.103 的主机中启动第二个 Master，命令如下：

```
mqbroker -c C:\rocketmq\conf\2m-2s-sync\broker-b.properties
```

在 IP 为 192.168.100.104 的主机中启动第二个 Slave，命令如下：

```
mqbroker -c C:\rocketmq\conf\2m-2s-sync\broker-b-s.properties
```

多 Master 多 Slave 的同步双写模式的优缺点如下。

● 优点：在 Master 宕机情况下，消息无延迟，服务可用性与数据可用性都非常高。
● 缺点：性能比异步复制模式略低，大约低10%，发送单个消息的响应时间会略高。目前 Master 宕机后，Slave 不能自动切换为 Master，后续会支持自动切换功能。

扫一扫，看视频

10.4 Spring Cloud Stream 简介

每种消息中间件的 API 都不同，如果一个微服务本来使用 Kafka，后来改为使用 RocketMQ，就需要修改程序代码，这样会很烦琐。为了使微服务可以按照统一的方式使用各种消息中间件，Spring Cloud Stream（以下简称 Stream）应运而生。

在微服务系统中使用 Stream 有以下优点。

（1）使微服务代码与消息中间件解耦。微服务系统不必关心具体使用哪个消息中间件产品，只需按照 Stream API 来收发消息。如果更换了消息中间件，只需修改一下配置代码，而无须改动程序代码。

（2）学习成本低。开发人员只需了解 Stream 的用法，就能将其与各种消息中间件整合。

如图 10.16 所示，如果把消息中间件比作一个存储水的水箱，Stream 的作用是为水箱和微服务绑定进水管和出水管，这两根管子一头连接水箱，一头连接微服务。

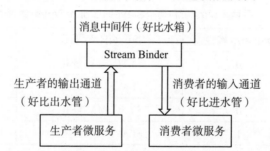

图 10.16 Stream 为微服务与消息中间件建立了传送消息的通道

Stream 的具体实现是通过 Binder 与特定的消息中间件绑定。针对不同的消息中间件，有相应的 Binder 实现。例如，RocketMQ 的 Binder 实现为 RocketMQMessageChannelBinder 类；Kafka 的 Binder 实现为 KafkaMessageChannelBinder 类；RabbitMQ 的 Binder 实现为 RabbitMQMessageChannelBinder 类。Binder 绑定的所有通道称为 bindings，bindings 包括输入通道和输出通道。

扫一扫，看视频

10.5 在微服务中收发消息

本节将介绍在微服务中利用 Stream 和 RocketMQ 收发消息的方法。如图 10.17 所示，hello-provider-service 微服务充当消息生产者，hello-consumer-service 微服务充当消息消费者。生产者通过输出通道发送消息，消费者通过输入通道接收消息。

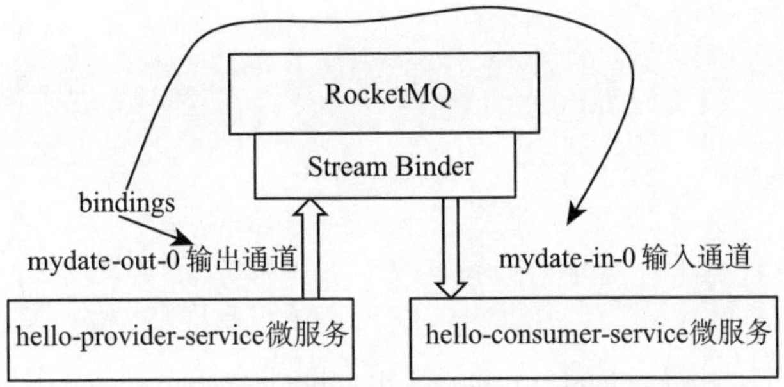

图 10.17 微服务通过 Stream 和 RocketMQ 收发消息

在 hello-provider 模块及 hello-consumer 模块的 pom.xml 文件中，都要加入 Stream 与 RocketMQ 的整合依赖。代码如下：

```
<dependency>
  <groupId>com.alibaba.cloud</groupId>
  <artifactId>
    spring-cloud-starter-stream-rocketmq
  </artifactId>
</dependency>
```

10.5.1 创建消息生产者

在 hello-provider 模块的 HelloProviderApplication 类中定义一个 Supplier 类型的 Bean 组件。

```
@Bean
public Supplier<Date> mydate() {
  return () -> new Date();
}
```

java.util.function.Supplier 属于函数式接口，指定了提供消息的行为，以上 Supplier Bean 提供的消息为 Date 对象。

阿云："Supplier Bean 提供的 Date 对象到底发送到哪个输出通道呢？"

答主："Stream 制定了一套名字匹配规则，输出通道的名字为 mydate-out-0。"

与 mydate() 方法对应的输出通道的名字为 mydate-out-0。其中，out 表示输出；0 表示索引，从 0 开始排序。

在 application.yaml 文件中，需要配置以下信息。

```
spring:
  cloud:
    stream:
      function:
        # 函数的定义方法，多个方法以分号隔开
        definition: mydate
```

```
rocketmq:
  binder:
    name-server: 127.0.0.1:9876        #NameServer 的地址
    group: mygroup
  bindings:
    mydate-out-0:                      # 输出通道
      destination: date-topic          # 输出通道的目的地, 此处表示 RocketMQ 的
                                       # 消息主题
```

在以上代码中, spring.cloud.stream.rocketmq.binder.name-server 用于指定 RocketMQ 的 NameServer 的地址; spring.cloud.stream.bindings.mydate-out-0.destination 用于指定 mydate-out-0 输出通道的目的地, 此处表示 RocketMQ 的消息主题。

10.5.2　创建消息消费者

在 hello-consumer 模块的 HelloConsumerApplication 类中定义一个 Consumer 类型的 Bean 组件。

```
@Bean
public Consumer<Date> mydate() {
  return date -> {
    System.out.println("Received: " + date);
  };
}
```

java.util.function.Consumer 属于函数式接口, 指定了消费消息的行为, 以上 Consumer Bean 组件会输出接收到的 Date 对象。

阿云:"Consumer Bean 到底从哪个输入通道接收 Date 对象呢?"

答主:"Stream 制定了一套名字匹配规则, 输入通道的名字为 mydate-in-0。"

与 mydate() 方法对应的输入通道的名字为 mydate-in-0。其中, in 表示输入; 0 表示索引, 从 0 开始排序。

在 application.yaml 文件中, 需要配置以下信息。

```
spring:
  cloud:
    function:
      # 函数的定义方法, 多个方法以分号隔开
      definition: mydate
    stream:
      rocketmq:
        binder:
          name-server: 127.0.0.1:9876        #NameServer 的地址
        bindings:
          mydate-in-0:                       # 输入通道
            destination: date-topic          # 输入通道的目的地, 此处表示
```

```
                                          # RocketMQ 的消息主题
          content-type: application/json   # 消息的传输类型
          group: date-group               # 所在的消费组
```

在以上代码中，spring.cloud.stream.bindings.mydate-in-0.destination 用于指定 mydate-in-0 输入通道的目的地，此处表示 RocketMQ 的消息主题。spring.cloud.stream.bindings.mydate-in-0.group 用于指定消费者组，如果有多个消费者实例都位于 date-group 消费者组中，那么只有一个实例会消费主题为 date-topic 的消息。消费者组的设定可以避免消息被重复消费，每条消息只能被同一个组中的一个消费者实例消费。10.14 节将进一步介绍消费者分组和分区的作用。

10.5.3　运行消息生产者和消息消费者

分别启动 Nacos 服务器、RocketMQ 的 NameServer 和 BrokerServer、hello-provider 模块和 hello-consumer 模块。默认情况下，hello-provider-service 微服务的 Supplier Bean 每隔 1s 会向 mydate-out-0 输出通道发送一个 Date 对象，hello-consumer-service 的 Consumer Bean 会从 mydate-in-0 输入通道依次接收所有的 Date 对象，并把它们输出到控制台。

spring.cloud.stream.poller.fixed-delay 配置属性用于指定 Supplier Bean 发送消息的间隔时间，默认值为 1000ms。以下代码在 hello-provider 模块的 application.yaml 文件中把发送消息的间隔设为 3000ms。

```
spring:
  cloud:
    stream:
      poller:
        fixed-delay: 3000
```

进行了上述设置后，Supplier Bean 每隔 3s 发送一个 Date 对象，Consumer Bean 则会每隔 3s 从 mydate-in-0 输入通道接收到一个 Date 对象，并把它输出到控制台。

阿云:"为什么称 Stream 为消息驱动框架呢?"

答主:"当消息由生产者方传送到消费者方时，会驱动消费者进行相关的业务操作。本范例只是输出接收到的消息，而在实际运用中，消费者会进行相关的业务操作。例如，当负责库存管理的消费者接收到订单取消的消息时，会执行修改库存的相应操作。由此称 Stream 是消息驱动框架。"

10.5.4　收发 Message 类型的消息

Stream 在发送消息时，会自动为消息加上消息头再进行发送。例如，对于 10.5.1 小节中的生产者，向输出通道发送消息时，Stream 会输出以下日志信息。

```
the message has sent,
message=Message{
  topic='date-topic',
  flag=0,
  properties={
```

```
    id=7493a361-da25-8de6-6a4f-ab9fde9c85b7,
    UNIQ_KEY=7F0000016BBC18B4AAC...,
    WAIT=true,
    contentType=application/json,
    timestamp=1655352694098},
  body=[49, 54, 53, 53, 51, 53, 50, 54,
      57, 52, 48, 57, 56],
  transactionId='null'
}
```

以上代码中的 properties 属性就表示消息头中的内容。除了以上固定的消息头，还可以在程序中通过 Spring Message API 来添加自定义的消息头。以下代码中的 msgs() 方法位于 hello-provider 模块的 HelloProviderApplication 类中，发送的消息为 Message<Date> 类型。

```
static int index=0;
@Bean
public Supplier<Message<Date>> msgs() {
  return () -> {
    Message<Date> message = MessageBuilder
        .withPayload(new Date())
        .setHeader("index",index++)
        .build();
    return message;
  };
}
```

MessageBuilder 类的 withPayload() 方法用于设置消息正文；setHeader() 方法用于设置消息头。以上代码中的 setHeader() 方法设置了一个名为 index 的消息头，它的取值是一个递增的整数。

以下代码中的 msgs() 方法位于 hello-consumer 模块的 HelloConsumerApplication 类中，接收的消息为 Message<Date> 类型。

```
@Bean
public Consumer<Message<Date>> msgs() {
  return message -> {
    // 输出消息头
    System.out.println("Received: "+message.getHeaders());
    // 输出消息正文
    System.out.println("Received: "+message.getPayload());
  };
}
```

在 Consumer 接收到的消息中，包含名为 index 的消息头。

10.6　通过 StreamBridge 类发送消息

扫一扫，看视频

阿云：“10.5 节中介绍的 Supplier Bean 会自动按照固定的间隔时间不停地发送消息。如果希望根据业务逻辑的需求发送消息，该如何做到呢？”

答主：“可以利用 StreamBridge 类来发送消息。”

消息生产者还可以通过 Stream API 的 StreamBridge 类来发送消息，StreamBridge 类的特点是能随时随地供生产者调用，向指定的输出通道发送消息。

10.6.1　StreamBridge 类的用法

在 hello-provider 模块的 HelloProviderController 类中声明一个 StreamBridge Bean 组件，该 Bean 组件由 Stream 框架自动提供。在 sendMessage() 方法中通过 StreamBridge Bean 组件来发送消息。

```
@Autowired
private StreamBridge streamBridge;
@GetMapping(value = "/send/{username}")
public String sendMessage(
                @PathVariable String username) {
  System.out.println("Sending " + username);
  String jsonData = "{\"username\":\""+ username + "\"}";
  // 发送 JSON 格式的字符串消息
  boolean isSucceed = streamBridge.send("mymsg-out-0", jsonData);
  return isSucceed ? "success" : "error";
}
```

以上代码中的 streamBridge.send("mymsg-out-0", jsonData) 方法向 mymsg-out-0 输出通道发送消息。在 hello-provider 模块的 application.yaml 文件中，需要配置 mymsg-out-0 输出通道。

```
spring:
  cloud:
    stream:
      bindings:
        mymsg-out-0:
          destination: test-topic
```

在 hello-consumer 模块的 HelloConsumerApplication 类中，声明一个 Consumer Bean 组件。

```
@Bean
public Consumer<String> mymsg() {
  return message -> {
    System.out.println("Received: " + message);
  };
}
```

在 hello-consumer 模块的 application.yaml 文件中，需要配置 mymsg-in-0 输入通道。

```
spring:
  cloud:
    function:
      definition: mydate;msgs;mymsg
    stream:
      bindings:
        mymsg-in-0:
          destination: test-topic
          content-type: application/json          # 消息的传输类型
          group: test-group
```

通过浏览器访问 http://localhost:8081/send/Tom，HelloProviderController 类会向 mymsg-out-0 输出通道发送一个 JSON 格式的字符串消息，hello-consumer 模块的 Consumer Bean 组件从 mymsg-in-0 输入通道读取该消息，并将其输出到控制台。

```
Received:   {"username": "Tom"}
```

hello-consumer 模块的 Consumer Bean 组件在接收消息时，还可以自动把 JSON 格式的字符串消息转换为符合 Java Bean 风格的 Java 对象。把 HelloConsumerApplication 类的 mymsg() 方法做如下修改，并且在该类中增加一个内部类 Person。

```java
@Bean
public Consumer<Person> mymsg() {
  return person -> {
    System.out.println("Received: " + person);
  };
}

public static class Person {    // 内部类
  private String username;

  public String getUsername() {
    return username;
  }

  public void setUsername(String username) {
    this.username = username;
  }

  public String toString() {
    return this.username;
  }
}
```

以上代码中的 Consumer Bean 组件从 mymsg-in-0 输入通道接收到 JSON 格式的消息 {"username": "Tom"} 后，会将其转换成 Person 对象，再输出到控制台。

```
Received: Tom
```

10.6.2 用 ChannelInterceptor 拦截消息

StreamBridge 类通过 Spring API 中的 MessageChannel 来发送消息，Spring API 对 MessageChannel 提供了拦截机制，可以通过 ChannelInterceptor 拦截器在发送和接收消息的过程中增加额外的处理操作。例如，以下代码定义了一个全局的 ChannelInterceptor，它会在收发消息的各个阶段生成日志。

```java
@Slf4j
@Bean
// 这是全局拦截器
@GlobalChannelInterceptor(patterns = "*")
public ChannelInterceptor customInterceptor() {
  return new ChannelInterceptor() {
    @Override
    // 发送消息前调用
    public Message<?> preSend(Message<?> msg,
                             MessageChannel mc) {
      log.info("In preSend");
      return msg;
    }

    @Override
    // 发送消息后调用
    public void postSend(Message<?> msg,
                        MessageChannel mc, boolean bln) {
      log.info("In postSend");
    }

    @Override
    // 发送消息成功后调用
    public void afterSendCompletion(Message<?> msg,
                                   MessageChannel mc,
                                   boolean bln, Exception excptn) {
      log.info("In afterSendCompletion");
    }

    @Override
    // 接收消息前调用
    public boolean preReceive(MessageChannel mc) {
```

```
        log.info("In preReceive");
        return true;
    }

    @Override
    // 接收消息后调用
    public Message<?> postReceive(Message<?> msg,
                                  MessageChannel mc) {
        log.info("In postReceive");
        return msg;
    }
    };
}
```

以上代码中的 @GlobalChannelInterceptor 注解的 patterns 属性用于指定拦截某些输出通道，如果取值为"*"，会拦截所有的输出通道。

在以下代码中，StreamBridge 类分别向两个输出通道发送消息。

```
streamBridge.send("foo-out-0", message);
streamBridge.send("bar-out-0", message);
```

以下拦截器的 @GlobalChannelInterceptor 注解的 patterns 属性为"foo-*"，因此只会拦截 foo-out-0 输出通道。

```
@GlobalChannelInterceptor(patterns = "foo-*")
public ChannelInterceptor fooInterceptor(){…}
```

扫一扫，看视频

10.7　发送 HTTP 请求正文

在 10.6 节中，StreamBridge 类会发送 HTTP 请求路径中的 username 参数，此外，它也可以发送 HTTP 请求正文。以下是一个控制器类中的 sendBody() 方法，它通过 StreamBridge 类向 service-out-0 输出通道发送请求正文。

```
@Autowired
private StreamBridge streamBridge;

@PostMapping(value = "/submit")
@ResponseStatus(HttpStatus.ACCEPTED)
public void sendBody(@RequestBody String body) {
  System.out.println("Sending " + body);
  // 发送请求正文
  streamBridge.send("service-out-0", body);
}
```

扫一扫，看视频

10.8　通过 Function 函数式接口收发消息

在例程 10.1 的 SampleApplication 类中声明了一个 Function Bean，它同时具备了生产者和消费者的功能。

例程 10.1　SampleApplication.java

```java
@SpringBootApplication
public class SampleApplication {
  public static void main(String[] args) {
    SpringApplication.run(SampleApplication.class, args);
  }


  @Bean
  public Function<String, String> uppercase() {
    return value -> {
      System.out.println("Received: " + value);
      return value.toUpperCase();
    };
  }
}
```

在以上代码中，Function<String, String> 中的第一个 String 类型数据表示接收到的消息，在 uppercase() 方法中，变量 value 表示该 String 类型数据接收到的消息；第二个 String 类型数据表示发送的消息，取值为 value.toUpperCase()。

Function Bean 会从 uppercase-in-0 输入通道接收消息，把它作为 value 参数。对接收到的消息的处理如下：首先输出 value 参数，然后向 uppercase-out-0 输出通道发送 value 参数的大写值。

在 application.yaml 文件中，需要配置 spring.cloud.stream.bindings.uppercase-out-0 属性和 spring. cloud.stream.bindings.uppercase-in-0 属性，还需要在 spring.cloud.stream.function.definition 属性中添加 uppercase 方法的名字。代码如下：

```
spring.cloud.stream.function.definition
spring.cloud.stream.bindings.uppercase-in-0
                              .destination=oldmsg-topic
spring.cloud.stream.bindings.uppercase-in-0
                              .group=uppercase-group
spring.cloud.stream.bindings.uppercase-out-0
                              .destination=newmsg-topic
```

如图 10.18 所示，Function Bean 可以作为消息中转站，接收来自 Supplier Bean 发送的消息，对消息进行处理或过滤，然后把它发送给 Consumer Bean。

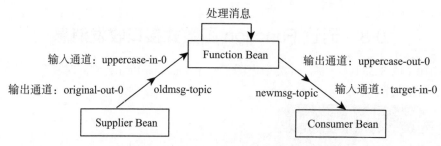

图 10.18　Function Bean 作为消息中转站

在图 10.18 中，Supplier Bean 通过输出通道 original–out–0 发送主题为 oldmsg–topic 的消息；Function Bean 通过输入通道 uppercase–in–0 接收主题为 oldmsg–topic 的消息，并对其进行处理。例如，把消息中的文本改为大写，再通过输出通道 uppercase–out–0 发送主题为 newmsg–topic 的消息；Consumer Bean 通过输入通道 target–in–0 接收主题为 newmsg–topic 的消息。

10.9　响应式收发消息

所谓响应式收发消息，是指发送消息和接收消息异步进行，消息以数据流的形式传输，并且消费者可以主动决定何时接收消息，只有当消费者主动订阅消息时，消息才会传送给消费者。响应式编程依赖于 Reactive API 中的两个核心类。

- reactor.core.publisher.Flux 类：发送或接收包含 0~n 个元素的数据流。
- reactor.core.publisher.Mono 类：发送或接收包含 0~1 个元素的数据流。

以下是生产者的代码，首先通过 Mono 类发送一个 Person 对象，然后通过 Flux 类发送多个 Person 对象。

```
Person person=…
Mono<Person> mono=Mono.just(person);   // 发送一个 Person 对象

List<Person> persons=…
// 发送 persons 列表中的多个 Person 对象
Flux<Person> flux= Flux.fromIterable(persons);
```

以下是消费者的代码，通过 Mono 类和 Flux 类的 subscribe() 方法订阅消息。

```
// 消费者按照异步方式消费 Person 对象
mono.subscribe(System.out::println);

// 消费者按照异步方式消费 persons 列表
flux.subscribe(System.out::println);
```

以上代码中的 mono.subscribe() 和 flux.subscribe() 方法指定了消费数据的行为，如果收到消息，就输出它。

　　Stream 也支持响应式收发消息。以下代码中的 Function Bean 能够进行响应式收发消息。接收的消息及发送的消息都是 Flux<String> 类型。

```
@Bean
public Function<Flux<String>,
                Flux<String>> reactiveUpperCase() {
  return value -> value.map(value-> value.toUpperCase());
}
```

　　阿云："响应式编程听起来很复杂，实际编程却如此简单，只要把接收和发送的消息用 Flux 类进行包装就可以了。"

　　答主："是的，Stream 框架和底层 Reactive API 的实现封装了具体的响应式通信的细节。"

10.10　多输入通道和输出通道

扫一扫，看视频

　　在以下场景中，可以通过 Function Bean 从多个输入通道和输出通道收发消息。

- 数据整合：把来自不同输入通道的数据整合到一起再发送到输出通道。
- 大数据：需要处理的大批量数据未经过组织，杂乱无序。如果数据位于集合中，集合的元素属于多种类型，需要对这批数据进行分类整理后，再分别通过不同的输出通道发送。

　　Stream 通过与 Reactive API 整合，来处理多输入通道和输出通道的消息。例如，在以下代码中，Function Bean 的输入消息声明为 Tuple2<Flux<String>, Flux<Integer>> 类型，实际上包括两个输入通道，接收的消息分别为 String 类型和 Integer 类型，输出通道只有一个，发送的消息为 String 类型。

```
@SpringBootApplication
public class SampleApplication {
  @Bean
  public Function<Tuple2<Flux<String>, Flux<Integer>>,
                         Flux<String>> gather() {
    return tuple -> {
      Flux<String> stringStream = tuple.getT1();
      // 把 Integer 类型转换为 String 类型
      Flux<String> intStream = tuple.getT2().map(i -> String.valueOf(i));
      // 把来自两个输入通道的消息向一个输出通道发送
      return Flux.merge(stringStream, intStream);
    };
  }
}
```

在以上代码中，Function Bean 的两个输入通道的名字分别为 gather-in-0 和 gather-in-1，输出通道的名字为 gather-out-0，可以按照通道的名字分别配置这些通道的属性。例如：

```
spring.cloud.stream.bindings.gather-in-0
                            .content-type=text/plain
```

在以下代码中，Function Bean 的输出消息声明为 Tuple2<Flux<String>, Flux<String>> 类型，实际上包括两个输出通道，发送的消息都为 String 类型，输入通道只有一个，接收的消息为 Integer 类型。

```java
@SpringBootApplication
public class SampleApplication {
  @Bean
  public static Function<Flux<Integer>,
      Tuple2<Flux<String>, Flux<String>>> scatter() {

    return flux -> {
      Flux<Integer> connectedFlux =
                      flux.publish().autoConnect(2);
      UnicastProcessor even = UnicastProcessor.create();
      UnicastProcessor odd = UnicastProcessor.create();

      // 过滤原始数据流得到只包含偶数的数据流
      Flux<Integer> evenFlux =
        connectedFlux.filter(number -> number % 2 == 0)
        .doOnNext(number -> even.onNext("EVEN: " + number));

      // 过滤原始数据流得到只包含奇数的数据流
      Flux<Integer> oddFlux =
        connectedFlux.filter(number -> number % 2 != 0)
        .doOnNext(number -> odd.onNext("ODD: " + number));

      // 把接收到的偶数和奇数分别发送到 scatter-out-0 和 scatter-out-1
      return Tuples.of(
        Flux.from(even).doOnSubscribe(x -> evenFlux.subscribe()),
        Flux.from(odd).doOnSubscribe(x -> oddFlux.subscribe()));
    };
  }
}
```

Reactive API 中的 Tuple2 类用于存放两个通道，如果要存放三个通道，就使用 Tuple3 类，以此类推。Reactive API 中的 UnicastProcessor 类表示既能充当 Publisher（出版者）又能充当

Subscriber（订阅者）的处理器。关于 Reactive API 的详细用法，不在本书的详细阐述范围内。

10.11 批量消费消息

扫一扫，看视频

只要把 spring.cloud.stream.bindings.<binding-name>.consumer.batch-mode 属性设为 true，Stream 就支持批量消费消息。在以下代码中，Function Bean 会批量接收所有的 Person 对象，把它们存放在一个 persons 列表中，然后发送 persons 列表中的第一个 Person 对象。

```
@Bean
public Function<List<Person>, Person> transfer() {
  return persons -> persons.get(0);
}
```

在 application.yaml 文件中，需要把输入通道 transfer-in-0 的 consumer.batch-mode 属性设为 true。

10.12 批量生产消息

扫一扫，看视频

Stream 还支持批量生产消息。在以下代码中，Function Bean 会把 4 条消息放到一个列表中，然后一次性发送列表，而不是逐条发送消息。

```
@Bean
public Function<String, List<Message<String>>> batch() {
  return value -> {
    List<Message<String>> list = new ArrayList<>();

    // 向列表中存放 4 条消息
    list.add(
      MessageBuilder.withPayload(value+"1").build());
    list.add(
      MessageBuilder.withPayload(value+"2").build());
    list.add(
      MessageBuilder.withPayload(value+"3").build());
    list.add(
      MessageBuilder.withPayload(value+"4").build());

    return list;    // 一次性发送列表
  };
}
```

扫一扫，看视频

10.13 处 理 错 误

当消费消息失败时，Stream 提供了以下三种处理方式。

- 清除失败消息。
- 把失败消息发送到 DLQ（Dead Letter Queue，死信队列）。
- 尝试重新消费失败消息。

值得注意的是，以上三种处理方式依赖于底层消息中间件的实现，并不是每种消息中间件都支持这三种处理方式。Kafka、RabbitMQ 和 RocketMQ 都支持这三种处理方式。此外，这三种处理方式适用于非响应式收发消息。而在响应式收发消息的场景，则可以运用 Reactive API 本身提供的处理错误的方式。例如，通过 Flux 类的 retryWhen() 方法来指定对失败消息的重新尝试行为。

```
@Bean
public Function<Flux<String>, Flux<String>> uppercase() {
  return flux -> flux
    .retryWhen(  //尝试 3 次，尝试间隔为 1000ms
          Retry.backoff(3, Duration.ofMillis(1000)))
    .map(v -> v.toUpperCase());
}
```

10.13.1 清除失败消息

默认情况下，如果没有进行额外的系统级别的配置，Stream 会清除失败消息。在实际生产环境中，不推荐这种方式。建议采取一些恢复措施来处理失败消息，而不是让 Stream 把失败消息清除掉。

10.13.2 把失败消息发送到 DLQ

把失败消息发送到 DLQ，可用于后续的处理，这是常用的处理失败消息的方式。

在 application.yaml 文件中，以下代码将输入通道 uppercase-in-0 的 consumer.auto-bind-dlq 属性设为 true。

```
spring.cloud.function.definition=uppercase
spring.cloud.stream.bindings.uppercase-in-0
                              .destination=uppercase-topic
spring.cloud.stream.bindings.uppercase-in-0
                              .group=uppercase-group
spring.cloud.stream.rabbit.bindings.uppercase-in-0
                              .consumer.auto-bind-dlq=true
```

当消费者从输入通道 uppercase-in-0 接收消息出现异常时，失败消息会被发送到 DLQ。这些

存放在 DLQ 中的失败消息会在原始消息的基础上，在消息头中添加额外的异常信息。例如:

```
...
x-exception-stacktrace:         org.springframework.messaging
    .MessageHandlingException:

nested exception is
       org.springframework.messaging.MessagingException:
       has an error,
failedMessage=GenericMessage [payload=byte[15],
headers={
amqp_receivedDeliveryMode=NON_PERSISTENT,
amqp_receivedRoutingKey=input.hello,
amqp_deliveryTag=1,
deliveryAttempt=3,
amqp_consumerQueue=input.hello,
amqp_redelivered=false,
id=a15231e6-3f80-677b-5ad7-d4b1e61e486e,
contentType=application/json, timestamp=1522327846136}]
at ...MethodInvokingMessageProcessor.processMessage
at ...
```

默认情况下，对于失败消息，Stream 总共会尝试 3 次消费。如果 3 次消费都遇到异常，再把失败消息发送到 DLQ。如果希望立即把失败消息发送到 DLQ，可以设置以下属性。

```
spring.cloud.stream.bindings
                .uppercase-in-0.consumer.max-attempts=1
```

阿云:"位于 DLQ 中的失败消息到底如何处理呢?"

答主:"DLQ 是由底层的消息中间件提供的。如果是由于程序中存在 Bug 而导致的失败消息，就需要先修改程序代码，等到能正常运行时，通过消息中间件的控制台，把失败消息从 DLQ 移动到原来的正常队列，再由消费者接收消息。"

10.13.3　尝试重新消费失败消息

Stream 利用 Spring Retry 类库中的 RetryTemplate 类来尝试重新消费失败消息。在应用的 application.yaml 文件中，可以设置 RetryTemplate 类的一些属性，以决定它的重试行为。例如，以下代码把表示尝试次数的 max-attempts 属性设为 1，默认值为 3。

```
spring:
  cloud:
    stream:
      bindings:
```

```
        uppercase-in-0:
          consumer:
            max-attempts: 1
```

max-attempts 属性的名字也可以采用 camel-case（驼峰）格式：maxAttempts。其他属性也是如此，既可以采用驼峰格式，如 defaultRetryable，也可以采用 lower-kebab-case（小写并用短横线隔开）格式，如 default-retryable。

以下配置代码列出了针对 RetryTemplate 类的所有配置属性。

```
spring:
  cloud:
    stream:
      bindings:
        <输入通道的名字>:
          consumer:
            # 最多尝试处理几次，默认值为 3
            max-attempts: 3
            # 首次重试时的间隔时间，单位为毫秒，默认值为 1000
            back-off-initial-interval: 1000
            # 重试时的最大间隔时间，单位为毫秒，默认值为 10000
            back-off-max-interval: 10000
            # 间隔时间的递增倍数，默认值为 2.0
            back-off-multiplier: 2.0
            # 当抛出 retryable-exceptions 属性未列出的异常时
            # 是否要重试，默认值为 true
            default-retryable: true
            # 是否允许重试的异常
            retryable-exceptions:
              java.lang.NullPointerException: true
              java.lang.IllegalStateException: false
```

按照上述配置，当消费消息失败时，间隔 1000ms 后，Stream 会重试一次，如果再次失败，接下来间隔 2000（1000×2.0）ms 后，Stream 会再试一次。重试的间隔时间不能超过 10000ms。

此外，如果出现 NullPointerException 异常，Stream 会进行重试；如果出现 IllegalStateException 异常，Stream 不会进行重试；如果出现 FileNotFoundException 异常，由于该异常不在 retryable-exceptions 属性设置中，Stream 也会进行重试。

如果在 application.yaml 文件中对 RetryTemplate 类的配置不能满足一些复杂的需求，还可以创建自定义的 RetryTemplate 实例。以下代码定义了一个 RetryTemplate Bean。

```
@StreamRetryTemplate("myRetryTemplate")
public RetryTemplate myRetryTemplate() {
  RetryTemplate retryTemplate = new RetryTemplate();
```

```
// 指定消费消息失败后尝试 4 次
SimpleRetryPolicy simple = new SimpleRetryPolicy(4);
retryTemplate.setRetryPolicy(simple);

return retryTemplate;
}
```

@StreamRetryTemplate 注解已经包含了 @Bean 注解的功能，因此以上方法无须再用 @Bean 注解标识。

在配置文件中，通过以下配置属性指定使用自定义的 RetryTemplate Bean。

```
spring.cloud.stream.bindings.<输入通道的名字>
        .consumer.retry-template-name=myRetryTemplate
```

10.14　消费者分组和分区

扫一扫，看视频

10.5.2 小节中讲过，当多个消费者实例位于同一个消费者组时，对于同一个主题的消息，只能被一个消费者实例消费。如图 10.19 所示，Stream 会从消费者组中随机找出一个消费者实例来消费一条消息。

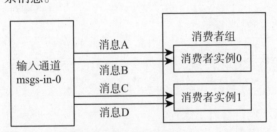

图 10.19　消息随机地由消费者组成的一个实例消费

如图 10.20 所示，如果希望消费者组中的每个消费者实例固定接收特定的消息，可以对消费者进行分区。每个消费者实例有一个分区索引，并且 Stream 会按照特定算法为每条消息计算出对应的分区索引。这样，消息和消费者实例就会按照分区索引进行匹配。

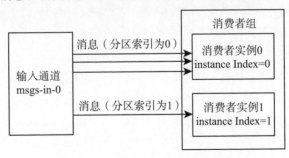

图 10.20　按照消费者分区来消费消息

对消费者进行分区的步骤如下：

（1）对消息生产者进行以下配置。

```
# 把消息中的消息头 id 作为计算消费者分区索引的 Key
spring.cloud.stream.bindings.msgs-out-0
    .producer.partition-key-expression=headers.id
# 指定分区的数目
spring.cloud.stream.bindings.msgs-out-0
    .producer.partition-count=2
```

partitionKeyExpression 属性表示用于计算消费者分区索引的 Key，遵循 SpEL（Spring Expression Language，Spring 表达式语言）的语法。Stream 会根据 Key 来计算每条消息对应的消费者分区索引。分区索引的计算表达式为 key.hashCode() % partitionCount，这里的 "%" 表示取模运算，分区索引是大于等于 0 并小于 partitionCount 的整数。partitionCount 属性表示分区的数目，应该至少与消费者实例的数目一样多。

（2）对第一个消费者实例进行以下配置。

```
# 开启消费者分区
spring.cloud.stream.bindings.msgs-in-0.consumer.partitioned=true
# 指定消费者实例的数目
spring.cloud.stream.instance-count=2
# 指定当前实例的分区索引，确保每个实例具有唯一的分区索引
spring.cloud.stream.instance-index=0
```

（3）对第二个消费者实例进行以下配置。

```
# 消费者分区
spring.cloud.stream.bindings.msgs-in-0.consumer.partitioned=true
# 指定消费者实例的数目
spring.cloud.stream.instance-count=2
# 指定当前实例的分区索引，确保每个实例具有唯一的索引
spring.cloud.stream.instance-index=1
```

完成上述配置后，对于分区索引为 0 的所有消息，将由 instance-index 属性为 0 的消费者实例消费；对于分区索引为 1 的所有消息，将由 instance-index 属性为 1 的消费者实例消费。

除了以特定的消息头作为计算消费者分区索引的 Key，也可以用消息正文的内容作为 Key。例如：

```
# 以消息正文的内容作为 Key
spring.cloud.stream.bindings.msgs-out-0
    .producer.partitionKeyExpression=payload
```

```
# 以消息正文的 id 属性作为 Key
# 假定消息正文是一个对象，具有 id 属性
spring.cloud.stream.bindings.msgs-out-1
        .producer.partitionKeyExpression=payload.id
```

值得注意的是，以特定的消息头作为计算消费者分区索引的 Key，这是优先考虑的方式，并不是很提倡以消息正文的内容作为 Key，因为消息正文和特定业务有关，应该由消费者来处理，而不是由 Stream 进行解析。这就像邮递员在决定把邮件发送给哪个用户时，只会根据信封上的地址信息来决定用户地址，而不会拆开信封再根据信的正文来决定用户地址。Stream 就和邮递员一样，根据消息头来决定消息的路由。

10.15　消息正文的类型转换

扫一扫，看视频

消息的消息头中有一个 contentType 属性，表示消息正文的传输类型。Stream 在发送消息时，会把消息正文转换为 contentType 传输类型，然后在网络上传输；接收消息时，会把消息正文再转换为目标类型。以下 Function Bean 接收的消息为 Person 类型，发送的消息为 String 类型。

```
public Function<Person, String> personFunction {…}
```

如图 10.21 所示，假定消息正文的 contentType 传输类型为 application/json，Stream 提供的 MessageConverter 会把 JSON 类型转换为 Person 类型，并且把 String 类型转换为 JSON 类型：

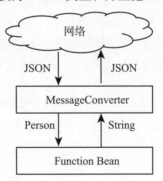

图 10.21　通过 Stream 提供的 MessageConverter 转换消息类型

以上 Person 类型和 String 类型称为消息的业务类型，JSON 称为传输类型。Stream 根据以下信息决定消息正文的传输类型。

（1）消息的 contentType 消息头。以下代码把传输类型设为 application/json。

```
Message<Date> message=MessageBuilder
                    .withPayload(date)
                    .setHeader("contentType","application/json")
                    .build();
```

（2）spring.cloud.stream.bindings.<binding-name>.content-type 配置属性。以下代码把传输类型设为 application/json。

```
bindings:
  mydate-in-0:
    destination: date-topic
    content-type: application/json     # 消息的传输类型
```

（3）默认的传输类型为 application/json。

消息的 contentType 消息头指定的类型具有最高的优先级。如果程序没有为消息显示设置 contentType 消息头，那么 Stream 会把 bindings.content-type 配置属性的值作为 contentType 消息头的值；如果应用没有设置 bindings.content-type 属性，那么 Stream 会将默认的 application/json 作为 contentType 消息头的值。

针对不同的传输类型，Stream 提供了相应的 MessageConverter。

（1）ApplicationJsonMessageMarshallingConverter：用于实现 POJO 类与 JSON 类型的类型转换。POJO 类是指符合 Java Bean 风格的 Java 类，对应的传输类型为 application/json。

（2）ByteArrayMessageConverter：用于实现 byte[] 到 byte[] 的类型转换，对应的传输类型为 application/octet-stream。

（3）ObjectStringMessageConverter：用于实现任何 Java 类型与 String 类型的类型转换，对应的传输类型为 text/plain。如果消息正文的业务类型为 Object，就调用 toString() 方法得到字符串；如果消息正文的业务类型为 byte[]，就调用 new String(byte[]) 方法得到字符串。

（4）JsonUnmarshallingConverter：用于实现任何 Java 类型与 JSON 类型的类型转换，对应的传输类型为 application/x-java-object。在设置传输类型时，建议指定具体的 Java 类型。例如：

```
bindings:
  mydata-in-0:
    destination: data-topic
    content-type: application/x-java-object;type=mypack.Cat
```

除了以上内置的 MessageConverter，还可以创建自定义的 MessageConverter。例如，在例程 10.2 的 SinkApplication 类中有一个 MyCustomMessageConverter 类，它就是自定义的 MessageConverter，对应自定义的传输类型 application/bar。

例程 10.2　SinkApplication.java

```
@SpringBootApplication
public static class SinkApplication {
  ...
  @Bean
  public MessageConverter customMessageConverter() {
    return new MyCustomMessageConverter();
  }
```

```
}
public class MyCustomMessageConverter
                        extends AbstractMessageConverter {
  public MyCustomMessageConverter() {
    super(new MimeType("application", "bar"));
  }

  @Override
  protected boolean supports(Class<?> clazz) {
    return (Bar.class.equals(clazz));
  }

  @Override
  protected Object convertFromInternal(
                        Message<?> message,
                        Class<?> targetClass,
                        Object conversionHint) {
    Object payload = message.getPayload();
    return (payload instanceof Bar
            ? payload : new Bar((byte[]) payload));
  }
}
```

10.16　通过 Actuator 监控 Stream

扫一扫，看视频

Stream 向 Actuator 暴露了两个端点。

● /actuator/bindings：用于监控 Stream 的所有通道信息。

● /actuator/health：用于监控 Stream 的健康状态。

通过浏览器访问 hello-provider 模块的以下 URL，Actuator 就可以监控 Stream 的所有通道。

```
http://localhost:8081//actuator/bindings
```

以上 URL 返回以下通道信息。

```
[{"bindingName":"mydate-out-0",
"name":"date-topic",
"group":null,
"pausable":false,
"state":"running",
"paused":false,
```

```
        "input":false,
        ...
    }
    {"bindingName":"msgs-out-0",
     "name":"msgs-topic",
     "group":null,
     "pausable":false,
     "state":"running",
     "paused":false,
     "input":false,
     ...
    }]
```

通过浏览器访问 hello-provider 模块的以下 URL，Actuator 就可以监控 Stream 的健康状态。

```
http://localhost:8081//actuator/health
```

以上 URL 返回以下健康状态。

```
{"status":"UP"}
```

10.17　小　　结

分布式微服务系统在运转的过程中，每个微服务节点之间会频繁交换各种数据。Stream 通过整合消息中间件和 Java 的函数式接口，架起了异步传送数据的通道。生产者通过 Supplier 函数式接口提供消息，消费者通过 Consumer 函数式接口消费消息。spring.cloud.stream.poller.fixed-delay 配置属性用于指定 Supplier 发送消息的间隔时间，默认值为 1s。因此，默认情况下，Supplier 每隔 1s 向输出通道发送一条消息。Supplier 的一个运用范例是股票报价。例如，生产者每隔 1s 向消费者发送最新的股票报价。

Stream 在传送消息的过程中，会为原始的 payload 正文消息添加与传送数据有关的消息头。此外，生产者也可以直接发送 Message 类型的消息，并通过 MessageBuild 类的 setHeader() 方法添加自定义的消息头。

生产者还可以通过 StreamBridge 类的 send() 方法向特定的输出通道发送消息。StreamBridge 类发送消息的时间由生产者决定。例如，当生产者响应特定用户的下订单或取消订单的请求时，生产者通过 StreamBridge 类向库存管理微服务发送相应的消息。

Stream 还可以通过 Function 函数式接口收发消息，该接口从输入通道接收消息，进行处理后，再向输出通道发送作为处理结果的消息。

Stream 还可以与响应式编程 API 整合，使得消费者能够灵活地订阅生产者提供的消息流。Stream 与响应式编程 API 整合的方式很简单，只需把消息用 Mono 类或 Flux 类包装即可。

第 11 章　链路追踪组件: SkyWalking

答主:"在人的身体外表有一些'端点',如舌头,医生通过观察舌头的颜色和形状,就能对病人的病情作出一些诊断。但是,对于有些疾病,如果要进行更深入仔细的诊断,光靠观察舌头是不够的。例如,对于肠胃疾病,医生会通过什么方法进行诊断呢?"

阿云:"医生会利用肠镜和胃镜深入肠胃内部,去了解病灶。"

答主:"同样,微服务也向 Spring Boot 的 Actuator 暴露了一些端点,软件开发人员及运维人员通过观察端点的信息,就能了解微服务的运行情况。但是,在分布式微服务系统中,多个微服务互相调用,形成了长长的链路,如果在运行中出现故障,要定位它们就比较困难。为了追踪链路,SkyWalking 应运而生,它就像胃镜一样,能够深入追踪微服务的调用链路,采集并分析链路上每个节点的运行状态信息。"

如图 11.1 所示,分布在云端的微服务节点彼此调用,形成了一条条链路,而 SkyWalking 自由地在云端的分布式微服务链路中"漫步",能够深入追踪链路中每个节点的服务状况。这是 SkyWalking 的字面含义。

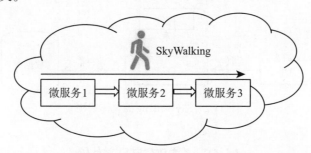

图 11.1　SkyWalking 在云端的分布式微服务链路中"漫步"

本章将介绍如何通过 SkyWalking 来追踪微服务的调用链路,以及如何把监控数据持久化到 Elasticsearch 和 MySQL 数据库,还会介绍建立 SkyWalking 集群的步骤。

11.1　SkyWalking 简介

扫一扫, 看视频

SkyWalking 是由国人吴晟开发的链路追踪工具,于 2017 年进入 Apache 的项目孵化器,如今已经成为 Apache 的一个开源项目。

SkyWalking 提供了强大的 APM(Application Performance Management,应用性能管理)功能,专门为微服务等基于容器的云原生架构提供监控服务。SkyWalking 通过探针收集应用的各项指标,并进行分布式的链路追踪。SkyWalking 会感知微服务之间的调用链路的关系，生成相应的统计数据。

SkyWalking 具有以下特性。

（1）支持告警。

（2）采用探针技术，对业务代码零侵入。所谓零侵入，是指探针不会改变业务代码，也不会改变代码的运行。

（3）轻量高效，无须额外的大数据平台。

（4）提供多种监控手段，支持多语言探针（Java、.Net Core 和 Node.js）。

（5）简洁强大的可视化后台管理界面。

（6）自身采用模块化架构，包括探针（Agent）、UI（User Interface，用户界面）、观测分析平台（Observability Analysis Platform，OAP）和存储模块。

如图 11.2 所示，SkyWalking 的整体架构包括 4 个模块。

（1）探针：就像安置在病人胃中的胃镜一样，探针安置在微服务中，负责收集监控数据。

（2）OAP：接收探针发送的监控数据，利用分析引擎对数据进行整合与运算，把统计数据存储到相应的存储设备中。

（3）UI：调用 OAP 接口，在可视化的界面中显示统计数据。

（4）存储模块：用于存放 OAP 的统计数据，目前支持的数据库包括 H2（内嵌式数据库，是 SkyWalking 的默认数据库）、ES（Elasticsearch）、MySQL、BanyanDB 等。

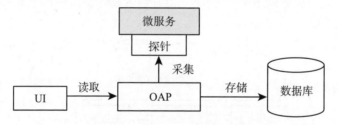

图 11.2　SkyWalking 的整体架构

扫一扫，看视频

11.2　链路追踪软件

目前流行的链路追踪软件包括以下几种。

（1）Zipkin：由 Twitter 提供的开源软件，目前在 Spring Cloud 框架中得到了广泛的使用，特点是轻量、使用部署简单。

（2）Pinpoint：韩国人开发的基于字节码注入的开源软件，特点是支持多种插件，UI 功能强大，接入端无代码侵入。由于收集的数据很多，整个性能会降低。

（3）SkyWalking：国人开发的基于字节码注入的开源软件，特点是支持多种插件，UI 功能较强，接入端无代码侵入。目前已成为 Apache 的顶级开源项目。

（4）CAT：由大众点评开发的开源软件，具体实现基于编码和配置，报表功能强大，但是对代码有侵入性，使用时需要修改应用的代码。

表 11.1 从多个角度对 Zipkin、CAT 和 SkyWalking 这三款链路追踪软件进行了比较。

表 11.1 流行的三款链路追踪软件的比较

比较角度	软件		
	Zipkin	CAT	SkyWalking
实现原理	拦截请求	代码埋点（拦截器、过滤器）	探针、字节码增强
探针与 OAP 之间的协议	HTTP、MQ	HTTP、TCP	gRPC
OpenTracing	支持	不支持	支持
监控粒度	接口级	代码级	方法级
全局调用统计的协议	HTTP、MQ	HTTP、TCP	gRPC
JVM 监控	不支持	支持	支持
告警	不支持	支持	支持
数据存储	ES、MySQL、Cassandra、内存	MySQL、HDFS	ES、H2、MySQL、BanyanDB
可视化 UI	支持	支持	支持
聚合报表	少	非常丰富	较丰富
社区支持	国外主流	国内支持	Apache 支持
使用案例	京东、阿里巴巴定制后不开源	美团、携程、陆金所	阿里云、华为、小米、当当、百度
APM	不支持	支持	支持
WebFlux	支持	不支持	支持

11.3 安装和运行 SkyWalking

扫一扫，看视频

SkyWalking 的官方下载网址参见本书技术支持网页的【链接 17】。从该网址下载安装压缩文件 apache-skywalking-apm-9.1.0.tar.gz 并将其解压到本地。

转到 SkyWalking 的 bin 目录下，运行 startup.bat 批处理文件，就会启动 SkyWalking，实际上启动了两个服务。

● oap-service：OAP，其实现类库位于 oap-libs 子目录下。

● webapp-service：提供 UI 的 webapp 应用，位于 webapp 子目录下。

SkyWalking 的 webapp-service 默认监听的端口为 8080，通过浏览器访问 http://localhost:8080，用户就可以访问 SkyWalking UI，如图 11.3 所示。

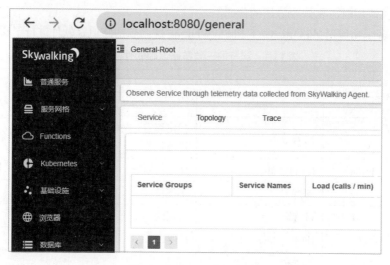

图 11.3　SkyWalking 的 UI

如果要修改 webapp-service 监听的端口，可以修改 webapp/webapp.yml 文件中的以下配置代码。

```
server:
  port: 8080    # 设置监听的端口
```

如图 11.4 所示，oap-service 与探针通信的默认端口为 11800，与 webapp-service 通信的默认端口为 12800。确切地说，在 oap-service 中包含了一个 collector-service 子服务，它负责收集来自探针的监控数据，它的默认端口为 11800。

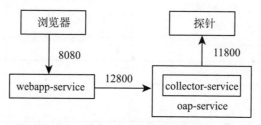

图 11.4　oap-service 默认监听的端口

在 config/application.yml 文件中，以下代码用于设置 oap-service 的监听端口。

```
restPort: ${SW_CORE_REST_PORT:12800}
gRPCPort: ${SW_CORE_GRPC_PORT:11800}
```

如果修改了以上代码中的 restPort 端口，还需要对 webapp-service 的配置文件 webapp/webapp.yml 中 oap-service 的端口进行相应的修改。例如：

```
spring:
  cloud:
    gateway:
```

```
    routes:
      - id: oap-route
        uri: lb://oap-service
        predicates:
          - Path=/graphql/**
  discovery:
    client:
      simple:
        instances:
          oap-service:
            - uri: http://127.0.0.1:12800
```

11.4　在微服务中安置探针

扫一扫，看视频

  SkyWalking 的低版本软件中自带了探针，而 9.0 以上的高版本需要从 SkyWalking 的官网（skywalking.apache.org）单独下载探针。

  从 SkyWalking 的官网下载 Java 版本的探针安装压缩包 apache-skywalking-java-agent-8.11.0.tgz，把它解压到本地，假定根目录为 C:\skywalking-agent。在该目录下有一个 skywalking-agent.jar 文件，它是探针的类库文件。

  下面以第 2 章中的 helloapp 项目为例，介绍为 hello-provider-service 和 hello-consumer-service 微服务安置探针的方法。

  在 IDEA 中，选择菜单 Run → Edit Configurations，参照图 11.5，为 HelloProviderApplication 启动配置添加以下 VM Option 参数。

```
#skywalking-agent.jar 的本地路径
-javaagent:C:\skywalking-agent\skywalking-agent.jar
# 在 SkyWalking 上显示的服务名
-Dskywalking.agent.service_name=hello-provider-service
#SkyWalking 的 collector-service 服务的 IP 及端口
-Dskywalking.collector.backend_service=127.0.0.1:11800
```

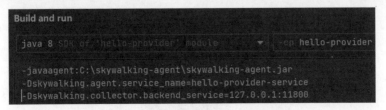

图 11.5　对 HelloProviderApplication 启动配置添加与探针相关的参数

  以此类推，对 HelloConsumerApplication 启动配置也添加与探针相关的 VM Option 参数，其中 skywalking.agent.service_name 属性的值为 hello-consumer-service。

阿云：“SkyWalking 的探针不需要在微服务的 pom.xml 文件中加入相关的依赖吗？”

答主：“探针采用底层的字节码注入技术潜伏到微服务的运行环境中，无须在微服务中加入依赖类库。这体现了 SkyWalking 对微服务代码零侵入的特性。当然，如果需要在微服务中设置一些自定义的埋点（监控端点），还是需要加入相关的依赖类库，11.6 节会对此进一步介绍。”

通过浏览器多次访问 http://localhost:8082/enter/Tom，再访问 SkyWalking 的 UI，会在页面中显示每个微服务的服务状态的监控数据，如图 11.6 所示。

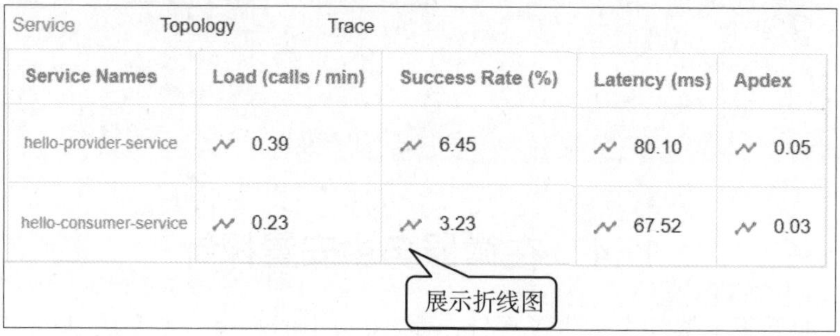

Service
Topology
Trace
Service Names
Load (calls / min)
Success Rate (%)
Latency (ms)
Apdex
hello-provider-service
0.39
6.45
80.10
0.05
hello-consumer-service
0.23
3.23
67.52
0.03
展示折线图

图 11.6　SkyWalking 追踪每个微服务的服务状态的监控数据

图 11.6 展示了每个微服务的以下监控数据。

- Load（数字）：平均每分钟的请求数。
- Load（折线图）：在一个时间段内每分钟请求数的趋势图。
- Success Rate（数字）：请求成功率。
- Success Rate（折线图）：在一个时间段内请求成功率的趋势图。
- Latency（数字）：平均响应请求的时间，以毫秒为单位。
- Latency（折线图）：在一个时间段内响应请求的时间的趋势图，以毫秒为单位。
- Apdex（数字）：当前服务的 Apdex（Application Performance Index，应用性能指数）评分。
- Apdex（折线图）：在一个时间段内 Apdex 评分的趋势图。

在图 11.6 中选择展示折线图标记，就会以折线图的形式展示一段时间内相应的监控数据，如图 11.7 所示。

Success Rate (%)
6.45
3.23
100
80
60
40
20
0
12:24 06-27
service_sla 100
11:55 06-27
11:59 06-27
12:03 06-27
12:07 06-27
12:11 06-27
12:15 06-27
12:19 06-27
12:23 06-27

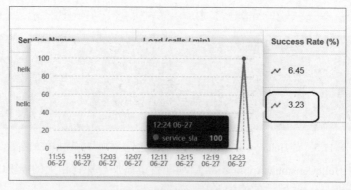

图 11.7　展示一段时间内的请求成功率

11.4.1　查看拓扑图

在图 11.6 中选择菜单 Topology，页面中会显示微服务的拓扑图，展示了微服务之间的调用关系，如图 11.8 所示。如果微服务访问数据库，也会展示微服务和数据库之间的访问关系。

图 11.8　展示微服务之间调用关系的拓扑图

11.4.2　追踪链路

在图 11.6 中选择菜单 Trace，页面中会显示每条调用链路的详细信息，如图 11.9 所示。SkyWalking 为每条调用链路都分配了唯一的追踪 ID，并且还会展示链路的持续时间和使用的协议等信息。

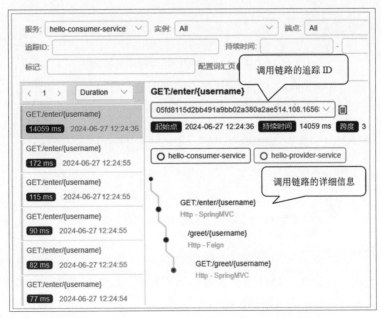

图 11.9　SkyWalking 追踪微服务的调用链路的详细信息

11.4.3　查看监控数据

SkyWalking 可以从微服务、微服务实例和端点这三种维度查看监控数据。在图 11.6 中选择 hello-provider-service，就会显示 hello-provider-service 微服务的监控数据，如图 11.10 所示。

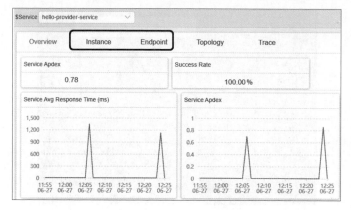

图 11.10　hello-provider-service 微服务的监控数据

在图 11.10 中选择菜单 Instance，就会从 hello-provider-service 微服务实例的维度展示监控数据，如图 11.11 所示。

Service Instances	Load (calls / min)	Success Rate (%)	Latency (ms)
9163639ec42a41518c636b460c1f4f5b@192.168.100.105	∿ 0.00	∿ 0.00	∿ 0.00
ec6072ad32174ff69dac43b6f3a00b19@192.168.100.105	∿ 0.39	∿ 6.45	∿ 80.10

图 11.11　从微服务实例的维度展示监控数据

在图 11.10 中选择菜单 Endpoint，就会从端点的维度展示监控数据，如图 11.12 所示。这里所谓的端点，是指每个被访问的 URI。例如，GET:/greet/{username} 就是一个端点。

Endpoints	Load (calls / min)	Success Rate (%)	Latency (ms)
GET:/greet/{username}	∿ 0.39	∿ 6.45	∿ 80.10

图 11.12　从端点的维度展示监控数据

11.4.4　性能分析

SkyWalking 能够帮助运维人员分析微服务的运行性能，发现问题所在。性能分析不需要在代码中设置埋点。SkyWalking 通过周期性地对业务运行状态保存快照进行性能分析，资源消耗比较小。

在 SkyWalking 的 UI 中选择菜单 Trace Profiling，就会进入性能分析页面，如图 11.13 所示。

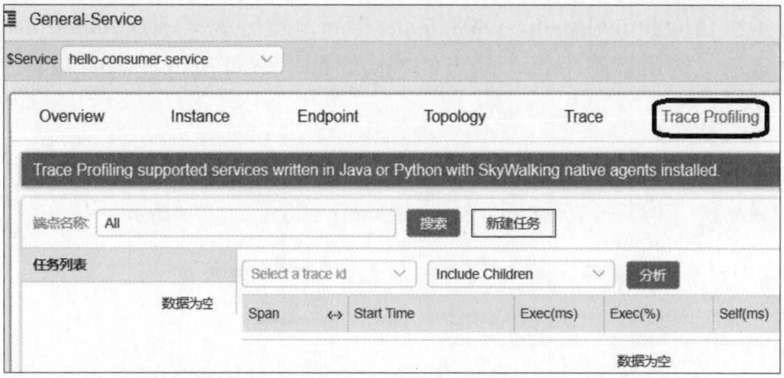

图 11.13　性能分析页面

在图 11.13 中单击"新建任务"按钮，创建一个监控 /enter/{username} 端点的任务，如图 11.14 所示。

图 11.14　创建一个监控 /enter/{username} 端点的任务

图 11.14 中包括以下选项。

- 监控时间：指定从什么时候开始监控，可以选择此刻或者自定义时间。
- 监控持续时间：指定监控的时间长度。
- 起始监控时间（ms）：过多长时间采集样本。
- 监控间隔：采集样本的间隔，即执行快照的间隔。

● 最大采样数：最多采集多少次样本。

通过浏览器多次访问 http://localhost:8082/enter/Tom，然后观察端点 /enter/{username} 的性能分析数据，页面中显示了调用链路中每个端点的响应时间、自身执行代码的耗时，以及访问的 API 等信息，如图 11.15 所示。

Span	Start Time	Exec(ms)	Exec(%)	Self(ms)	API
∨ GET:/enter/{username}	2024-06-27 16:27:20	558		255	SpringMVC
/greet/{username}	2024-06-27 16:27:21	303		303	Feign

图 11.15　对端点 /enter/{username} 的性能分析

在性能分析页面的下方，还会展示方法调用堆栈的信息，如图 11.16 所示。

Thread Stack	↔	Duration (ms)	Self Duration (ms)
∨ java.lang.Thread.run:750		421	0
∨ org.apache.tomcat.util.threads.TaskThread$WrappingRunnable.run:61		421	0
∨ org.apache.tomcat.util.threads.ThreadPoolExecutor$Worker.run:659		421	0
∨ org.apache.tomcat.util.threads.ThreadPoolExecutor.runWorker:1191		421	0
∨ org.apache.tomcat.util.net.SocketProcessorBase.run:49		421	0
∨ org.apache.tomcat.util.net.NioEndpoint$SocketProcessor.doRun:174		421	0
∨ org.apache.coyote.AbstractProtocol$ConnectionHandler.process:88		421	0
∨ org.apache.coyote.AbstractProcessorLight.process:65		421	0
∨ org.apache.coyote.http11.Http11Processor.service:399		421	0
∨ org.apache.catalina.connector.CoyoteAdapter.service:360		421	0

图 11.16　方法调用堆栈的信息

扫一扫，看视频

11.5　采集日志

SkyWalking 还能采集应用程序输出的日志。以下是为 hello-consumer-service 微服务采集日志的步骤。

（1）在 hello-consumer 模块的 pom.xml 文件中加入以下日志工具依赖。

```
<dependency>
  <groupId>org.apache.skywalking</groupId>
  <artifactId>apm-toolkit-logback-1.x</artifactId>
  <version>8.11.0</version>
</dependency>
```

（2）在 hello-consumer 模块的 src/main/resources 目录下增加 logback 日志工具的 logback-spring.xml 配置文件，参见例程 11.1。其中，<pattern> 元素指定日志输出格式；tid 表示链路的追踪 ID。

例程 11.1　logback-spring.xml

```xml
<?xml version="1.0" encoding="UTF-8"?>
<configuration>
  <property name="console"
    value="%date{yyyy-MM-dd HH:mm:ss}
           | %highlight(%-5level) | %boldYellow(%tid)
           | %boldYellow(%thread)
           | %boldGreen(%logger) | %msg%n"/>


  <!-- 向控制台输出日志的格式 -->
  <appender name="std"
    class="ch.qos.logback.core.ConsoleAppender">
    <encoder class="ch.qos.logback.core.encoder
                                .LayoutWrappingEncoder">
      <layout class="org.apache.skywalking.apm.toolkit
                    .log.logback.v1.x.TraceIdPatternLogbackLayout">
        <pattern>${console}</pattern>
      </layout>
    </encoder>
  </appender>


  <!-- SkyWalking 采集到的日志的输出格式 -->
  <appender name="grpc-log"
        class="org.apache.skywalking.apm.toolkit.log
                .logback.v1.x.log.GRPCLogClientAppender">
    <encoder class="ch.qos.logback.core
                        .encoder.LayoutWrappingEncoder">
      <layout class="org.apache.skywalking.apm.toolkit
          .log.logback.v1.x.mdc
          .TraceIdMDCPatternLogbackLayout">
        <pattern>%d{yyyy-MM-dd HH:mm:ss.SSS} [%X{tid}]
                    [%thread] %-5level %logger{36} -%msg%n
        </pattern>
      </layout>
    </encoder>
  </appender>


  <root level="INFO">
```

```
        <appender-ref ref="std"/>
        <appender-ref ref="grpc-log"/>
  </root>
</configuration>
```

（3）在 C:\skywalking-agent\config 的 agent.config 配置文件中增加以下配置代码。

```
#SkyWalking 的 collector-service 服务的地址
plugin.toolkit.log.grpc.reporter.server_host=
  ${SW_GRPC_LOG_SERVER_HOST:127.0.0.1}

#SkyWalking 的 collector-service 服务的端口
plugin.toolkit.log.grpc.reporter.server_port=
  ${SW_GRPC_LOG_SERVER_PORT:11800}

plugin.toolkit.log.grpc.reporter.max_message_size=
  ${SW_GRPC_LOG_MAX_MESSAGE_SIZE:10485760}

plugin.toolkit.log.grpc.reporter.upstream_timeout=
  ${SW_GRPC_LOG_GRPC_UPSTREAM_TIMEOUT:30}
```

（4）在 HelloConsumerController 类的请求处理方法 sayHello() 中增加输出日志的代码。

```
private final static Logger logger = LoggerFactory
                .getLogger(HelloConsumerController.class);

@GetMapping(value = "/enter/{username}")
public String sayHello(@PathVariable String username) {
  logger.info("from sayHello:"+username);
  return helloFeignService.sayHello(username);
}
```

（5）通过浏览器多次访问 http://localhost:8082/enter/Tom，在 IDEA 的控制台中会输出包括 TID（Trace ID）在内的日志信息。

```
2024-06-27 17:28:11 | INFO
| TID:85fa936cee2e44db9cdcd1c26fe64c6e...
| http-nio-8082-exec-3
| demo.helloconsumer.HelloConsumerController
| from sayHello:Tom
```

再访问 SkyWalking 的 UI，选择菜单 Log，页面中会显示 hello-consumer-service 微服务输出的日志清单，如图 11.17 所示。

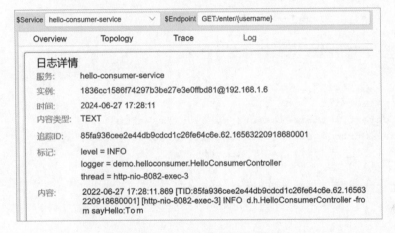

图 11.17　hello-consumer-service 微服务输出的日志清单

选择图 11.17 中的一条日志，就会展示该日志的详细信息，如图 11.18 所示。

图 11.18　展示日志的详细信息

扫一扫，看视频

11.6　自定义链路追踪

阿云： "11.4.3 小节中讲过，微服务的调用链路中的 URL 路径（如 /greet/{username} 或 /enter/{username}）会作为 SkyWalking 的监控端点。除此以外，微服务中被调用的普通方法是否也可以作为链路中的监控端点，被 SkyWalking 追踪呢？"

答主： "可以的。对于普通方法，需要通过 SkyWalking 的 @Trace 注解将其标识为监控端点。把第三方的 SkyWalking 的 @Trace 注解'埋藏'在微服务的程序代码中，因此，这种端点也形象地称为埋点。"

假定在 HelloConsumerController 类中有一个普通的 add() 方法，以下是将其设为监控端点的步骤。

（1）在 hello-consumer 模块的 pom.xml 文件中加入以下追踪工具依赖。

```xml
<dependency>
  <groupId>org.apache.skywalking</groupId>
  <artifactId>apm-toolkit-trace</artifactId>
```

```
    <version>8.11.0</version>
</dependency>
```

（2）在 HelloConsumerController 类中增加一个请求处理方法 sum() 及普通的 add() 方法，sum()
方法会调用 add() 方法。add() 方法用 @Trace 注解标识。

```
@GetMapping(value = "/sum/{a}/{b}")
public String sum(@PathVariable int a,@PathVariable int b){
  return Integer.valueOf(add(a,b)).toString();
}

@Trace(operationName = "add")
// 方法的第一个参数
@Tag(key = "arg1", value = "arg[0]")
// 方法的第二个参数
@Tag(key = "arg2", value = "arg[1]")
// 方法的返回值
@Tag(key = "result", value = "returnedObj")
public int add(int a,int b){
  TraceContext.putCorrelation("myKey", "myValue");
  Optional<String> op = TraceContext.getCorrelation("myKey");
  logger.info("myKey = {} ", op.get());

  String traceId = TraceContext.traceId();
  logger.info("traceId = {} ", traceId);

  return a+b;
}
```

@Trace 注解会使 add() 方法成为 SkyWalking 追踪的链路中的一个端点。还可以为 add() 方法加
上 @Tag 标签，用于追踪方法的参数和返回值。在 add() 方法中，还可以通过 TraceContext 类向追
踪上下文容器存取 key/value 数据，以及通过 traceId() 方法获得当前链路的 Trace ID。

📢 提示
　　@Trace 注解只能用于标识实例方法，而不能标识静态方法，因为 SkyWalking 不支持追踪
静态方法。

（3）通过浏览器多次访问 http://localhost:8082/sum/5/6，在 IDEA 的控制台中会输出包括 traceId
在内的日志信息。

```
myKey = myValue
traceId = 6849a6c2a46d4059aa2355f15a262...
```

再访问 SkyWalking 的 UI，会显示 hello-consumer-service 微服务中有一条 /sum/{a}/{b} 链路，
如图 11.19 所示。

图 11.19　/sum/{a}/{b} 链路

图 11.19 所示的链路中有一个 add 端点，选择该端点，页面中会显示它的详细信息，如图 11.20 所示。

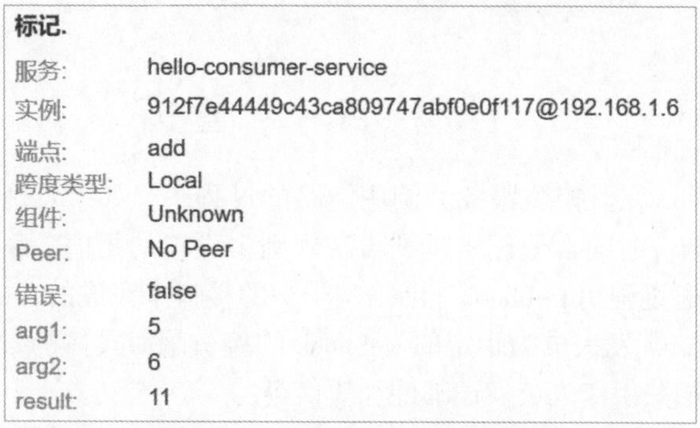

图 11.20　add 端点的详细信息

在图 11.20 中，arg1、arg2 和 result 标记由 add() 方法的 @Tag 标签定义。

扫一扫，看视频

11.7　忽　略　端　点

11.6 节介绍了把普通方法设为可以被 SkyWalking 追踪的端点的步骤。而在有些场景中，需要让 SkyWalking 忽略追踪一些端点，因为没有必要采集这些端点的监控数据。指定 SkyWalking 忽略 hello-consumer-service 微服务的一些端点的配置步骤如下：

（1）把 C:\skywalking-agent\optional-plugins 目录下的 apm-trace-ignore-plugin-8.11.0.jar 文件复制到 C:\skywalking-agent\plugins 目录下。

（2）在 C:\skywalking-agent\config 目录下新增一个 apm-trace-ignore-plugin.config 文件，指定需要忽略的路径。

```
trace.ignore_path=${SW_AGENT_TRACE_IGNORE_PATH:
                   /actuator/health/**, /list }
```

以上代码指定 SkyWalking 忽略的路径为 /actuator/health/** 和 /list，多个路径之间以英文逗号隔开。在路径中可以加入通配符。例如：

- /mypath/? 表示匹配单个字符。
- /mypath/* 表示匹配多个字符。
- /mypath/** 表示匹配多个字符并且支持多级目录。

配置好忽略的路径后，通过浏览器访问 http://localhost:8082/actuator/health 或 者 http://localhost:8082/list，SkyWalking 不会采集这两个端点的监控数据，在 SkyWalking 的 UI 中不会显示它们的链路信息。

除了在 apm-trace-ignore-plugin.config 文件中指定需要忽略的端点，还可以通过 skywalking.trace.ignore_path 系统属性来设定。例如，在 IDEA 中选择菜单 Run → Edit Configurations，对 HelloConsumerApplication 的启动配置增加以下 VM Option 参数。

```
-Dskywalking.trace.ignore_path=/actuator/health/**,/list
```

11.8 告　警

SkyWalking 在监控微服务的调用链路的过程中，如果发现监控数据（如服务响应时间、服务响应时间百分比）达到告警规则中设置的阈值，系统就会发送相应的告警消息。发送告警消息是通过调用 webhook（网络钩子）的接口来完成的，webhook 的接口可以由开发人员提供具体的实现。开发人员为指定的 webhook 的接口编写具体的告警操作，如把告警消息发送到控制台，或者向相关工作人员发送邮件和短信等。

在 SkyWalking 安装目录的 config/alarm-settings.yml 文件中，已经设置了如下默认的告警规则。

```
rules:
  service_resp_time_rule:
    metrics-name: service_resp_time    # 指标名称
    op: ">"                            # 大于
    threshold: 1000                    # 阈值，以毫秒为单位
    period: 10                         # 间隔时间，以分钟为单位
    count: 3                           # 指标达到阈值的次数
    silence-period: 5                  # 不重复发送相同告警消息的时间区间
    message: Response time of service {name} is   # 告警消息
          more than 1000ms in 3 minutes of last 10 minutes

  service_sla_rule:
    metrics-name: service_sla
    op: "<"
    threshold: 8000
    period: 10
```

```
    count: 2
    silence-period: 3
    message: Successful rate of service {name} is
            lower than 80% in 2 minutes of last 10 minutes

service_resp_time_percentile_rule:
  metrics-name: service_percentile
  op: ">"
  threshold: 1000,1000,1000,1000,1000
  period: 10
  count: 3
  silence-period: 5
  message: Percentile response time of service {name} alarm
            in 3 minutes of last 10 minutes,
            due to more than one condition of p50 > 1000,
            p75 > 1000, p90 > 1000, p95 > 1000, p99 > 1000

service_instance_resp_time_rule:
  metrics-name: service_instance_resp_time
  op: ">"
  threshold: 1000
  period: 10
  count: 2
  silence-period: 5
  message: Response time of service instance
            {name} is more than 1000ms in 2 minutes
            of last 10 minutes

database_access_resp_time_rule:
  metrics-name: database_access_resp_time
  threshold: 1000
  op: ">"
  period: 10
  count: 2
  message: Response time of database access {name}
            is more than 1000ms in 2 minutes of last 10 minutes

endpoint_relation_resp_time_rule:
  metrics-name: endpoint_relation_resp_time
  threshold: 1000
  op: ">"
  period: 10
```

```
count: 2
message: Response time of endpoint relation
        {name} is more than 1000ms in 2 minutes of last 10 minutes
```

以上配置代码定义了默认的 6 种告警规则。

- service_resp_time_rule：在最近 10min 内，有 3min 内服务的响应时间超过 1s。
- service_sla_rule：在最近 10min 内，有 2min 内服务的成功率低于 80%。
- service_resp_time_percentile_rule：在最近 10min 内，有 3min 内 50% 的服务的响应时间超过 1s，或 75% 的服务的响应时间超过 1s，或 90% 的服务的响应时间超过 1s，或 95% 的服务的响应时间超过 1s，或 99% 的服务的响应时间超过 1s。
- service_instance_resp_time_rule：在最近 10min 内，有 2min 内服务实例的响应时间超过 1s。
- database_access_resp_time_rule：在最近 10min 内，有 2min 内数据库的响应时间超过 1s。
- endpoint_relation_resp_time_rule：在最近 10min 内，有 2min 内端点的响应时间超过 1s。

告警规则包含以下属性。

- metrics-name：衡量的指标名称。
- op：比较符号，包括 >、< 或 =。
- threshold：阈值，以毫秒为单位。
- period：检查指标数据是否符合告警规则的时间区间，以分钟为单位。
- count：指标达到阈值的次数达到 count 指定的次数后，系统会触发告警消息。
- silence-period：不重复发送相同告警消息的时间区间。
- message：告警消息。

在 config/alarm-settings.yml 文件的末尾会配置 webhook，用于指定产生告警时的调用地址。代码如下：

```
webhooks:
  - http://127.0.0.1/notify/
  - http://127.0.0.1/go-wechat/
```

11.8.1　编写满足告警规则的方法

在 HelloConsumerController 类中增加一个请求处理方法 timeout()，它在运行时由于响应超时而满足告警规则。

```
// 每次调用时睡眠 2s, 模拟响应超时
@GetMapping("/timeout")
public String timeout(){
  try {
    Thread.sleep(2000);
  } catch (InterruptedException e) {
```

```
        e.printStackTrace();
    }
    return "timeout";
}
```

通过浏览器多次调用 /timeout，由于响应超时，SkyWalking 就会生成告警消息。

11.8.2　创建处理告警的 webhook

在 HelloConsumerController 类中创建一个 notify() 方法，它映射的 URL 为 /notify，充当处理告警的 webhook。

```
@PostMapping("/notify")
public void  notify(
          @RequestBody List<AlarmMessage> alarmMessageList){
    alarmMessageList.forEach(
      value->{System.out.println(value);}
    );
}
```

产生告警时，SkyWalking 会调用 notify() 方法，该方法的 HTTP 请求方式为 POST。notify() 方法的参数用 @RequestBody 注解标识。SkyWalking 向 notify() 方法提交的原始告警数据的格式如下：

```
[{
    "scopeId": 1,
    "scope": "SERVICE",
    "name": "serviceA",
    "id0": "aGVsbG8tY29uc3VtZXItc2Vydmlj ZQ==.1",
    "id1": "",
    "ruleName": "service_resp_time_rule",
    "alarmMessage": "alarmMessage xxxx",
    "startTime": 1560524171000
}, {
    "scopeId": 1,
    "scope": "SERVICE",
    "name": "serviceB",
    "id0": "VXNlcg==.0_VXNlcg==",
    "id1": "aGVsbG8tY29uc3VtZXItc2Vydmlj ZQ==.1_R0VU",
    "ruleName": "service_resp_time_rule",
    "alarmMessage": "alarmMessage yyy",
    "startTime": 1560524171000
}]
```

为了便于读取告警数据，可以把 notify() 方法的 alarmMessageList 参数声明为 List<Alarm-

Message> 类型。例程 11.2 是 AlarmMessage 类的源代码。

例程 11.2　AlarmMessage.java

```java
public class AlarmMessage {
  private Integer scopeId;
  private String name;
  private String id0;
  private String id1;
  private String alarmMessage;          // 告警消息
  private Long startTime;               // 告警的产生时间
  private String ruleName;

  public Integer getScopeId() {
    return scopeId;
  }

  public void setScopeId(Integer scopeId) {
    this.scopeId = scopeId;
  }

  public String getName() {
    return name;
  }

  public void setName(String name) {
    this.name = name;
  }

  public String getId0() {
    return id0;
  }

  public void setId0(String id0) {
    this.id0 = id0;
  }
  ...
  @Override
  public String toString() {
    return "AlarmMessage{" +
      "scopeId=" + scopeId +
      ", name=" + name +
```

```
    ", id0=" + id0 +
    ", id1=" + id1 +
    ", alarmMessage=" + alarmMessage +
    ", ruleName=" + ruleName +
    ", startTime=" + startTime +"}";
  }
}
```

11.8.3　测试告警

测试告警的步骤如下:

（1）修改 SkyWalking 的告警规则配置文件 config/alarm-settings.yml，将 webhook 的地址修改为以下内容。

```
webhooks:
- http://127.0.0.1:8082/notify
```

（2）通过浏览器多次访问 http://localhost:8082/timeout。

（3）在 SkyWalking 的 UI 中会显示图 11.21 所示的告警消息。

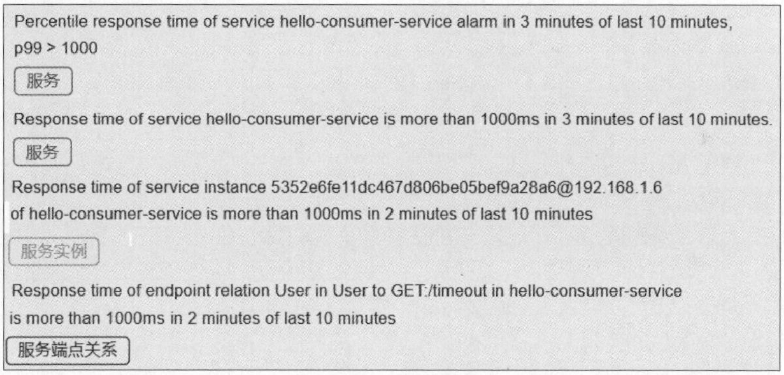

Percentile response time of service hello-consumer-service alarm in 3 minutes of last 10 minutes,
p99 > 1000

服务

Response time of service hello-consumer-service is more than 1000ms in 3 minutes of last 10 minutes.

服务

Response time of service instance 5352e6fe11dc467d806be05bef9a28a6@192.168.1.6
of hello-consumer-service is more than 1000ms in 2 minutes of last 10 minutes

服务实例

Response time of endpoint relation User in User to GET:/timeout in hello-consumer-service
is more than 1000ms in 2 minutes of last 10 minutes

服务端点关系

图 11.21　告警消息

（4）当 SkyWalking 自动调用作为 webhook 的 http://localhost:8082/notify 时，在 IDEA 的控制台中会显示 HelloControllerConsumer 类的 notify() 方法输出以下告警消息。

```
AlarmMessage{
  scopeId=2,
  name=12ad0fb…@192.168.1.6 of hello-consumer-service,
  id0=aGVsbG8tY29uc3VtZXItc2V,
  id1=,
  alarmMessage=Response time of
    service instance 12ad0fb04f2…
    of hello-consumer-service is more than 1000ms
```

```
     in 2 minutes of last 10 minutes,
  ruleName=service_instance_resp_time_rule,
  startTime=1656470963168
}

AlarmMessage{
  scopeId=6,
  name=User in User to GET:/timeout in hello-consumer-service,
  id0=VXNlcg==.0_VXNlcg==,
  id1=aGVsbG8tY29uc3VtZXItc2VydmljZQ…,
  alarmMessage=Response time of endpoint relation
    User in User to GET:/timeout in hello-consumer-service
    is more than 1000ms in 2 minutes of last 10 minutes,
  ruleName=endpoint_relation_resp_time_rule,
  startTime=1656470963170
}

AlarmMessage{
  scopeId=1,
  name=hello-consumer-service,
  id0=aGVsbG8tY29uc3VtZXItc2VydmljZQ==.1,
  id1=,
  alarmMessage=Percentile response time of
    service hello-consumer-service alarm in 3 minutes
    of last 10 minutes, due to more than one condition of
    p50 > 1000, p75 > 1000, p90 > 1000, p95 > 1000, p99 > 1000,
  ruleName=service_resp_time_percentile_rule,
  startTime=1656471023167
}
```

图 11.22 展示了产生告警的流程。

图 11.22　产生告警的流程

在实际应用中，可以在 webhook 的接口的实现中对接短信、邮件等平台，确保当告警出现时，能迅速把告警消息发送给相应的处理人员，提高故障处理的速度。

11.9　整合 Elasticsearch 数据库

扫一扫，看视频

阿云："SkyWalking 产生的监控数据可以永久保存吗？"

答主："默认情况下，SkyWalking 把监控数据存储在 H2 数据库中。H2 是一个内嵌在 SkyWalking 中的数据库，以内存作为存储介质。因此，当 SkyWalking 重启后，原先的监控数据就丢失了。如果希望永久地存储监控数据，可以使用 Elasticsearch 或 MySQL 数据库。"

Elasticsearch 用 Java 语言开发，是一种流行的企业级搜索引擎数据库。SkyWalking 整合 Elasticsearch 数据库的步骤如下：

（1）从 Elasticsearch 的官网下载 Elasticsearch 安装压缩包，网址参见本书技术支持网页的【链接 18】。把安装压缩包 elasticsearch-8.3.0-windows-x86_64.zip 文件解压到本地，假定根目录为 C:\elasticsearch。

（2）修改 C:\elasticsearch\config\elasticsearch.yml 配置文件，增加以下配置内容。

```
# 集群名字，可以随便取
# 但是要和 SkyWalking 的 storage.elasticsearch.namespace 属性一致
cluster.name: my-application
node.name: node-1                                  # 节点名字，可以随便取
network.host: 0.0.0.0
http.port: 9200                             # 监听的端口
discovery.seed_hosts: ["127.0.0.1"]         # 主节点的地址
# 主节点的名字，与 node.name 一致
cluster.initial_master_nodes: ["node-1"]
```

（3）运行 C:\elasticsearch\bin\elasticsearch.bat，启动 Elasticsearch 服务器。

（4）Elasticsearch 服务器有一个登录账户，账户名为 elastic。在 DOS 命令行窗口中转到 C:\elasticsearch\bin 目录，运行以下命令，修改 elastic 账户的口令，如图 11.23 所示。假定把口令改为 654321。

```
elasticsearch-reset-password --username elastic -i
```

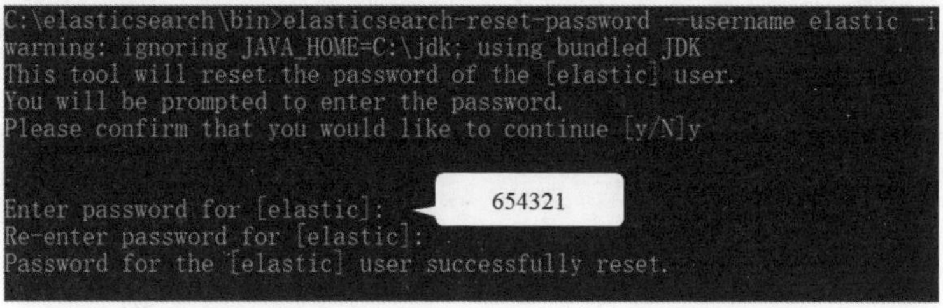

图 11.23　修改 elastic 账户的口令

（5）通过浏览器访问 http://localhost:9200，在登录窗口中输入用户名（elastic）和口令（654321），如果显示图 11.24 所示的页面，就表明 Elasticsearch 运行正常。

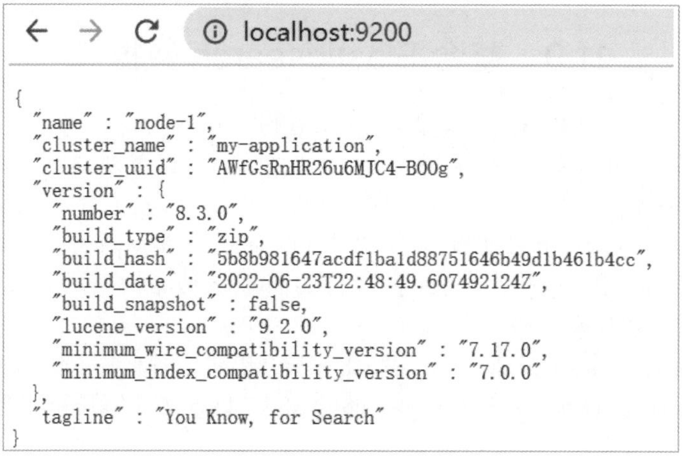

图 11.24　Elasticsearch 的主页

（6）修改 SkyWalking 安装目录下的 config/application.yml 文件，指定把监控数据存储到 Elasticsearch 中。以下代码中的粗体字是修改的内容。

```yaml
storage:
  selector: ${SW_STORAGE:elasticsearch}
  elasticsearch:
    namespace: ${SW_NAMESPACE:"my-application"}
    clusterNodes:
            ${SW_STORAGE_ES_CLUSTER_NODES:localhost:9200}
    protocol: ${SW_STORAGE_ES_HTTP_PROTOCOL:"http"}
    connectTimeout: ${SW_STORAGE_ES_CONNECT_TIMEOUT:3000}
    socketTimeout: ${SW_STORAGE_ES_SOCKET_TIMEOUT:30000}
    responseTimeout: ${SW_STORAGE_ES_RESPONSE_TIMEOUT:15000}
    numHttpClientThread:
            ${SW_STORAGE_ES_NUM_HTTP_CLIENT_THREAD:0}
    user: ${SW_ES_USER:"elastic"}
    password: ${SW_ES_PASSWORD:"654321"}
    ...
```

以上代码中的 storage.elasticsearch.namespace 属性的值为 my-application，和 Elasticsearch 配置文件中的 cluster.name 属性的值保持一致。

完成上述设置后，启动 SkyWalking，监控数据就会永久保存到 Elasticsearch 中。

11.10　整合 MySQL 数据库

扫一扫，看视频

SkyWalking 也支持把监控数据永久存储到 MySQL 中。SkyWalking 整合 MySQL 数据库的步骤如下：

（1）从 MySQL 的官网（网址参见本书技术支持网页的【链接 19】）下载 MySQL8 的安装软件，把它安装到本地。创建账户 root，口令为 1234，再创建名为 swtest 的数据库。

（2）从 MySQL 的官网下载驱动程序类库 mysql-connector-java-8.0.11.jar 文件，把它复制到 SkyWalking 安装目录的 oap-libs 子目录下。

（3）修改 SkyWalking 安装目录下的 config/application.yml 文件，指定用 MySQL 存储监控数据，并且配置连接 MySQL 的属性。

```
storage:
  selector: ${SW_STORAGE:mysql}
  mysql:
    properties:
      jdbcUrl: ${SW_JDBC_URL:
              "jdbc:mysql://localhost:3306/swtest?
              useUnicode=true&characterEncoding=utf8
              &serverTimezone=Asia/Shanghai
              &useSSL=false&rewriteBatchedStatements=true"}

      # 登录账户名: root
      dataSource.user: ${SW_DATA_SOURCE_USER:root}
      # 登录口令: 1234
      dataSource.password:${SW_DATA_SOURCE_PASSWORD:1234}

      dataSource.cachePrepStmts:
      ${SW_DATA_SOURCE_CACHE_PREP_STMTS:true}

      dataSource.prepStmtCacheSize:
      ${SW_DATA_SOURCE_PREP_STMT_CACHE_SQL_SIZE:250}
      ...
```

11.11　通过 Nacos 建立 SkyWalking 集群

扫一扫，看视频

11.1 节中讲过，SkyWalking 包括 oap-service 和 webapp-service 两个服务。对于 oap-service 服务，可以通过 Nacos 建立集群。在图 11.25 所示的 SkyWalking 集群中，有两个 oap-service 节点，oap-service1 节点监听的端口为 11801 和 12801，oap-service2 节点监听的端口为

11802 和 12802。这两个节点都注册到同一个 Nacos 服务器，并且访问同一个 Elasticsearch 数据库，这样就能保证两个节点上监控数据的一致性。

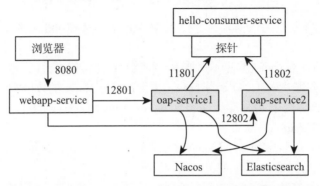

图 11.25　包含两个 oap-service 节点的 SkyWalking 集群的架构

对于 webapp-service 服务，也可以通过 Nginx 建立集群，如图 11.26 所示，Nginx 为两个 webapp-service 节点提供代理。5.4 节介绍了 Nginx 的用法，读者可以参照 5.4 节为 webapp-service 服务建立集群。

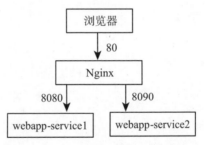

图 11.26　webapp-service 服务的集群

建立图 11.25 所示的包含两个 oap-service 节点的 SkyWalking 集群的步骤如下：

（1）把 SkyWalking 的安装压缩文件复制两份，假定分别位于 C:\skywalking1 和 C:\skywalking2 目录下。

（2）参照 11.9 节配置两个 SkyWalking 节点，使它们都连接到同一个 Elasticsearch 数据库。

（3）修改两个 SkyWalking 节点的 config/application.yml 文件，将它们都注册到 Nacos 服务器。

```
cluster:
  selector: ${SW_CLUSTER:nacos}
  nacos:
    serviceName: ${SW_SERVICE_NAME:"SkyWalking_OAP_Cluster"}
    hostPort: ${SW_CLUSTER_NACOS_HOST_PORT:localhost:8848}
    ...
```

（4）修改两个 SkyWalking 节点的 config/application.yml 文件，设置它们监听的端口。

```
# 第一个节点
```

```
core:
  selector: ${SW_CORE:default}
  default:
    restHost: ${SW_CORE_REST_HOST:0.0.0.0}
    restPort: ${SW_CORE_REST_PORT:12801}
    gRPCHost: ${SW_CORE_GRPC_HOST:0.0.0.0}
    gRPCPort: ${SW_CORE_GRPC_PORT:11801}

# 第二个节点
core:
  selector: ${SW_CORE:default}
  default:
    restHost: ${SW_CORE_REST_HOST:0.0.0.0}
    restPort: ${SW_CORE_REST_PORT:12802}
    gRPCHost: ${SW_CORE_GRPC_HOST:0.0.0.0}
    gRPCPort: ${SW_CORE_GRPC_PORT:11802}
```

（5）修改 C:\skywalking1\webapp\webapp.yml 文件，加入两个 oap-service 节点的地址，以英文逗号隔开。

```
spring:
  cloud:
    discovery:
      client:
        simple:
          instances:
            oap-service:
              - uri: http://127.0.0.1:12801,
                     http://127.0.0.1:12802
```

（6）修改 hello-consumer 模块的启动配置，在 VM Option 参数中加入两个 oap-service 节点的 collector-service 服务的地址。

```
-Dskywalking.collector.backend_service=127.0.0.1:11801,
127.0.0.1:11802
```

（7）启动 Nacos 和 Elasticsearch，运行 C:\skywalking1\bin\oapService.bat 和 C:\skywalking2\bin\oapService.bat，分别启动两个 oap-service 节点，再运行 C:\skywalking1\bin\webappService.bat，启动一个 webapp-service 服务，再启动 hello-provider 模块和 hello-consumer 模块。这样，整个 SkyWalking 集群就搭建好了。

11.12　小　　结

当用户向微服务系统发出一个请求时，该请求会由多个微服务共同协作来生成响应结果，如果有一个环节出了故障，就会导致响应失败。SkyWalking 通过探针追踪微服务的调用链路，监控每个请求的响应时间、响应状态，以及有哪些端点参与对请求的响应等。如果满足告警规则，系统还会发出告警，帮助运维人员及时发现链路中的隐患。

SkyWalking 支持把监控数据永久保存到 Elasticsearch 或 MySQL 等数据库中，还可以通过 Nacos 建立 oap-service 服务的集群，并确保集群中 oap-service 节点之间监控数据的一致性。

SkyWalking 包括以下两个服务。

- oap-service 服务：收集并分析由探针采集的监控数据，其 collector-service 子服务监听探针的默认端口为 11800。该服务向 webapp-service 服务提供监控数据的默认端口为 12800。
- webapp-service 服务：提供展示监控数据的 UI，默认端口为 8080。

第 12 章　分布式事务管理框架：Seata

答主："有一个将军带领一群士兵打仗。当将军和所有士兵在同一个阵地时，将军能方便地指挥士兵们互相配合，统一进攻或者撤退。但是当士兵们兵分两路，部署到不同的阵地上时，将军要统一指挥两个分队合力作战就比较麻烦。在这种情况下，如何保证分队之间及时了解彼此的状况，互相配合，共同完成军事任务呢？"

阿云："光靠将军一个人发号施令是不够的，每个分队需要有小队长，负责完成分队任务，并且要有总的指挥所，跟踪每个分队的状况。例如，当一个分队突然遇到一支劲敌时，总的指挥所能协调两个分队统一撤退或者进攻。"

答主："同样，当事务在一个数据库中运行时，本地的数据库管理系统会保证事务的 ACID 特性。如果事务的操作分布到多个数据库中，或者由多个客户端进程访问同一个数据库，合作完成同一个事务，就需要额外的框架来协调完成分布式事务。"

本章介绍的 Seata 就是由阿里巴巴公司开发的一款分布式事务管理框架。如图 12.1 所示，Seata 为分布式微服务系统提供了统一管理分布式事务的平台。微服务本身无须考虑多个数据库之间进行协调的通信细节，只需声明事务的开始、提交和撤销，Seata 就会协调多个数据库共同完成事务中的所有操作，事务执行成功就提交所有的操作，否则就撤销所有的操作。

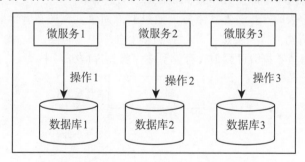

图 12.1　管理分布式事务的 Seata 框架

在图 12.1 中，三个微服务分别访问三个数据库，完成各自的操作，而这些操作属于由 Seata 框架管理的同一个分布式事务。

12.1　分布式事务概述

扫一扫，看视频

数据库事务必须具备 ACID 特性，ACID 是 Atomic（原子性）、Consistency（一致性）、Isolation

(隔离性)和 Durability(持久性)的英文缩写。下面解释这几个特性的含义。

- 原子性:整个事务是不可分割的工作单元。只有事务中所有的操作执行成功,才算整个事务成功;如果事务中任何一个 SQL 语句执行失败,那么已经执行成功的 SQL 语句也必须撤销,数据库应该回滚到执行事务前的状态。
- 一致性:事务不能破坏关系数据的完整性及业务逻辑上的一致性。例如,对于下订单事务,不管该事务成功还是失败,都应该保证事务结束后订单表和库存表中数据的一致性。
- 隔离性:在并发环境中,当不同的事务同时操纵相同的数据时,每个事务都有各自的完整数据空间。
- 持久性:只要事务成功结束,它对数据库所做的更新就必须永久保存下来。即使系统崩溃,重新启动数据库系统后,数据库还能恢复到事务成功结束时的状态。

数据库通过关系数据库管理系统(Relational Database Management System,RDBMS)来保证本地事务的 ACID 特性。数据库管理系统利用事务日志来保证事务的原子性、一致性和持久性。该事务日志记录了事务对数据库所做的更新操作,如果某个事务在执行过程中发生错误,就可以根据事务日志撤销事务对数据库已做的更新操作,使数据库回滚到执行事务前的初始状态。

数据库管理系统采用锁机制来实现事务的隔离性。当多个事务同时更新数据库中相同的数据时,只允许持有锁的事务更新该数据,其他事务必须等待,直到前一个事务释放了锁,其他事务才有机会更新该数据。

如果事务的操作会跨越多个数据库,则这样的事务称为分布式事务。此外,如果由多个进程操纵同一个数据库,共同完成一个事务,这样的事务也称为分布式事务。

在分布式微服务系统中,产生分布式事务有以下两种情形。

(1)数据库分库分表时产生分布式事务,如图 12.2 所示。在现实世界里,如果一个仓库容量有限,放不下所有的货物,货物会被分开存放到多个仓库中。同样,一台数据库服务器存储数据的容量有限,不妨把海量数据分开存放,存储到多个数据库服务器中。

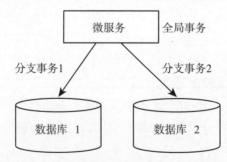

图 12.2 数据库分库分表时产生分布式事务

(2)业务拆分成多个微服务时产生分布式事务,如图 12.3 所示。

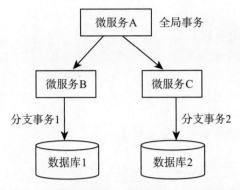

图 12.3　业务拆分成多个微服务时产生分布式事务

在图 12.3 中，从微服务 A 中拆分出微服务 B 和微服务 C，微服务 A 会先后调用微服务 B 和微服务 C，来完成一个事务。而微服务 B 和微服务 C 会访问不同的数据库，这样就产生了分布式事务。

分布式事务是由若干分支事务组成的全局事务。例如，在图 12.3 中，微服务 A 声明了一个全局事务，微服务 B 和微服务 C 访问各自的数据库，分别完成分支事务。

12.2　Seata 简介

扫一扫，看视频

Seata 是一款开源的分布式事务框架，用于在微服务架构中提供高性能和简单易用的分布式事务管理服务。如图 12.4 所示，在 Seata 框架中，一共有以下三个角色。

- TC（Transaction Coordinator，事务协调者）：管理全局和分支事务的状态，驱动分支事务的提交或撤销，从而提交或撤销全局事务。
- TM（Transaction Manager，事务管理器）：声明全局事务的边界，包括开启全局事务、提交或撤销全局事务。
- RM（Resource Manager，资源管理器）：管理分支事务处理的资源，与 TC 交互，向 TC 注册分支事务并报告分支事务的状态，TC 会驱动 RM 提交或撤销分支事务。

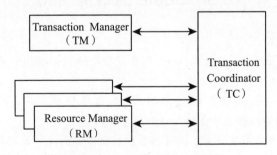

图 12.4　Seata 框架中的三个角色

TC 是单独部署的服务器，称为 Seata Server，TM 和 RM 是嵌入到微服务中的客户端组件。

在图 12.5 中，微服务 1 调用微服务 2，微服务 2 调用微服务 3，共同完成一个分布式的全局事务。该全局事务的生命周期如下：

（1）TM 请求 TC 开启一个全局事务，TC 会生成一个 XID 作为该全局事务的编号，XID 会在微服务的调用链路中传递，保证将多个微服务的分支事务关联在一起。

（2）RM 请求 TC 将本地事务注册为全局事务的分支事务，通过全局事务的 XID 进行关联。

（3）TM 请求 TC 提交或撤销全局事务。

（4）TC 驱动 RM 提交或撤销本地的分支事务。

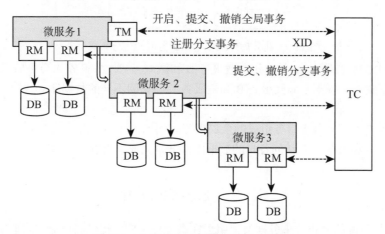

图 12.5　分布式的全局事务的生命周期

答主："Seata 中的三个角色，与本章开头提到的兵分两路的军队中的将军、指挥所、分队队长有什么相似之处？"

阿云："TM 就像将军，发布命令让军队进攻或撤退；TC 就像指挥所，跟踪每个分队的状况，并且把 TM 发布的命令下达到每个分队；RM 就像分队队长，管理分队完成分支任务，并且向 TC 汇报分队的状况，以及执行 TC 下达的命令。"

扫一扫，看视频

12.3　Seata 的事务模式

按照管理分布式事务的不同方式，Seata 有以下 4 种事务模式。

- AT（Automatic Transaction）模式：采用两阶段提交模型，依赖底层数据库对 ACID 特性的支持。
- TCC（Try-Confirm-Cancel）模式：采用两阶段提交模型，不依赖底层数据库对 ACID 特性的支持，把自定义的分支事务纳入到全局事务的管理中。
- Saga 模式：提供长事务解决方案，为异构系统提供事务的统一处理模型。
- XA（eXtended Architecture）模式：利用事务资源（数据库、应用服务器、消息队列等）对 XA 协议的支持，以 XA 协议的机制来管理分支事务。

以上的两阶段提交模型是指 Seata 把分支事务的生命周期分为以下两个阶段。

第一阶段：在本地数据库执行分支事务，并保证执行结果满足两个条件——可持久化（Durable）和可撤销（Rollbackable）。本阶段向 TC 汇报分支事务的执行状态。

第二阶段：根据执行阶段的结果，TM 向 TC 发出全局提交或撤销请求，TC 再命令 RM 提交或撤销分支事务。

答主：“动物界有些鸟能把吃进去的食物吐出来，你能举个例子吗？”

阿云：“鸬鹚就具有这种能力，所以主人会用它来捕鱼。”

答主：“不妨把鸬鹚比作数据库，它既可以把吃进去的食物一直存在肚子里，又可以把食物吐出来，这就像数据库的可持久化和可撤销的能力。”

阿云：“对照鸬鹚的捕食过程，如何理解两阶段提交事务的过程呢？”

答主：“第一个阶段，鸬鹚吞下食物。第二个阶段，如果提交事务，就意味着食物一直保留在鸬鹚的肚子里；如果撤销事务，就意味着鸬鹚把食物吐出来。”

12.3.1　AT 模式

在 AT 模式下，管理分支事务包括以下两个阶段。

第一阶段：将业务数据和回滚日志记录在同一个本地事务中提交，接着释放本地锁和数据库连接。

第二阶段：异步提交分支事务，具有很快的响应速度。如果要撤销分支事务，就会通过第一阶段的回滚日志记录进行反向补偿。

下面介绍 AT 模式的工作机制。

1. 写隔离

当两个全局事务同时更新一张数据库表中的相同记录时，为了避免对共享数据的竞争，Seata 采用全局锁进行写隔离，具体遵循以下原则。

- 在提交本地事务前，必须先拿到全局锁。
- 拿不到全局锁，就不能提交本地事务。
- 只能在一定范围内尝试获得全局锁，如果超出范围，将放弃获得全局锁并撤销本地事务，同时释放本地锁。

本地锁是由本地数据库系统提供的，该锁只能隔离多个操纵本地数据库的事务。而全局锁是由 Seata 产生的，用于隔离多个并发的分布式全局事务。

假定有两个全局事务 tx1 和 tx2，分别对表 a 的字段 m 进行更新操作，字段 m 的初始值为 1000。如图 12.6 所示，tx1 和 tx2 通过本地锁和全局锁进行事务隔离。就像进入宝库拿取宝藏一样，只有打开重重大门，才有资格进入宝库。

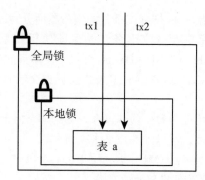

图 12.6　tx1 和 tx2 通过本地锁和全局锁进行事务隔离

如图 12.7 所示，tx1 和 tx2 提交各自全局事务的流程如下：

（1）tx1 开启本地事务，获得本地锁，执行更新操作 m=m−100。

（2）tx1 的本地事务提交前，先获得该记录的全局锁，本地事务提交后就释放本地锁。

（3）tx2 开启本地事务，获得本地锁，执行更新操作 m =m−100。

（4）tx2 的本地事务提交前，尝试获取该记录的全局锁。此时 tx1 持有全局锁，tx2 需要等待并尝试重新获取全局锁。

（5）tx1 执行第二阶段的提交全局事务，释放全局锁 。tx2 获得全局锁后提交本地事务。

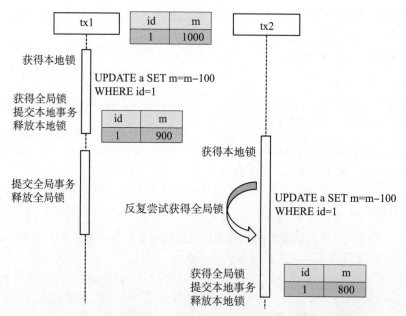

图 12.7　两个全局事务在提交事务的过程中通过全局锁进行写隔离

如图 12.8 所示，如果 tx1 在第二阶段撤销分支事务，则 tx1 需要重新获得该数据的本地锁，进行反向补偿的更新操作，实现分支事务的回滚。

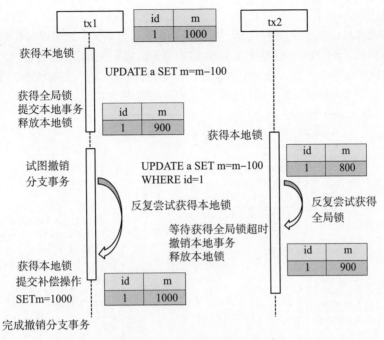

图 12.8 通过全局锁避免脏写

当 tx1 试图获得本地锁时，如果 tx2 仍在等待全局锁且同时持有本地锁，则 tx1 由于不能获得本地锁而无法撤销分支事务。tx1 会一直重试分支事务的撤销，直到 tx2 的全局锁等待超时，放弃全局锁，撤销本地事务再释放本地锁，tx1 才能最终获得本地锁并成功撤销分支事务。在整个过程中，全局锁在 tx1 结束前一直被 tx1 持有，所以不会发生 tx2 脏写的问题。

图 12.9 展示了 tx1 和 tx2 分别持有全局锁和本地锁，并期待得到对方的锁的过程。

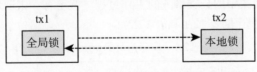

图 12.9 tx1 和 tx2 分别等待本地锁和全局锁

2. 读隔离

本地数据库系统提供 4 种事务隔离级别，由高到低依次如下。

- Serializable：串行化。
- Repeatable Read：可重复读。
- Read Committed：读已提交数据。
- Read Uncommitted：读未提交数据。

在数据库本地事务的隔离级别为 Read Committed 或以上的基础上，Seata 在 AT 模式下默认的全局事务的隔离级别是 Read Uncommitted。

如果应用在特定场景下，则要求全局事务的隔离级别为 Read Committed。目前 Seata 的解决方式是对 SELECT 或 UPDATE 语句进行代理，要求必须先获得全局锁，才能得到查询结果。

如图 12.10 所示，tx2 执行 SELECT 或 UPDATE 语句时需要先申请全局锁，如果全局锁被 tx1 持有，则 tx2 释放本地锁并重试。在这个过程中，tx2 的查询操作处于阻塞状态，直到获得了全局锁，读到 tx1 已提交或撤销全局事务后的数据，才能返回查询结果。

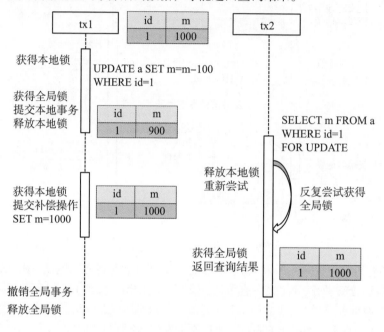

图 12.10　通过全局锁进行读隔离

下面举例说明在 AT 模式中的分支事务的工作过程。假定有一张表示产品的 product 表和一张表示回滚日志的 undo-log 表，见表 12.1 和表 12.2。

表 12.1　表示产品的product表

字　段	类　型	是否为主键
id	bigint(20)	是
name	varchar(100)	否

表 12.2　表示回滚日志的undo_log表

字　段	类　型	是否为主键
branch_id	bigint	是
xid	varchar(100)	否
context	varchar(128)	否

字　段	类　型	是否为主键
rollback_info	longblob	否
log_status	tinyint	否
log_created	datetime	否
log_modified	datetime	否

一个分支事务执行以下 SQL 操作。

```
UPDATE product SET name = 'GTS' WHERE name = 'TXC';
```

在该分支事务的生命周期中,第一个阶段的工作流程如下。

(1)解析 SQL 语句。得到 SQL 操作的类型(UPDATE)、表(product)、条件(WHERE name = 'TXC')等相关信息。

(2)获得更新前的镜像数据。根据解析 SQL 语句得到的条件信息,生成查询语句。

```
SELECT id, name FROM product WHERE name = 'TXC';
```

执行以上查询语句得到的更新前镜像数据如下:

```
id  name
1   TXC
```

(3)执行分支事务的 SQL 操作。更新 product 表,把相应记录的 name 字段更新为 GTS。

(4)获得更新后的镜像数据。按照主键查询数据。

```
SELECT id, name FROM PRODUCT WHERE id = 1;
```

执行以上查询语句得到的更新后镜像数据如下:

```
id  name
1   GTS
```

(5)向 undo_log 表插入回滚日志。把更新前和更新后的镜像数据及相关的 SQL 信息组成一条回滚日志记录,插入到 undo_log 表中。该回滚日志记录的内容如下:

```
{
    "branchId": 641789253,
    "undoItems": [{
        "afterImage": {                          # 更新后的镜像数据
            "rows": [{
                "fields": [{
                    "name": "id",
                    "type": 4,
                    "value": 1
```

```
            }, {
                    "name": "name",
                    "type": 12,
                    "value": "GTS"
            }]
        }],
        "tableName": "product"
},
"beforeImage": {                        # 更新前的镜像数据
    "rows": [{
        "fields": [{
            "name": "id",
            "type": 4,
            "value": 1
        }, {
            "name": "name",
            "type": 12,
            "value": "TXC"
        }]
    }],
    "tableName": "product"
},
"sqlType": "UPDATE"
}],
"xid": "xid:xxx"
}
```

（6）向 TC 注册分支事务，以及申请 product 表中主键值为 1 的记录的全局锁。

（7）提交本地事务。将业务数据的更新和 undo_log 表的更新一并提交。

（8）将本地事务提交的结果（成功或失败）上报给 TC。

在分支事务的第二阶段，如果需要撤销分支事务，其工作流程如下：

（1）收到 TC 的撤销分支事务的请求，开启一个本地事务。

（2）通过 xid 和 branch-id 字段查找到相应的 undo_log 记录。

（3）数据校验。把 undo_log 表中的更新后的镜像数据与当前数据进行比较，如果有不同，说明数据被当前全局事务之外的事务修改了。在这种情况下，需要根据相关的 Seata 配置策略来进行处理。

（4）根据 undo_log 表中更新前的镜像数据和相关的 SQL 信息生成并执行用于撤销事务的 SQL 语句。

```sql
UPDATE product SET name = 'TXC' WHERE id = 1;
```

（5）提交本地事务。把本地事务的执行结果（撤销分支事务成功还是失败）上报给 TC。

在分支事务的第二阶段，如果需要提交分支事务，其工作流程如下：

（1）收到 TC 的提交分支事务的请求后，把请求放入一个异步任务的队列中，马上向 TC 返回提交成功的结果。

（2）在异步提交分支事务的过程中，会异步批量删除相应的 undo_log 记录。

12.3.2　TCC 模式

如图 12.11 所示，全局事务由若干分支事务组成，分支事务采用两阶段提交模型。概括起来，两个阶段具有以下行为。

- 第一阶段的 prepare 行为。
- 第二阶段的 commit 或 rollback 行为。

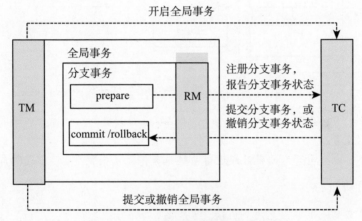

图 12.11　分支事务的两阶段提交行为

根据两阶段提交模型的具体实现方式，Seata 提供了 AT 模式和 TCC 模式。12.3.1 小节中已经介绍了 AT 模式。AT 模式依赖本地关系数据库对事务的 ACID 特性的支持。

- 第一阶段的 prepare 行为：在本地事务中，提交业务数据更新以及相应的 undo_log 日志记录。
- 第二阶段的 commit 行为：立即成功结束，返回事务执行成功的响应结果，并自动异步批量清理 undo_log 日志记录。
- 第二阶段的 rollback 行为：通过 undo_log 日志记录，自动生成补偿操作，完成数据回滚。

TCC 模式的特点是不依赖于底层数据库对本地事务的支持，而是把自定义的分支事务纳入到全局事务的统一管理中。

- 第一阶段的 prepare 行为：调用自定义的 prepare 逻辑。
- 第二阶段的 commit 行为：调用自定义的 commit 逻辑。
- 第二阶段的 rollback 行为：调用自定义的 rollback 逻辑。

12.3.3　Saga 模式

在 Saga 模式中，当出现某个参与者提交事务失败，则补偿前面的参与者已经成功提交的事务。第一阶段的正向事务和第二阶段的补偿事务全部通过开发相关业务代码来实现，如图 12.12 所示。

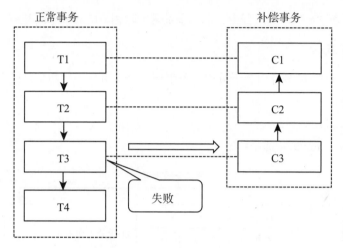

图 12.12　Saga 模式中的事务补偿方案

Saga 模式的适用场景包括以下两种。

- 业务流程长且多。
- 参与者包含其他公司开发的服务或遗留系统服务，无法提供 TCC 模式所需的接口。

Saga 模式的优势如下：

- 第一阶段提交本地事务，无须全局锁，性能高。
- 采用事件驱动架构，参与者可异步执行，具有高吞吐性能。
- 易于实现补偿服务。

Saga 模式的缺点是不能保证事务的隔离性，在极端情况下可能由于脏写而无法完成回滚操作。

12.3.4　XA 模式

XA 协议是由 X/Open 组织定义的分布式事务处理（Distributed Transaction Processing，DTP）规范。目前，几乎所有主流的数据库都对 XA 协议提供了支持。

XA 协议描述了全局的事务管理器与局部的资源管理器之间的接口。该协议可以在同一事务中访问多种资源（如数据库、应用服务器、消息队列等），这使得事务的 ACID 特性可以跨越多种资源平台。XA 协议使用两阶段提交模型来保证全局事务中的所有操作全部提交或撤销。

XA 模式利用事务资源（如数据库、应用服务器、消息队列等）对 XA 协议的支持，以 XA 协议的机制来管理分支事务。

分支事务的第一阶段具有以下特点。

- 可回滚：业务 SQL 操作在 XA 分支事务中进行，依赖事务资源对 XA 协议的支持来保证可回滚。
- 可持久化：XA 分支事务完成后，执行 XA prepare 行为，同样，依赖事务资源对 XA 协议的支持来保证可持久化。

分支事务的第二阶段具有以下特点。

- 分支提交：执行 XA 分支事务的 commit 行为。
- 分支回滚：执行 XA 分支事务的 rollback 行为。

阿云："和 Seata 的其他三种事务模式相比，XA 模式有什么优势呢？"
答主："XA 模式可以在事务资源的层面，保证数据的全局一致性。"

Seata 的 AT、TCC、Saga 模式都是补偿型的。补偿型事务处理机制依赖于本地事务，但事务资源本身对分布式事务是无感知的，其无法做到真正的全局一致性。例如，一条库存记录处在补偿型分支事务的处理过程中，由 100 扣减为 50，此更新操作在本地事务中提交。此时，如果仓库管理员在数据库中查询库存，就会看到当前的数据为 50。接着，分支事务在第二阶段因为异常而回滚，库存会被补偿回滚为 100。显然，仓库管理员查询到的 50 就是脏数据。所以补偿型事务可能会导致其他事务读到脏数据。

与补偿型事务处理方式不同，XA 协议要求事务资源本身提供对 XA 协议的支持。这样，事务资源就能感知并参与分布式事务处理过程，所以事务资源（如数据库）可以保证有效隔离任何事务对数据的访问，从而满足数据的全局一致性。

如刚才提到的库存更新场景，在 XA 事务处理过程中，作为中间状态的库存数据 50 由数据库本身保证，是不会被仓库管理员查询到的。

除了全局一致性这个根本性的优势外，XA 模式还具有以下优点。

- 业务无侵入：与 AT 模式一样，XA 模式也是业务无侵入的，不给应用设计和开发带来额外负担。
- 数据库的支持广泛：XA 协议得到了主流关系数据库的广泛支持，不需要额外的适配即可使用。
- 多语言支持容易：因为不涉及 SQL 解析，XA 模式对 Seata 的 RM 的要求比较少。
- 传统的基于 XA 应用的迁移：传统的基于 XA 协议的应用被迁移到 Seata 平台，使用 XA 模式会很平滑。

12.4　安装和运行 Seata Server

扫一扫，看视频

在 Seata 框架中，Seata Server 承担 TC 的角色，负责事务的总协调。Seata Server 会记录全局事务和分支事务的信息，这些事务信息有以下三种存储模式。

- file 模式：适合 Seata Server 单机运行环境，事务信息保存到本地文件中。这种存储模式的性能较高，是默认的存储模式。

- db 模式：适合 Seata Server 单机和集群运行环境，事务信息保存到数据库中。在集群环境中，保存到数据库中的事务信息可以被多个 Seata Server 节点共享。这种存储模式的性能相对差一点。
- redis 模式：适合 Seata Server 单机或集群运行环境，事务信息保存到 Redis 中。这种存储模式具有很好的性能，但是对硬件的要求也很高，存储数据的容量受到主机的内存大小的限制。

Seata Server 的官方下载网址参见本书技术支持网页的【链接 20】。从该网址下载 seata-server-1.7.0.zip 文件，把它解压到本地。conf/application.yml 是 Seata Server 的配置文件，以下是该文件的部分内容。

```
server:
  port: 7091              # 内嵌的 Tomcat 监听的端口

spring:
  application:
    name: seata-server

seata:
  config:
    # 可选值 : nacos、consul、apollo、zk、etcd3
    type: file
  registry:
    # 可选值 : nacos、eureka、redis、zk、consul、etcd3、sofa
    type: file
  store:                  # 事务信息的存储模式
    mode: file            # 可选值 : file、db、 redis
```

从以上配置内容可以看出，Seata Server 的默认存储模式为 file。如果要修改存储模式，只需修改 seata.store.mode 属性即可。

运行 bin/seata-server.bat 文件，就会启动 Seata Server。在默认配置下，Seata Server 的事务监听端口为 8091，存储事务信息的文件为 bin/sessionStore/root.data。

application.yml 文件中的 server.port 属性指定内嵌的 Tomcat 监听的端口，而监听事务的端口为 server.port+1000。

此外，也可以在 application.yml 文件中通过 seata.server.service-port 属性来显式指定事务监听端口。

```
seata:
  server:
    service-port: 8091    # 默认值为 ${server.port} + 1000
```

扫一扫, 看视频

12.5　创建 AT 模式下的范例

本节将创建一个模拟电子商务中商品交易业务的 storeapp 范例, 如图 12.13 所示。storeapp 范例包括以下 4 个微服务。

- business-service 微服务: 处理全局的商品交易事务, 会先后调用 stock-service 微服务和 order-service 微服务。
- stock-service 微服务: 处理减库存的分支事务。
- order-service 微服务: 处理生成订单的分支事务, 并且会调用 account-service 微服务。
- account-service 微服务: 处理修改账户余额的分支事务。

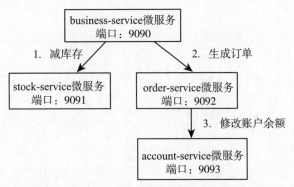

图 12.13　storeapp 范例的 4 个微服务的调用关系

如图 12.14 所示, 商品交易全局事务包括以下三个分支事务。

（1）减库存分支事务: 修改 db_stock 数据库的 stock_tbl 表, 由 stock-service 微服务处理。

（2）生成订单分支事务: 向 db_order 数据库的 order_tbl 表中插入一条记录, 由 order-service 微服务处理。

（3）修改账户余额分支事务: 修改 db_account 数据库的 account_tbl 表, 由 account-service 微服务处理。

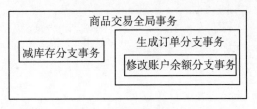

图 12.14　商品交易全局事务和三个分支事务

从图 12.14 中可以看出, 减库存和生成订单这两个分支事务直接嵌套在商品交易全局事务中, 而修改账户余额分支事务嵌套在生成订单分支事务中。

Seata 框架只有保证商品交易全局事务中的每个分支事务都顺利完成, 才会提交全局事务, 如果有一个分支事务出现异常，就会撤销所有的分支事务，从而撤销全局事务。

12.5.1　创建 Seata Server 的 MySQL 存储源

本范例使用 MySQL 数据库，连接数据库的用户名为 root，口令为 1234。在 MySQL 中创建三个数据库：db_account、db_order、db_stock，并在这三个数据库中分别创建三张表：account_tbl、order_tbl、stock _tbl，然后在表中插入一些用于测试的记录。以下是相应的 SQL 语句。

```
# 存储账户数据
DROP DATABASE IF EXISTS db_account;
CREATE DATABASE db_account;
USE db_account;

CREATE TABLE `account_tbl`(
  `id`        INT(11) NOT NULL AUTO_INCREMENT,
  `user_id` VARCHAR(255) DEFAULT NULL,
  `money`     INT(11) DEFAULT 0,                  # 账户余额
  PRIMARY KEY (`id`)
)ENGINE=InnoDB  DEFAULT CHARSET = utf8;

INSERT INTO account_tbl (id, user_id, money)
VALUES (1, 'USER_0001', 10000);
INSERT INTO account_tbl (id, user_id, money)
VALUES (2, 'USER_0002', 10000);

# 存储订单数据
DROP DATABASE IF EXISTS db_order;
CREATE DATABASE db_order;
USE db_order;

CREATE TABLE `order_tbl`(
  `id`              INT(11) NOT NULL AUTO_INCREMENT,
  `user_id`         VARCHAR(255) DEFAULT NULL,
  `product_code`  VARCHAR(255) DEFAULT NULL,      # 商品编号
  `count`           INT(11) DEFAULT '0',           # 购买数量
  `money`           INT(11) DEFAULT '0',           # 订单金额
  PRIMARY KEY (`id`)
)ENGINE = InnoDB  DEFAULT CHARSET = utf8;

# 存储库存数据
DROP DATABASE IF EXISTS db_stock;
```

```
CREATE DATABASE db_stock;
USE db_stock;

CREATE TABLE `stock_tbl`(
  `id`                INT(11) NOT NULL AUTO_INCREMENT,
  `product_code`  VARCHAR(255) DEFAULT NULL,          # 商品编号
  `count`             INT(11) DEFAULT '0',            # 库存数量
  PRIMARY KEY (`id`),
  UNIQUE KEY `product_code` (`product_code`)
)ENGINE = InnoDB  DEFAULT CHARSET = utf8;

INSERT INTO stock_tbl (id, product_code, count)
VALUES (1, 'PRODUCT_0001', 1000);
```

在 db_account、db_order、db_stock 这三个数据库中，还需要分别创建一张供 Seata 框架使用的 undo_log 表。Seata 框架会依据该表中的回滚日志来撤销分支事务。创建 undo_log 表的 SQL 语句如下：

```
CREATE TABLE `undo_log`(
  `id`              bigint(20) NOT NULL AUTO_INCREMENT,
  `branch_id`       bigint(20) NOT NULL,
  `xid`             varchar(100) NOT NULL,
  `context`         varchar(128) NOT NULL,
  `rollback_info`   longblob     NOT NULL,
  `log_status`      int(11) NOT NULL,
  `log_created`     datetime     NOT NULL,
  `log_modified`    datetime     NOT NULL,
  PRIMARY KEY (`id`),
  UNIQUE KEY `ux_undo_log` (`xid`,`branch_id`)
) ENGINE=InnoDB AUTO_INCREMENT=1 DEFAULT CHARSET=utf8;
```

在本书配套源代码包的 chapter12\storeapp\sql\schema.sql 文件中包含了创建以上所有数据库和表的 SQL 语句。

12.5.2　处理分布式事务的微服务的架构

stock-service、order-service、account-service 微服务都会通过访问数据库来完成具体的分支事务。business-service 和 order-service 微服务还会通过 OpenFeign 调用其他的微服务。以 order-service 微服务为例，其软件架构如图 12.15 所示。

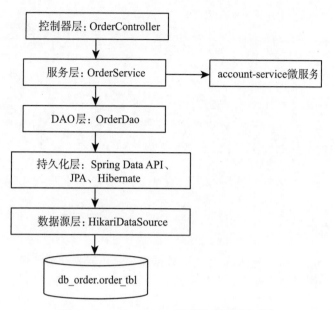

图 12.15　order-service 微服务的软件架构

business-service 微服务本身不会访问数据库，只会通过 OpenFeign 调用 stock-service 微服务和 order-service 微服务，其软件架构如图 12.16 所示。

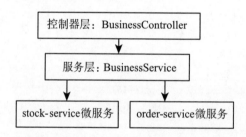

图 12.16　business-service 微服务的软件架构

12.5.3　创建 order-service 微服务

下面介绍创建 order-service 微服务的步骤。

1. 在 pom.xml 文件中加入相关的依赖

在 pom.xml 文件中需要加入与 Seata 和 MySQL 等相关的依赖，主要配置代码如下：

```
<dependencies>
  <dependency>
    <groupId>org.springframework.boot</groupId>
    <artifactId>spring-boot-starter</artifactId>
  </dependency>
```

```xml
<dependency>
  <groupId>org.springframework.boot</groupId>
  <artifactId>spring-boot-starter-web</artifactId>
</dependency>

<dependency>
  <groupId>org.projectlombok</groupId>
  <artifactId>lombok</artifactId>
  <optional>true</optional>
</dependency>

<dependency>
  <groupId>org.springframework.cloud</groupId>
  <artifactId>
    spring-cloud-starter-loadbalancer
  </artifactId>
</dependency>

<dependency>
  <groupId>org.springframework.cloud</groupId>
  <artifactId>
    spring-cloud-starter-openfeign
  </artifactId>
</dependency>

<dependency>
  <groupId>io.seata</groupId>
  <artifactId>
    seata-spring-boot-starter
  </artifactId>
</dependency>

<dependency>
  <groupId>com.alibaba.cloud</groupId>
  <artifactId>
    spring-cloud-starter-alibaba-nacos-discovery
  </artifactId>
  <exclusions>
    <exclusion>
```

```xml
            <groupId>org.springframework.cloud</groupId>
            <artifactId>
                spring-cloud-starter-netflix-ribbon
            </artifactId>
        </exclusion>
    </exclusions>
</dependency>

<dependency>
    <groupId>com.alibaba.cloud</groupId>
    <artifactId>
        spring-cloud-starter-alibaba-seata
    </artifactId>
    <exclusions>
        <exclusion>
            <groupId>io.seata</groupId>
            <artifactId>
                seata-spring-boot-starter
            </artifactId>
        </exclusion>
    </exclusions>
</dependency>

<dependency>
    <groupId>org.springframework.boot</groupId>
    <artifactId>spring-boot-starter-test</artifactId>
    <scope>test</scope>
</dependency>

<dependency>
    <groupId>org.springframework.boot</groupId>
    <artifactId>spring-boot-starter-data-jpa</artifactId>
</dependency>

<dependency>
    <groupId>mysql</groupId>
    <artifactId>mysql-connector-java</artifactId>
    <scope>runtime</scope>
</dependency>
</dependencies>
```

2. 配置数据源和 Seata

在 application.properties 文件中配置数据源和 Seata 的代码如下：

```
# 配置数据源
spring.datasource.driver-class-name=
                    com.mysql.cj.jdbc.Driver
spring.datasource.url=jdbc:mysql://127.0.0.1:3306/
                    db_order?useSSL=false&useUnicode=true
                    &characterEncoding=utf8
                    &rewriteBatchedStatements=true
spring.datasource.username=root
spring.datasource.password=1234
spring.datasource.hikari.maximum-pool-size=50
spring.datasource.hikari.minimum-idle=20
spring.jpa.properties.hibernate.format_sql=true
spring.jpa.show-sql=true

logging.level.org.hibernate.type
                .descriptor.sql.BasicBinder=trace

# 配置 Seata
seata.tx-service-group=my_test_tx_group
seata.registry.type=file
seata.service.vgroup-mapping.my_test_tx_group=default
# 指定 Seata Server 的地址
seata.service.grouplist.default=127.0.0.1:8091
```

以上配置 Seata 的代码还指定了事务组与 Seata Server 集群的映射，12.7 节会对此作进一步的介绍。

3. 创建 DataSourceConfig 类

order-service 微服务通过 Hikari 数据源连接数据库。DataSourceConfig 类用于声明 HikariDataSource Bean，参见例程 12.1。

例程 12.1　DataSourceConfig.java

```java
@Configuration
public class DataSourceConfig {
  protected static <T> T createDataSource(
                DataSourceProperties properties,
                Class<? extends DataSource> type) {
    return (T) properties.initializeDataSourceBuilder()
```

```
                                        .type(type)
                                        .build();
    }


    // 根据 application.properties 配置文件中的 Hikari 配置属性
    // 来创建 Hikari 数据源
    @Bean
    @ConfigurationProperties(
                    prefix = "spring.datasource.hikari")
    public HikariDataSource dataSource(
                    DataSourceProperties properties) {
      HikariDataSource dataSource = createDataSource(
                    properties,HikariDataSource.class);
      if (StringUtils.hasText(properties.getName())) {
        dataSource.setPoolName(properties.getName());
      }
      return dataSource;
    }


    @Primary
    @Bean("dataSource")
    public DataSource dataSource(
                        HikariDataSource hikariDataSource) {
      return new DataSourceProxy(hikariDataSource);
    }
}
```

4. 创建 Order 实体类

Order 类与 order_tbl 表对应，参见例程 12.2。在 Order 类中，@Table 和 @Column 等注解来自 JPA API，用于建立 Order 类与 order_tbl 表的映射关系。作者在《精通 JPA 与 Hibernate：Java 对象持久化技术详解》一书中详细介绍了 JPA 注解的用法。

例程 12.2　Order.java

```
import lombok.Data;
import org.hibernate.annotations.DynamicInsert;
import org.hibernate.annotations.DynamicUpdate;
// 在 Spring Boot2 中，引入的包为 javax.persistence.*
// 在 Spring Boot3 中，引入的包为 jakarta.persistence.*
import javax.persistence.*;
```

```
import java.math.BigDecimal;

@Entity
@Table(name = "order_tbl")
@DynamicUpdate
@DynamicInsert
@Data
public class Order {
  @Id
  @GeneratedValue(strategy = GenerationType.IDENTITY)
  private Long id;

  @Column(name = "user_id")
  private String userId;

  @Column(name = "product_code")
  private String productCode;

  @Column(name = "money")
  private BigDecimal money;

  @Column(name = "count")
  private Integer count;

  public Order() {
  }

  public Order(String userId, String productCode,
                   BigDecimal money, Integer count) {
    this.userId = userId;
    this.productCode = productCode;
    this.money = money;
    this.count = count;
  }
}
```

Order 类使用了来自 lombok 软件包中的 @Data 注解，该注解的作用是为 Order 类的各个属性提供相应的 get 和 set 方法。在 order-service 模块的 pom.xml 文件中引入了 lombok 软件包的依赖。

```
<dependency>
  <groupId>org.projectlombok</groupId>
```

```
    <artifactId>lombok</artifactId>
    <optional>true</optional>
</dependency>
```

5. 创建访问数据库的 OrderDao 接口

OrderDao 接口提供了向数据库插入和查询订单的方法。OrderDao 接口的定义如下:

```
public interface OrderDao
                    extends JpaRepository<Order, Long> {}
```

OrderDao 接口继承了 Spring Data API 中的 JpaRepository 接口。Spring 框架会自动为 OrderDao 接口提供具体的实现。作者在《精通 Spring : Java Web 开发技术详解》一书中详细介绍了 Spring Data API 的用法。

6. 创建 AccountFeignClient 接口

AccountFeignClient 接口通过 OpenFeign 访问 account-service 微服务,参见例程 12.3。

例程 12.3　AccountFeignClient.java

```
@FeignClient(value = "account-service")
public interface AccountFeignClient {
  @GetMapping("/debit")     // 修改账户余额
  Boolean debit(@RequestParam("userId") String userId,
              @RequestParam("money") BigDecimal money);
}
```

7. 创建 OrderService 类

OrderService 类通过 OrderDao 接口向数据库插入新订单,同时通过 AccountFeignClient 接口访问 account-service 微服务,参见例程 12.4。

例程 12.4　OrderService.java

```
@Service
public class OrderService {
  @Autowired
  private AccountFeignClient accountFeignClient;

  @Autowired
  private OrderDao orderDAO;

  @Transactional
  public void create(String userId,
                  String productCode, Integer count) {
    BigDecimal orderMoney = new BigDecimal(count)
```

```
                                .multiply(new BigDecimal(5));

    Order order = new Order();
    order.setUserId(userId);
    order.setProductCode(productCode);
    order.setCount(count);
    order.setMoney(orderMoney);
    orderDAO.save(order);                          // 保存新订单
    // 调用 account-service 微服务，扣除账户余额
    accountFeignClient.debit(userId, orderMoney);
  }


  public List<Order> findAll(){
    return orderDAO.findAll();
  }
}
```

OrderService 类通过 create() 方法生成订单分支事务，该方法用 @Transactional 注解标识，表明这是一个分支事务。

8. 创建 OrderController 类

OrderController 类通过调用 OrderService 服务类的方法生成订单。OrderController 类为 order-service 微服务提供基于 URL 形式的对外接口 "/create"。business-service 微服务会通过该接口访问 order-service 微服务。例程 12.5 是 OrderController 类的源代码。

例程 12.5　OrderController.java

```
@RestController
public class OrderController {
  @Autowired
  private OrderService orderService;

  @GetMapping("/create")
  public Boolean create(String userId,
            String productCode, Integer count) {
    orderService.create(userId, productCode, count);
    return true;
  }
  @GetMapping("/list")
  public List<Order> findAll(){
    return orderService.findAll();
  }
}
```

12.5.4　声明全局事务和分支事务

在 business-service 微服务中，BusinessService 类的 purchase() 方法通过 @GlobalTransactional 注解声明全局事务。

```
@GlobalTransactional
public void purchase(String userId,
                String productCode, int orderCount) {

    stockFeignClient.deduct(productCode, orderCount);
    orderFeignClient.create(userId, productCode, orderCount);
}
```

stock-service 微服务的 StockService 类、account-service 微服务的 AccountService 类、order-service 微服务的 OrderService 类都通过 @Transactional 注解声明分支事务。以下是 StockService 类中用于减库存的 deduct() 方法。

```
@Transactional
public void deduct(String productCode, int count) {
    Stock stock = stockDAO.findByProductCode(productCode);
    stock.setCount(stock.getCount() - count);
    stockDAO.save(stock);
}
```

12.5.5　演示全局事务的提交和撤销

分别启动 Nacos 服务器、Seata Server、business-service 微服务、stock-service 微服务、order-service 微服务和 account-service 微服务。

business-service 微服务的 BusinessController 类提供了两个请求处理方法，分别演示商品交易全局事务的提交和撤销，参见例程 12.6。

例程 12.6　BusinessController.java

```
@RestController
public class BusinessController {
  @Autowired
  private BusinessService businessService;

  // 演示商品交易全局事务的提交
  @RequestMapping("/purchase1")
  public Boolean purchase() {
    businessService.purchase("USER_0001","PRODUCT_0001", 1);
    return true;
  }
```

```java
// 演示商品交易全局事务的撤销
@RequestMapping("/purchase2")
public Boolean purchaseWithRollback() {
  try {
    businessService.purchase("USER_0002", "PRODUCT_0001", 1);
  } catch (Exception e) {
    e.printStackTrace();
    return false;
  }
  return true;
}
```

通过浏览器访问 http://localhost:9090/purchase1，就会成功提交商品交易全局事务。在 db_order 数据库的 order_tbl 表中会增加一条订单记录，并且 db_stock 数据库的 stock_tbl 表以及 db_account 数据库的 account_tbl 表中的数据也会发生相应的更新。

在 account-service 微服务的 AccountService 类的 debit() 方法中，当参数 userId 的取值为 USER_0002 时，account-service 微服务就会抛出 RuntimeException 异常。debit() 方法用 @Transactional(rollbackFor = Exception.class) 注解标识，表明当 debit() 方法产生异常时，该异常就会导致撤销事务，参见例程 12.7。

例程 12.7　AccountService.java

```java
@Service
public class AccountService {
  private static final String ERROR_USER_ID = " USER_0002";

  @Autowired
  private AccountDao accountDAO;

  @Transactional(rollbackFor = Exception.class)
  public void debit(String userId, BigDecimal num) {
    Account account = accountDAO.findByUserId(userId);
    account.setMoney(account.getMoney().subtract(num));
    accountDAO.save(account);

    if (ERROR_USER_ID.equals(userId)) {
      throw new RuntimeException("account branch exception");
    }
  }
}
```

```
public List<Account> findAll(){
  return accountDAO.findAll();
  }
}
```

通过浏览器访问 http://localhost:9090/purchase2，由于指定的 userId 为 USER_0002，就会导致 account-service 微服务产生 RuntimeException 异常，该异常会导致撤销所有的分支事务，从而撤销商品交易全局事务。

在 IDEA 中运行 stock-service 微服务的控制台，会输出以下撤销分支事务的信息。

```
Branch Rollbacked result: PhaseTwo_Rollbacked
```

阿云："在调用 account-service 微服务之前已经调用了 stock-service 微服务，并且 stock-service 微服务已经提交了本地的减库存分支事务，接下来要如何撤销它呢？"

答主："12.3.1 小节已经详细介绍了 AT 模式下的两阶段提交模型。减库存分支事务是在事务生命周期的第二阶段撤销的，Seata 会根据 undo_log 表中的回滚记录，对 db_stock 数据库的 stock_tbl 表生成补偿性的 SQL 语句，然后发起一个本地事务，在该本地事务中执行补偿性的 SQL 语句，提交该本地事务，从而撤销减库存分支事务。"

12.6　搭建与 Nacos 整合的 Seata Server 集群

扫一扫，看视频

为了保证 Seata Server 的高可用性，可以建立与 Nacos 整合的 Seata Server 集群。12.4 节已经介绍了 Seata Server 记录事务信息的三种存储模式：file、db 和 redis。在集群环境中，只能使用 db 和 redis 存储模式，才能确保多个 Seata Server 节点共享存储在数据库或 Redis 中的事务信息。本节采用 db 存储模式来搭建 Seata Server 集群。

图 12.17 展示了 Seata Server 集群的架构。两个 Seata Server 节点被注册到 Nacos 服务器，并且都以同一个 MySQL 数据库作为事务信息的存储源。微服务首先从 Nacos 服务器中得到 Seata Server 节点的列表，然后访问 Seata Server 集群中的节点。

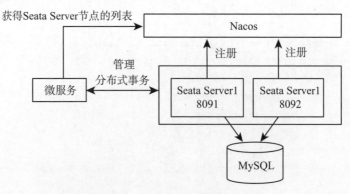

图 12.17　Seata Server 集群的架构

搭建 Seata Server 集群的步骤如下：

（1）在 MySQL 中创建供 Seata Server 访问的 seata 数据库和表。

（2）在 Nacos 配置中心配置 Seata Server。

（3）在 Seata Server 的配置文件中配置 Nacos。

（4）在微服务中配置 Seata。

在搭建 Seata Server 集群的过程中还需要访问 Seata 的源代码包。Seata 源代码的下载网址参见本书技术支持网页的【链接 21】。从该网址下载 seata-1.7.1.zip 源代码压缩文件并将其解压到本地，假定位于 C:\ seata-1.7.1 目录下。

12.6.1　在 MySQL 中创建 seata 数据库和表

本范例使用 MySQL8，配置 MySQL 以及创建与 Seata 相关的数据库和表的步骤如下：

（1）在 MySQL 中创建账户 root，口令为 1234。

（2）在 MySQL 中创建 seata 数据库。

```
create database seata;
```

（3）在 MySQL 中转到 seata 数据库，运行 SQL 脚本 C:\seata-1.5.0\script\server\db\mysql.sql。该脚本会在 seata 数据库中创建以下 4 张表，Seata 会向这 4 张表中存入与事务相关的信息。

- global_table 表：存储与全局事务相关的信息。
- branch_table 表：存储与分支事务相关的信息。
- lock_table 表：存储被锁定的数据库数据。
- distributed_lock 表：存储分布式锁的信息。

12.6.2　在 Nacos 配置中心配置 Seata Server

通过浏览器访问 http://localhost:8848/nacos，登录到 Nacos 配置中心的管理平台，创建 Data ID 为 seataServer.properties 的配置单位，位于 SEATA_GROUP 组中，如图 12.18 所示。在 C:\seata-1.5.0\script\config-center\config.txt 文件中提供了配置内容的示范代码。在本范例中，需要配置 Seata Server 的 MySQL 存储源，代码如下：

```
store.mode=db                        # 存储模式为 db
store.db.datasource=druid
store.db.dbType=mysql
store.db.driverClassName=com.mysql.cj.jdbc.Driver
store.db.url=jdbc:mysql://127.0.0.1:3306/seata
            ?useUnicode=true&rewriteBatchedStatements=true
store.db.user=root
store.db.password=1234
store.db.minConn=5
store.db.maxConn=30
```

```
store.db.globalTable=global_table
store.db.branchTable=branch_table
store.db.distributedLockTable=distributed_lock
store.db.queryLimit=100
store.db.lockTable=lock_table
store.db.maxWait=5000
```

图 12.18　创建配置 MySQL 存储源的配置单元 seataServer.properties

12.6.3　在 Seata Server 的配置文件中配置 Nacos

参照 12.4 节，把 Seata Server 的安装压缩文件 seata-server-1.7.0.zip 解压到本地，假定位于 C:\seata1 目录下。按照以下步骤配置两个 Seata Server 节点，它们分别位于 C:\seata1 和 C:\seata2 目录下。

（1）修改 C:\seata1\conf\application.yml 文件，修改后的内容如下：

```
server:
  port: 7091

spring:
  application:
    name: seata-server

logging:
  config: classpath:logback-spring.xml
  file:
    path: ${user.home}/logs/seata
  extend:
    logstash-appender:
```

```
        destination: 127.0.0.1:4560
    kafka-appender:
      bootstrap-servers: 127.0.0.1:9092
      topic: logback_to_logstash


console:
  user:
    username: seata
    password: seata


seata:
  config:
    type: nacos
    nacos:
      server-addr: 127.0.0.1:8848
      namespace:
      group: SEATA_GROUP
      username: nacos
      password: nacos
      data-id: seataServer.properties        # 配置单元的 Data ID
  registry:
    type: nacos
    nacos:
      application: seata-server
      server-addr: 127.0.0.1:8848
      group: SEATA_GROUP
      namespace:
      cluster: default                        #Seata Server 集群的名字
      username: nacos
      password: nacos


  security:
    secretKey: SeataSecretKey0c38…
    tokenValidityInMilliseconds: 1800000
    ignore:
      urls: /,/**/*.css,/**/*.js,/**/*.html,…
```

以上配置代码指定 Seata Server 会注册到 Nacos 服务器,并且会将 Nacos 服务器作为配置中心,从中获取配置单元 seataServer.properties 的配置内容。

(2)复制 C:\seata1 目录下的内容到 C:\seata2 目录下,修改 C:\seata2\conf\application.yml 文件中的 server.port 属性,使第二个 Seata Server 节点的事务监听端口为 7092+1000,即 8092。

```
server:
  port: 7092
```

12.6.4　在微服务中配置 Seata

在 business-service 微服务、stock-service 微服务、order-service 微服务和 account-service 微服务的 application.properties 文件中配置 Seata，代码如下：

```
seata.tx-service-group=my_test_tx_group
seata.service.vgroup-mapping.my_test_tx_group=default
seata.registry.type=nacos
seata.registry.nacos.cluster=default
seata.registry.nacos.server-addr=127.0.0.1:8848
seata.registry.nacos.group=SEATA_GROUP
seata.registry.nacos.application=seata-server
```

以上配置代码指定微服务从 Nacos 服务器中获得 Seata Server 集群中各个节点的地址。

12.6.5　运行和访问 Seata Server 集群

分别启动 Nacos、C:\seata1 目录下的 Seata Server 节点、C:\seata2 目录下的 Seata Server 节点，以及 business-service 微服务、stock-service 微服务、order-service 微服务和 account-service 微服务。

在 Nacos 的管理平台中注册了 Seata Server 集群的两个实例及 4 个微服务实例，如图 12.19 所示。

图 12.19　在 Nacos 管理平台中注册了 Seata Server 集群的两个实例及 4 个微服务实例

通过浏览器访问 http://localhost:9090/purchase1，Seata Server 集群会成功提交商品交易全局事务。

12.7　事务组与 Seata Server 集群的映射

扫一扫，看视频

Seata 可以在微服务中按照业务逻辑对分布式事务进行分组。例如，在微服务的 application.properties 文件中，以下配置代码指定事务组的名字为 my_test_tx_group。

```
seata.tx-service-group=my_test_tx_group
```

以下配置代码指定 my_test_tx_ group 事务组对应的 Seata Server 集群的名字为 default。

```
seata.service.vgroup-mapping.my_test_tx_group=default
```

在 Seata Server 的 application.yml 文件中，以下配置代码指定 Seata Server 所在的集群的名字为 default。

```
seata:
  registry:
    type: nacos
    nacos:
      application: seata-server
      server-addr: 127.0.0.1:8848
      group: SEATA_GROUP
      namespace:
      cluster: default
```

如图 12.20 所示，Seata 建立了微服务的分布式事务组与 Seata Server 集群的映射关系。

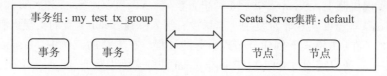

图 12.20　分布式事务组与 Seata Server 集群的映射关系

阿云："设置事务组与 Seata Server 集群的映射关系有什么意义呢？"

答主："如果微服务系统中只有一个事务组和一个 Seata Server 集群，确实体现不出设置两者映射关系的意义。假定有一个大型分布式微服务系统，在全国各地都分布了机房，有多个事务组和 Seata Server 集群，这时就很有必要设定事务组与 Seata Server 集群的映射关系，即指定各个 Seata Server 集群负责管理的事务组。"

除了可以在微服务的配置文件中指定事务组与 Seata Server 集群的映射关系，还可以在 Nacos 配置中心中进行配置，微服务再从 Nacos 中读取该配置。例如，通过 Nacos 的管理平台创建 Data ID 为 service.vgroupMapping.my_test_tx_group 的配置单元，它的值为 default，如图 12.21 所示。该配置单元指定 my_test_tx_group 事务组对应的 Seata Server 集群的名字为默认的 default。

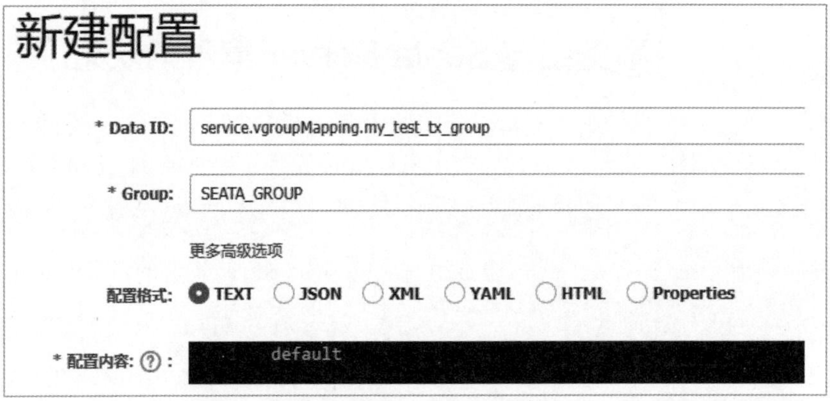

图 12.21　创建 Data ID 为 service.vgroupMapping.my_test_tx_group 的配置单元

12.8　小　　结

关系数据库系统会保证本地事务的 ACID 特性，并且当并发事务访问共享数据时，会提供 4 种隔离级别：Serializable、Repeatable Read、Read Committed、Read Uncommitted。当分布式的微服务访问分布式的数据库时，就会涉及处理分布式事务。如何保证分布式事务的 ACID 特性呢？就需要使用第三方提供的分布式事务管理框架，如 Seata。Seata 通过 Seata Server 来对各个分支事务进行协调，确保全局事务中的分支事务要么全部提交，要么全部撤销。Seata 会通过全局锁来对并发的多个分布式事务进行隔离。

在具体的实现机制上，Seata 提供了 4 种事务模式：AT、TCC、Saga 和 XA，以满足各种应用场景的需求。Seata 本身的实现非常复杂，本章没有深入探讨 Seata 本身的实现机制，主要是从运用的角度，介绍了在 AT 模式下创建分布式事务的过程。在本章的范例中，business-service 微服务的 BusinessService 类只需通过 @GlobalTransactional 注解来标识服务 purchase() 方法，该方法就声明了一个全局事务。对于 purchase() 方法间接调用的另一个 order-service 微服务中的 OrderService 服务类的 create() 方法，只需用 @Transactional 注解标识，该方法就声明了全局事务中的一个分支事务。由此可见，Seata 封装了管理分布式事务的实现细节，允许应用程序通过简单易用的注解来声明事务边界。

第 13 章　分库分表中间件: ShardingSphere

　　第 12 章中已经介绍过, 为了扩展数据库的存储容量并提高数据库的运行性能, 可以把表分开存放到不同的数据库中。例如, 把账户表、订单表、库存表分别放到不同的数据库中, 如图 13.1 所示。

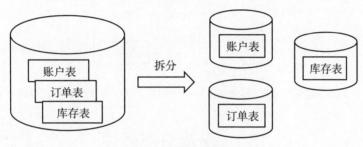

图 13.1　拆分数据库

　　阿云: "图 13.1 中对数据库进行了粗粒度的拆分。如果单独一张表就很庞大, 如有数亿条记录, 将这种'巨无霸'的表存放在一个数据库中, 会让数据库不堪重负。可否把这一张表拆分成多张表并放到多个数据库中呢?"

　　答主: "可以对表进行拆分, 把拆分得到的表放到多个数据库中。"

　　在图 13.2 中, 把订单表拆分成订单表 1 和订单表 2, 分别放到两个数据库中。拆分订单表的过程称为分库分表。

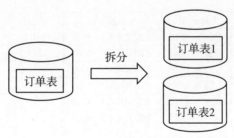

图 13.2　拆分订单表

　　阿云: "分库分表尽管减轻了每个数据库的运行负荷, 但是又带来了新的问题。作为访问数据库的应用程序, 对订单表进行插入、更新或查询等操作会很麻烦。例如, 应用程序必须增加额外的逻辑, 判断把新的订单插入到哪张订单分表中; 又如, 查询订单表时, 需要到两张订单分表中去查询数据, 再合并查询结果。对于分库分表后的数据, 有什么简化的操作方式吗?"

答主：“可以运用 ShardingSphere 中间件来封装分库分表的细节，为应用程序提供完整的逻辑表。”

在图 13.3 中，微服务通过 ShardingSphere 中间件来访问订单表 order_1 和订单表 order_2。ShardingSphere 中间件向微服务提供了虚拟的 order 逻辑表，它包含了完整的订单数据。微服务只需访问一张 order 逻辑表即可，无须考虑分库分表的细节。

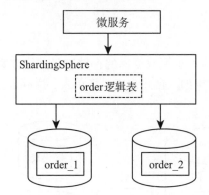

图 13.3　微服务通过 ShardingSphere 中间件来访问分库分表的订单数据

扫一扫，看视频

13.1　分库分表概述

对表进行拆分时，通常把拆分后的表放到不同的数据库中，因此分表往往会导致分库。如图 13.4 所示，拆分表有以下两种方式。

● 水平拆分：按照记录拆分表。
● 垂直拆分：按照字段拆分表。

垂直拆分				
id	user_id	product_id	count	money
1	USER_0001	PRODUCT_0003	10	1000
3	USER_0002	PRODUCT_0004	20	2000
5	USER_0001	PRODUCT_0002	10	150
2	USER_0002	PRODUCT_0005	15	5000
4	USER_0002	PRODUCT_0006	5	2000
6	USER_0003	PRODUCT_0001	8	4000

水平拆分

图 13.4　order 表的水平拆分和垂直拆分

图 13.5 对 order 表进行水平拆分，把 id 为偶数的记录存放到 order_1 表中，把 id 为奇数的记录存放到 order_2 表中。具体的拆分逻辑可以自行定义。例如，还可以把 id 小于或等于 10000 的记录放到 order_1 表中，把 id 大于 10000 的记录存放到 order_2 表中。

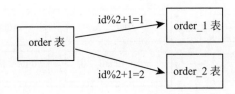

图 13.5 对 order 表进行水平拆分

水平拆分的优点如下：

（1）限制单库单表存放的数据量，有助于提高性能。

（2）拆分表的逻辑相同，便于应用程序按照特定的路由规则进行访问。

（3）提高了整个数据库系统的稳定性和承载负荷。

水平拆分的缺点如下：

（1）表拆分后，数据分散存放，执行跨库的表连接（join）操作比较麻烦，而且性能也比较差。

（2）数据扩容的难度和维护量极大。例如，增加了新的数据库实例，就要重新分布数据。

在图 13.6 中对 order 表进行垂直拆分。假定 order 表具有 id、user_id、product_id、count、money 字段。拆分 order 表时，把 id、user_id、product_id 字段放在 order 主表中，把 id、count、money 字段放在 order_detail 子表中。order 主表和 order_detail 子表的 id 字段都表示订单的 ID。

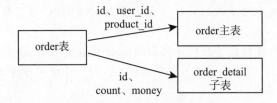

图 13.6 对 order 表进行垂直拆分

在实际运用中，可以把冷门字段和热门字段分别拆分到不同的表中，这样就可以对存放冷门或热门数据的数据库分配不同规格的软硬件资源。

垂直拆分表的优点如下：

（1）拆分后业务清晰，系统之间容易整合。

（2）便于管理和维护数据。

垂直拆分表的缺点如下：

（1）部分表进行连接（join）困难，只能通过接口方式解决，增加了系统的复杂度。

（2）存在单库性能瓶颈，不易进行单库的性能提升。

为了对表进行精粒度的拆分，还可以对一张表同时进行垂直拆分和水平拆分。例如，先把 order 表垂直拆分为 order 主表和 order_detail 子表；然后把 order 主表水平拆分为 order_1 表和 order_2 表；最后把 order_detail 子表水平拆分为 order_detail _1 表和 order_detail _2 表，如图 13.7 所示。

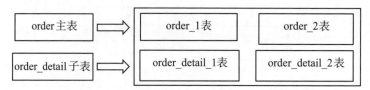

图 13.7　对 order 表同时进行垂直拆分和水平拆分

对于图 13.7 中的 4 张真实表，站在 ShardingSphere 的角度，order_1 表和 order_2 表的逻辑表为 order 主表，order_detail_1 表和 order_detail_2 表的逻辑表为 order_detail 子表。

13.2　ShardingSphere 简介

ShardingSphere 是 Apache 开源组织开发的分布式数据库中间件产品。之所以称它为中间件，是因为它介于应用程序和分布式数据库之间，起到了桥梁作用。ShardingSphere 能够在分布式的场景下，充分利用数据库本身的计算和存储能力，而并非实现一个全新的数据库。

ShardingSphere 由 Sharding-JDBC、Sharding-Proxy 和 Sharding-Sidecar（规划中）这三款各自独立的产品组成。

- Sharding-JDBC：属于轻量级的 Java 框架，在 Java 的 JDBC 层提供数据访问服务，以 JAR 类库形式使用。
- Sharding-Proxy：具有封装了数据库协议的独立 Sharding-Proxy 服务器。该服务器作为原始数据库的透明化的代理，可以支持多种语言，即允许使用各种语言开发的应用程序访问 Sharding-Proxy 服务器。
- Sharding-Sidecar：被定位为 Kubernetes 等云原生数据库的代理，以 Kubernetes 的 DaemonSet 资源控制器的形式代理所有对数据库的访问。

表 13.1 列出了 Sharding-JDBC、Sharding-Proxy 和 Sharding-Sidecar 三者的区别。Sharding-JDBC 能连接具有 JDBC 驱动类库的任意数据库，但是只能被使用 Java 语言开发的应用程序访问。Sharding-Proxy 只能连接 MySQL/PostgreSQL 数据库，但是能被使用各种语言开发的应用程序访问。Sharding-Proxy 使得所有对数据库的访问都先由 Sharding-Proxy 服务器处理，决定访问真实表的路由，因此它是中心化的产品。

表 13.1　比较Sharding-JDBC、Sharding-Proxy和Sharding-Sidecar

Sharding 产品	连接的数据库类型	连接消耗数	支持的语言	性能	无中心化	静态入口
Sharding-JDBC	任意	高	Java	损耗低	是	无
Sharding-Proxy	MySQL/PostgreSQL	低	任意	损耗略高	否	有
Sharding-Sidecar	MySQL/PostgreSQL	高	任意	损耗低	是	无

Sharding-JDBC 的优点如下：

- 轻量,只是增强了 JDBC 的功能,不包括对事务以及数据库元数据的管理。
- 简化了应用程序中访问数据库的代码,无须考虑分库分表的细节。
- 运维无须改动,无须部署专门的服务器,无须考虑中间件本身的高可用性。
- 性能高,通过 JDBC 直连数据库,无须二次转发。
- 支持各种具有 JDBC 驱动的数据库,如 MySQL、Oracle、SQLServer 等。

Sharding-Proxy 的优点如下:

- 作为独立的服务器,具有更多的功能,如数据迁移、分布式事务等。
- 更有效地管理数据库的连接。
- 运用处理大数据的思路,将 OLTP(On-Line Transaction Processing,联机事务处理)和 OLAP(On-Line Analytical Processing,联机分析处理)分离处理。OLTP 负责事务处理,OLAP 负责数据分析。按照对数据库的具体操作来区别,OLTP 主要负责对数据的增、删、改,OLAP 负责对数据的查询。

如果项目是用 Java 语言开发的,并且以 OLTP 处理为主,则可以使用 Sharding-JDBC;如果项目中包含 OLAP 和 OLTP 的混合处理,并且具有重量级的操作,如数据迁移、分布式事务等,则可以使用 Sharding-Proxy。

13.2.1 Sharding-JDBC 简介

Sharding-JDBC 定位为轻量级的分库分表中间件,在 Java 的 JDBC 层提供额外的服务,可以看作增强版的 JDBC 驱动,完全兼容 JDBC API 和各种 ORM 框架。

Sharding-JDBC 具有以下适用性:

- 可以对接任何基于 Java 的 ORM 框架,如 JPA、Hibernate、MyBatis、Spring Data API、Spring JDBC Template,或直接对接 JDBC API。
- 可以对接任何第三方的数据库连接池,如 DBCP、C3P0、BoneCP、Druid、HikariCP 等。
- 可以对接任何支持 JDBC 驱动的数据库,如 MySQL、Oracle、SQLServer 和 PostgreSQL。

在图 13.8 中,微服务只要引入了 Sharding-JDBC 的依赖,业务代码就可以通过 Sharding-JDBC 去访问数据库。涉及分库分表的一些核心操作,如 SQL 解析、路由、执行和结果处理,都是由 Sharding-JDBC 来完成的。

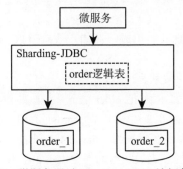

图 13.8 微服务通过 Sharding-JDBC 访问数据库

13.2.2 Sharding-Proxy 简介

Sharding-Proxy 提供了数据库的代理。对于 Sharding-JDBC，微服务通过 Sharding-JDBC 类库直连数据库；而对于 Sharding-Proxy，微服务直连 Sharding-Proxy 服务器，然后由 Sharding-Proxy 服务器访问实际的数据库，如图 13.9 所示。

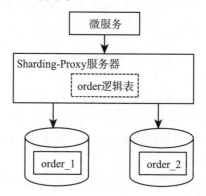

图 13.9　微服务通过 Sharding-Proxy 访问数据库

有了 Sharding-Proxy 作为数据库的代理，微服务不需要感知分库分表的存在，相当于正常访问数据库。目前 Sharding-Proxy 支持 MySQL 和 PostgreSQL 两种数据库。

13.3　ShardingSphere 的核心概念

扫一扫，看视频

ShardingSphere 围绕着分库分表，必须建立真实表和逻辑表在结构上的对应关系，还要建立真实表和逻辑表的记录的对应关系。为了便于理解 ShardingSphere 的工作过程和配置方式，首先要熟悉它的一些核心概念。

13.3.1 与表相关的概念

与表相关的概念包括真实表、逻辑表、数据节点、绑定表和广播表。

（1）真实表：数据库中真实存在的物理表，如 order_1 表、order_2 表。

（2）逻辑表：存放同类型数据的所有真实表的合并表，如 order_1 表和 order_2 表的逻辑表为 order。逻辑表是 ShardingSphere 提供的虚拟表，应用程序可以忽略分库分表的细节，只需操纵一张逻辑表。

（3）数据节点：由数据源和真实表组成。例如，数据节点 ds1.order_1 表示位于 ds1 数据源的真实表 order_1。

（4）绑定表：分片规则一致的关系表（主表、子表）。

例如，13.1 节中的图 13.7 所示为把 order 表进行垂直拆分和水平拆分，得到 order_1、order_2、order_detail_1 和 order_detail_2 表。其中，order_1 和 order_2 表的逻辑表为 order 主表；order_detail _1 和 order_detail _2 表的逻辑表为 order_detail 子表。order 逻辑主表与 order_detail 逻辑子表为绑定表关系。绑定表之间的多表关联查询不会出现笛卡儿积关联，可以提升关联查询性能。

以下是应用程序向 ShardingShpere 提交的一条查询语句，应用程序操纵的是 order 和 order_detail 逻辑表。

```
SELECT * FROM order o JOIN order_detail d
ON o.id=d.id WHERE o.id in (10, 11);
```

在不配置绑定表关系时，ShardingSphere 会向真实的数据库提交 4 条 SQL 语句，它们呈现为笛卡儿积。

```
SELECT * FROM order_1 o JOIN order_detail_1 d
ON o.id=d.id WHERE o.id in (10, 11);

SELECT * FROM order_1 o JOIN order_detail_2 d
ON o.id=d.id WHERE o.id in (10, 11);

SELECT * FROM order_2 o JOIN order_detail_1 d
ON o.id=d.id WHERE o.id in (10, 11);

SELECT * FROM order_2 o JOIN order_detail_2 d
ON o.id=d.id WHERE o.id in (10, 11);
```

配置了 order 与 order_detail 逻辑表的绑定表关系后，ShardingSphere 只会向真实的数据库提交两条 SQL 语句，不再呈现为笛卡儿积。

```
SELECT * FROM order_1 o JOIN order_detail_1 d
ON o.id=d.id WHERE o.id in (10, 11);

SELECT * FROM order_2 o JOIN order_detail_2 d
ON o.id=d.id WHERE o.id in (10, 11);
```

（5）广播表：在实际应用中，有些表没必要做分片，如字典表，因为它的数据量不大，而且常常需要与存放海量数据的表进行关联查询，这种表称为广播表。广播表会在各个真实数据库中存储，并且表结构及表中的数据完全相同。

答主："将一个房屋分隔成两个房间，每个房间里都有衣柜，但衣柜里放的衣物不一样。每个房间里都有相同的笔筒，笔筒里放了同样的笔。如果把两个房间比作两个数据库，衣柜和笔筒比作表，它们分别属于什么类型的表呢？"

阿云："两个衣柜就像水平拆分后的两张真实表，表中存放的数据不一样。笔筒就像广播表，在每个数据库中表的结构和数据都一模一样。"

13.3.2　与分片相关的概念

答主："妈妈为五岁的小明做了一个围兜，围兜上只有一个口袋。小明会把零食和小玩具全部放到这个口袋里。但是口袋太小了，放不下那么多东西。有什么办法解决呢？"

阿云："在围兜上再缝制一个口袋。"

答主："有了两个口袋后，如果小明每次把物品随意放到任意的口袋中，以后拿物品就需要翻遍两个口袋，很不方便。如何便捷地存取物品呢？"

阿云："不妨制定一个存放物品的策略，如零食放在左边的口袋，小玩具放在右边的口袋。"

答主："向分表中存放数据时，也需要遵循特定的策略，称之为分片策略。"

分片包含两层含义。

- 对表进行水平拆分，使表中的数据可以分片存放到多个分表中。
- 对于应用程序提交的 SQL 语句，按照分片策略计算出 SQL 的路由，即到底在哪些真实表中执行 SQL 操作。

下面介绍与分片相关的概念。

（1）分片键：表中用于分片的字段，即对表进行水平拆分的字段。例如，根据 order 订单表中的 id 主键分片，则 id 主键就是分片键。

分片键分为两种。

- 单分片键：把单个字段作为分片键。
- 复合分片键：把多个字段作为分片键。

（2）分片算法（ShardingAlgorithm）：由于分片算法和业务实现紧密相关，因此并未提供内置的具体分片算法，而是从各种分片场景中抽象出更高层级的分片算法。目前提供 4 种分片算法，见表 13.2。

表 13.2　分片算法的种类

分片算法	说　明
精确分片算法 （PreciseShardingAlgorithm）	用单个字段作为分片键，分片操作为 =、IN
范围分片算法 （RangeShardingAlgorithm）	用单个字段作为分片键，分片操作为 BETWEEN、AND、>、<、>=、<=
复合键分片算法 （ComplexKeysShardingAlgorithm）	用多个字段作为分片键，分片逻辑较复杂，需要应用开发者自行实现
Hint 分片算法 （HintShardingAlgorithm）	在有些场景中，不是依据 SQL 语句中得到的分片键值进行分片，而是依据其他外置条件进行分片，就可以使用 Hint 分片算法。Hint 分片算法支持 Java API 和 SQL 注释这两种使用方式

（3）分片策略：包含分片键和分片算法。分片策略结合分片键和分片算法，指定了具体的分片方式。目前包括 5 种分片策略，见表 13.3。

表13.3　分片策略的种类

分片策略	说　明
标准分片策略 （StandardShardingStrategy）	提供对 SQL 语句中 =、>、<、>=、<=、IN、BETWEEN 和 AND 的分片操作支持。StandardShardingStrategy 只支持单分片键，支持 PreciseShardingAlgorithm 和 RangeShardingAlgorithm 两个分片算法。PreciseShardingAlgorithm 是必选的，用于处理 = 和 IN 的分片操作。RangeShardingAlgorithm 是可选的，用于处理 BETWEEN、AND、>、<、>= 和 <= 分片操作。如果不配置 RangeShardingAlgorithm，SQL 中的 BETWEEN 和 AND 将按照全路由处理
复合分片策略 （ComplexShardingStrategy）	提供对 SQL 语句中 =、>、<、>=、<=、IN、BETWEEN 和 AND 的分片操作支持。ComplexShardingStrategy 支持复合分片键，由于复合分片键的分片逻辑很复杂，因此并未进行过多的封装，而是直接将复合分片键值组合及分片操作符传给分片算法，完全由应用开发者实现，提供最大的灵活度
行表达式分片策略 （InlineShardingStrategy）	使用 Groovy 的表达式，提供对 SQL 语句中 = 和 IN 的分片操作支持，只支持单分片键。对于简单的分片算法，可以通过简单的配置使用，从而避免烦琐的 Java 代码开发。例如，order_$->{id % 8} 表示 order 逻辑表按照 id 取模 8，而分成 8 张真实表，真实表为 order_0、order_1、order_2，一直到 order_7
Hint 分片策略 （HintShardingStrategy）	通过 Hint 算法指定分片值，而非从 SQL 语句中提取分片值
不分片策略 （NoneShardingStrategy）	不进行分片

（4）分片策略配置维度：包括数据源分片维度和表分片维度。这两种维度的分片策略配置 API 完全相同。数据源分片维度用于指定数据被分配的目标数据源；表分片维度用于指定数据被分配的目标表。由于表存在于数据源内，因此表分片维度会依赖数据源分片维度的分片结果。13.6.9 小节中的配置代码就从这两个维度设置了分片策略。

13.4　ShardingSphere 的工作流程

扫一扫，看视频

应用程序向 ShardingSphere 提交的 SQL 语句只会操纵逻辑表，而 ShardingSphere 会按照分片策略决定执行 SQL 语句的路由，即到底在哪些真实表中执行相应的操作。ShardingSphere 的三个产品的主要工作流程是一致的，如图 13.10 所示。

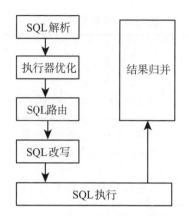

图 13.10　ShardingSphere 的主要工作流程

下面介绍 ShardingSphere 的工程流程。

（1）SQL 解析：SQL 解析分为词法解析和语法解析。先通过词法解析器将 SQL 语句拆分为一个个不可再分的单词，再使用语法解析器对 SQL 语句进行解析，并最终提炼出解析上下文。Sharding-JDBC 采用不同的解析器对使用各种数据库语言的 SQL 语句进行解析。解析器类型包括 MySQL 解析器、Oracle 解析器、SQLServer 解析器、PostgreSQL 解析器和默认 SQL 解析器。

（2）执行器优化：负责合并及优化分片条件。

（3）SQL 路由：根据解析上下文及用户配置的分片策略生成路由，即到底在哪些数据节点中执行 SQL 操作。

（4）SQL 改写：将 SQL 语句改写为在真实数据库中可以正确执行的语句。SQL 改写分为正确性改写和优化改写。

（5）SQL 执行：通过多线程执行器异步执行 SQL 语句。

（6）结果归并：将多个数据节点中的执行结果归并以便于通过统一的 JDBC 接口输出。

13.5　ShardingSphere 的 SQL 规范

从 13.4 节中介绍的 ShardingSphere 的工作流程中可以看出，ShardingSphere 必须能"看得懂"应用程序提交的 SQL 语句，才能计算出正确的路由。ShardingSphere 对应用程序提交的 SQL 语句进行了一些语法限制，目前支持的 SQL 语法包括以下几种。

（1）路由至单数据节点时，目前对 MySQL 数据库完全兼容，对其他数据库的兼容还在完善中。

（2）路由至多数据节点时，全面支持 DQL、DML、DDL、DCL、TCL。支持分页、去重、排序、分组、聚合、关联查询（不支持跨库关联）。

以下是 ShardingSphere 支持的非常复杂的查询语句。

```
SELECT select_expr [, select_expr …]
FROM table_reference [, table_reference ….]
[WHERE predicates]
[GROUP BY {col_name | position} [ASC | DESC], …]
```

```
[ORDER BY {col_name | position} [ASC | DESC], …]
[LIMIT {[offset,] row_count | row_count OFFSET offset}]
```

ShardingSphere 不支持的 SQL 语法包括以下几种。

（1）路由至多数据节点时，不支持 CASE WHEN、HAVING、UNION (ALL)。

（2）对子查询提供有限的支持，支持分页子查询。此外，无论嵌套多少层，ShardingSphere 都可以解析至第一个包含逻辑表的子查询，一旦在下层嵌套中再次找到包含逻辑表的子查询，将直接抛出解析异常。

例如，ShardingSphere 支持以下子查询。

```
# 在第一层嵌套子查询中包含 order 逻辑表，合法
SELECT COUNT(*) FROM (SELECT * FROM order o)
```

ShardingSphere 不支持以下子查询。

```
# 在第一层和第二层嵌套子查询中都包含 order 逻辑表，非法
SELECT COUNT(*) FROM (SELECT * FROM order o
    WHERE o.id IN (SELECT id FROM order WHERE money > ?))
```

（3）由于归并的限制，目前不支持子查询中包含聚合函数（如 sum()、avg()、max() 和 min() 等）。

（4）不支持包含 schema 的 SQL。因为 ShardingSphere 的理念是像使用一个数据源一样使用多个数据源，所以 SQL 操作都是在同一个逻辑 schema 中。

（5）当分片键处于 SQL 的运算表达式或函数中时，ShardingSphere 将采用全路由的形式获取结果。所谓全路由，是指路由到逻辑表的所有数据节点。

假定 order 表的分片键为 money，在下面的 SQL 语句中，money 字段位于 round() 函数中。

```
SELECT * FROM order WHERE round(money) >1000;
```

ShardingSphere 只能通过 SQL 字面提取用于分片的值。当分片键处于运算表达式或函数中时，由于 ShardingSphere 无法提前获取分片键在数据库中的值，就无法计算出真正的分片值，因此，ShardingSphere 将采用全路由的形式获取查询结果。

以下是 ShardingSphere 不支持的 SQL 语句示例。

```
# VALUES 语句不支持运算表达式
INSERT INTO tbl_name (col1, col2, …) VALUES(1+2, ?, …)

# 不支持 INSERT … SELECT
INSERT INTO tbl_name (col1, col2, …) SELECT col1, col2, …
FROM tbl_name WHERE col3 = ?

# 不支持 HAVING
SELECT COUNT(col1) as count_alias FROM tbl_name
GROUP BY col1 HAVING count_alias > ?

# 不支持 UNION
```

```
SELECT * FROM tbl_name1 UNION SELECT * FROM tbl_name2

# 不支持 UNION ALL
SELECT * FROM tbl_name1 UNION ALL
SELECT * FROM tbl_name2

# 不支持包含 schema
SELECT * FROM db.tbl_name1
```

扫一扫，看视频

13.6　运用 Sharding-JDBC 的范例

　　本节对第 12 章中介绍的 order-service 微服务进行改写，使它能够通过 Sharding-JDBC 访问拆分后的订单表。图 13.11 所示为 order-service 微服务的软件架构。

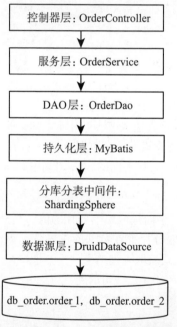

图 13.11　order-service 微服务的软件架构

13.6.1　加入 Sharding-JDBC 等的依赖

　　在 order-service 微服务的 pom.xml 文件中，需要加入 MySQL 驱动、Sharding-JDBC、Druid 数据源和 MyBatis 的依赖，代码如下：

```
<dependency>
  <groupId>mysql</groupId>
  <artifactId>mysql-connector-java</artifactId>
</dependency>
```

```
<dependency>
  <groupId>org.apache.shardingsphere</groupId>
  <artifactId>
    sharding-jdbc-spring-boot-starter
  </artifactId>
  <version>4.0.0-RC1</version>
</dependency>

<dependency>
  <groupId>com.alibaba</groupId>
  <artifactId>druid-spring-boot-starter</artifactId>
  <version>1.1.17</version>
</dependency>

<dependency>
  <groupId>com.baomidou</groupId>
  <artifactId>mybatis-plus-boot-starter</artifactId>
  <version>3.0.5</version>
</dependency>
```

13.6.2　创建拆分后的订单表

本范例中把 order 表水平拆分为 order_1 表和 order_2 表，为了简化范例，把这两张表都存放在 db_order 数据库中。13.6.9 小节将介绍如何把这两张表存放在不同的数据库中。创建数据库和表的 SQL 语句如下：

```
DROP DATABASE IF EXISTS db_order;
CREATE DATABASE db_order;
USE db_order;
CREATE TABLE `order_1`(
  `id`             BIGINT(20) NOT NULL AUTO_INCREMENT,
  `user_id`        VARCHAR(255) DEFAULT NULL,
  `product_code`   VARCHAR(255) DEFAULT NULL,
  `count`          INT(11) DEFAULT '0',
  `money`          INT(11) DEFAULT '0',
  PRIMARY KEY (`id`)
) ENGINE = InnoDB   DEFAULT CHARSET = utf8;

CREATE TABLE `order_2`(
  `id`             BIGINT(20) NOT NULL AUTO_INCREMENT,
  `user_id`        VARCHAR(255) DEFAULT NULL,
```

```
`product_code`        VARCHAR(255) DEFAULT NULL,
`count`               INT(11) DEFAULT '0',
`money`               INT(11) DEFAULT '0',
PRIMARY KEY (`id`)
) ENGINE = InnoDB    DEFAULT CHARSET = utf8;
```

13.6.3　配置 Sharding-JDBC 和 MyBatis

在 order-service 微服务的 application.properties 配置文件中，需要配置 Sharding-JDBC 和 MyBatis，参见例程 13.1。

例程 13.1　application.properties

```properties
# 指定数据源的名字
spring.shardingsphere.datasource.names=ds1

# 配置数据源
spring.shardingsphere.datasource.ds1.type=
        com.alibaba.druid.pool.DruidDataSource
spring.shardingsphere.datasource.ds1.driver-class-name=
        com.mysql.cj.jdbc.Driver
spring.shardingsphere.datasource.ds1.url=
        jdbc:mysql://127.0.0.1:3306/db_order
        ?useSSL=false&serverTimezone=Asia/Shanghai
spring.shardingsphere.datasource.ds1.username=root
spring.shardingsphere.datasource.ds1.password=1234

# 配置与 order 逻辑表对应的数据节点: ds1.order_1 和 ds1.order_2
spring.shardingsphere.sharding.tables.course
        .actual-data-nodes=ds1.order_$->{1..2}
# 指定 order 逻辑表的主键
spring.shardingsphere.sharding.tables
        .order.key-generator.column=id
# 指定 order 逻辑表的主键值的生成算法为 SNOWFLAKE 算法（雪花算法）
spring.shardingsphere.sharding.tables
        .order.key-generator.type=SNOWFLAKE

# 指定 order 逻辑表的分片策略: 分片键和分片算法表达式

# 指定 order 逻辑表的分片键为 id 字段
spring.shardingsphere.sharding.tables
        .order.table-strategy.inline.sharding-column=id
# 指定 order 逻辑表的分片算法表达式
spring.shardingsphere.sharding.tables.order.table-strategy
```

```
       .inline.algorithm-expression=order_$->{id % 2 + 1}

# 指定在控制台中输出 ShardingSphere 处理的 SQL 语句
spring.shardingsphere.props.sql.show=true

# 指定实体类与表的映射的名字对应规则
mybatis.configuration.map-underscore-to-camel-case=true
```

以上配置代码为 Sharding-JDBC 配置了一个 DruidDataSource 类型的数据源，名为 ds1，实际上对应 db_order 数据库。逻辑表 order 的主键为 id，主键值的生成算法为 SNOWFLAKE 算法，这是由 Twitter 公司公布的分布式主键生成算法，它能保证不同进程生成的主键不重复，以及相同进程中主键的有序性。SNOWFLAKE 算法默认情况下生成 64 位的长整型数据。

以上配置代码接下来指定 order 逻辑表的分片键为 id 字段，分片策略的算法表达式如下：

```
order_$->{id % 2 + 1}
```

以上算法表达式表明，当 id 字段的值为偶数时，order 逻辑表就会与 order_1 表匹配；当 id 字段的值为奇数时，order 逻辑表就会与 order_2 表匹配。

配置文件最后还指定了 MyBatis 的一个映射规则 map-underscore-to-camel-case，它的作用是把实体类中驼峰格式的属性与表中带下划线的字段映射。例如，Order 类的 userId 属性与 order 逻辑表的 user_id 字段映射；productCode 属性与 product_code 字段映射。

13.6.4 创建 Order 实体类

Order 实体类包含了与 order 逻辑表对应的属性，参见例程 13.2。

例程 13.2 Order.java

```java
import lombok.Data;
import java.math.BigDecimal;

@Data
public class Order {
  private Long id;
  private String userId;
  private String productCode;
  private BigDecimal money;
  private Integer count;
}
```

13.6.5 创建访问数据的 OrderDao 接口

OrderDao 接口继承了 MyBatis API 中的 BaseMapper 接口。MyBatis 会自动为 OrderDao 接口提供具体的实现。OrderDao 接口的代码如下：

```
@Repository
public interface OrderDao extends  BaseMapper<Order>{}
```

13.6.6　创建 OrderService 类

OrderService 类通过 OrderDao 接口向数据库插入新订单，参见例程 13.3。

例程 13.3　OrderService.java

```
@Service
public class OrderService {
  @Autowired
  private OrderDao orderDAO;

  @Transactional
  public void create(String userId,
             String productCode, Integer count) {

    BigDecimal orderMoney =new BigDecimal(count)
                                .multiply(new BigDecimal(5));

    Order order = new Order();
    order.setUserId(userId);
    order.setProductCode(productCode);
    order.setCount(count);
    order.setMoney(orderMoney);

    orderDAO.insert(order);     // 插入新订单记录
  }
}
```

在以上代码中，无须指定到底把新订单插入到 order_1 真实表还是 order_2 真实表中。Sharding-JDBC 会根据 application.properties 文件中配置的分片策略来决定插入新订单的路由。

13.6.7　创建 OrderController 类

OrderController 类通过调用 OrderService 类的方法生成订单。OrderController 类为 order-service 微服务提供基于 URL 形式的对外接口 "/create"，参见例程 13.4。

例程 13.4　OrderController.java

```
@RestController
public class OrderController {
  @Autowired
  private OrderService orderService;
```

```
@GetMapping("/create")
public Boolean create() {
    orderService.create("USER_0001", "PRODUCT_0001", 1);
    return true;
}
}
```

13.6.8　运行演示 SQL 路由的范例

启动 Nacos 服务器和 order-service 微服务，通过浏览器访问 http://localhost:9092/create，向数据库插入一条订单记录。在 IDEA 的控制台中会输出 Sharding-JDBC 处理的逻辑 SQL 语句及实际执行的 SQL 语句。

```
Logic SQL:    # 逻辑 SQL 语句
   SELECT  id,user_id,product_code AS product_code,
   money,count  FROM order

Actual SQL:   # 实际执行的 SQL 语句
   ds1 ::: INSERT INTO order_1
   (id, user_id, product_code, money, count)
   VALUES (?, ?, ?, ?, ?)
    ::: [1547121632067862530, USER_0001, PRODUCT_0001, 5, 1]
```

对于 order-service 微服务而言，只需把新订单插入到 order 逻辑表中，接下来，Sharding-JDBC 会根据分片策略，判断新记录的 id 分片键的值为偶数 1547121632067862530，与 order_1 表匹配，就向 ds1.order_1 数据节点插入记录。如果 id 分片键的值为奇数，就向 ds1.order_2 数据节点插入记录。

13.6.9　把订单表拆分到两个数据库中

在实际应用中，拆分后的表通常位于不同的数据库中。例如，把 order_1 和 order_2 表分别放到 db_order_1 和 db_order_2 数据库中。在图 13.12 中，order 逻辑表对应两个数据节点：ds1.order_1 和 ds2.order_2。ds1 和 ds2 是为 Sharding-JDBC 配置的两个数据源，分别与 db_order_1 和 db_order_2 数据库对应。

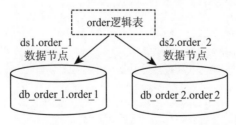

图 13.12　拆分后的订单表位于两个数据库中

数据库层做了上述改动后，对 order-service 的程序代码没有任何影响，只需修改 application. properties 文件中 Sharding-JDBC 的配置代码即可，参见例程 13.5。

例程 13.5　为 Sharding-JDBC 配置两个数据源

```
# 指定所有数据源的名字，以逗号隔开
spring.shardingsphere.datasource.names=ds1,ds2

# 配置 ds1 数据源
spring.shardingsphere.datasource.ds1.type=
        com.alibaba.druid.pool.DruidDataSource
spring.shardingsphere.datasource.ds1.driver-class-name=
        com.mysql.cj.jdbc.Driver
spring.shardingsphere.datasource.ds1.url=
        jdbc:mysql://127.0.0.1:3306/db_order_1
        ?useSSL=false&serverTimezone=Asia/Shanghai
spring.shardingsphere.datasource.ds1.username=root
spring.shardingsphere.datasource.ds1.password=1234

# 配置 ds2 数据源
spring.shardingsphere.datasource.ds2.type=
        com.alibaba.druid.pool.DruidDataSource
spring.shardingsphere.datasource.ds2.driver-class-name=
        com.mysql.cj.jdbc.Driver
spring.shardingsphere.datasource.ds2.url=
        jdbc:mysql://127.0.0.1:3306/db_order_2
        ?useSSL=false&serverTimezone=Asia/Shanghai
...

# 配置与 order 逻辑表对应的数据节点：ds1.order_1 和 ds2.order_2
spring.shardingsphere.sharding.tables
        .order.actual-data-nodes=ds$->{1..2}.order_$->{1..2}

# 指定 order 逻辑表的主键
spring.shardingsphere.sharding.tables
        .order.key-generator.column=id
# 指定 order 逻辑表的主键值的生成算法为 SNOWFLAKE 算法
spring.shardingsphere.sharding.tables
        .order.key-generator.type=SNOWFLAKE

# 指定分片策略

# 指定 order 逻辑表的数据源分片维度的分片键为 id 字段
spring.shardingsphere.sharding.tables.order
        .database-strategy.inline.sharding-column=id
# 指定 order 逻辑表的数据源分片维度的分片算法表达式
```

```
spring.shardingsphere.sharding.tables.order
    .database-strategy.inline.algorithm-expression=
    ds$->{id%2+1}

# 指定 order 逻辑表的表分片维度的分片键为 id 字段
spring.shardingsphere.sharding.tables.order
    .table-strategy.inline.sharding-column=id
# 指定 order 逻辑表的表分片维度的分片算法表达式
spring.shardingsphere.sharding.tables.order
    .table-strategy.inline.algorithm-expression=
    order_$->{id%2+1}
```

由于 order 逻辑表对应位于不同数据源的两个数据节点：ds1.order_1 和 ds2.order_2，因此就要在数据源维度和表维度指定分片策略。例如，当 id 字段的值为偶数时，order 逻辑表就对应 ds1 数据源的 order_1 表；当 id 字段的值为奇数时，order 逻辑表就对应 ds2 数据源的 order_2 表。

13.6.10 配置绑定表

13.3.1 小节中介绍了绑定表的概念。在图 13.13 中，order 逻辑表与 order_detail 逻辑表的分片策略相同，它们之间为绑定表关系。

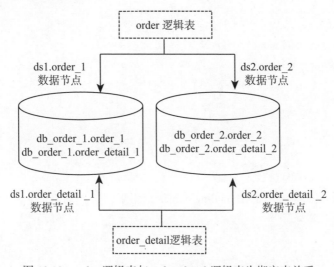

图 13.13 order 逻辑表与 order_detail 逻辑表为绑定表关系

13.6.9 小节中已经配置了 order 逻辑表的分片策略，以下代码配置了 order_detail 逻辑表的分片策略等信息，还指定了 order 逻辑表与 order_detail 逻辑表的绑定表关系。

```
# 配置与 order_detail 逻辑表对应的数据节点
#ds1.order_detail_1 和 ds2.order_detail_2
spring.shardingsphere.sharding.tables
    .order_detail.actual-data-nodes=
    db$->{1..2}.order_detail_$->{1..2}
```

```
# 指定 order_detail 逻辑表的主键
spring.shardingsphere.sharding.tables
        .order_detail.key-generator.column=id
# 指定 order_detail 逻辑表的主键值的生成算法为 SNOWFLAKE 算法
spring.shardingsphere.sharding.tables
        .order_detail.key-generator.type=SNOWFLAKE
# 指定分片策略

# 指定 order_detail 逻辑表的数据源分片维度的分片键为 id 字段
spring.shardingsphere.sharding.tables.order_detail
        .database-strategy.inline.sharding-column=id
# 指定 order_detail 逻辑表的数据源分片维度的分片算法表达式
spring.shardingsphere.sharding.tables.order_detail
        .database-strategy.inline.algorithm-expression=
        db$->{id%2+1}

# 指定 order_detail 逻辑表的表分片维度的分片键为 id 字段
spring.shardingsphere.sharding.tables.order_detail
        .table-strategy.inline.sharding-column=id
# 指定 order_detail 逻辑表的表分片维度的分片算法表达式
spring.shardingsphere.sharding.tables.order_detail
        .table-strategy.inline.algorithm-expression=
        order_detail_$->{id%2+1}

# 指定 order 逻辑表与 order_detail 逻辑表的绑定表关系
spring.shardingsphere.sharding.binding-tables[0]=
        order,order_detail
```

如果有多对绑定表关系，可以用 binding-tables 数组来配置。例如：

```
spring.shardingsphere.sharding.binding-tables[0]=
        table_a,table_a_detail
spring.shardingsphere.sharding.binding-tables[1]=
        table_b,table_b_detail
spring.shardingsphere.sharding.binding-tables[2]=
        table_c,table_c_detail
```

13.6.11 配置广播表

广播表属于系统中数据量小、更新少，而且经常被联合查询的表。例如，参数表、数据字典表等都属于此类型。可以将广播表在每个数据库都保存一份，对这类表的增、删、改操作会同时发送到所有分库执行,从而确保广播表的数据在各个分库中保持一致。

假定有一张表示数据字典的 dict 广播表。配置 dict 广播表的代码如下:

```
# 指定广播表
spring.shardingsphere.sharding.broadcast-tables=dict
# 指定 dict 表的主键
spring.shardingsphere.sharding.tables.dict
        .key-generator.column = id
# 指定 dict 表中主键值的生成策略为 SNOWFLAKE 算法
spring.shardingsphere.sharding.tables.dict
        .key-generator.type =SNOWFLAKE
```

广播表不需要设置分片策略。微服务可以直接访问 dict 广播表。例如,通过 MyBatis 建立 Dict 实体类与 dict 广播表的映射关系。

在图 13.14 中,当微服务向 dict 广播表插入一条新记录时,Sharding-JDBC 会在所有的分库中对 dict 真实表执行同样的插入操作。

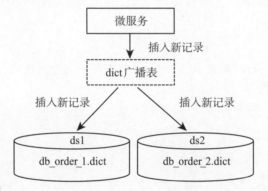

图 13.14 在每个分库中对 dict 真实表执行同样的插入操作

13.6.12 主从数据库和读写分离

在并发运行环境中,如果有大量事务同时对数据库中的订单数据进行更新或查询,会影响 ShardingSphere 的并发性能。因为一个事务的更新操作会锁定订单数据,导致其他事务的查询操作无法迅速返回查询结果。为了提高 ShardingSphere 的并发性能,可以在主从数据库的基础上进行读写分离。

● 在主数据库中执行增、删、改操作。

● 在从数据库中执行查询操作。

在图 13.15 中,db_order_1 是主数据库,db_order_2 是从数据库,这两个数据库中都有按照水平拆分的 order_1 和 order_2 表。两个数据库中数据的同步由数据库服务器的主从机制来保证,而 ShardingSphere 则负责实现读写分离,在主数据库 db_order_1 中执行对订单的增、删、改操作,在从数据库 db_order_2 中执行查询操作。

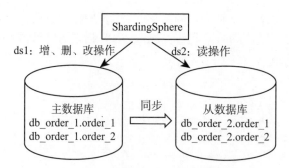

图 13.15　对主从数据库进行读写分离的操作

下面介绍对主从数据进行读写分离的操作过程。

1. 配置 MySQL 主从数据库

安装、配置 MySQL 主服务器和从服务器的过程不在本书讲解范围内,读者可以查询网上的相关资料进行配置。假定主服务器监听 3306 端口,从服务器监听 3307 端口。在主服务器中创建主数据库 db_order_1,以及 order_1 表和 order_2 表;在从服务器中创建从数据库 db_order_2,以及 order_1 表和 order_2 表。

2. 配置读写分离

以下代码为 ShardingSphere 配置了 ds1 和 ds2 数据源、支持读写分离的逻辑数据源 ds0,还配置了 order 逻辑表的分片策略。

```
# 指定数据源
spring.shardingsphere.datasource.names=ds1,ds2

# 配置 ds1 数据源
spring.shardingsphere.datasource.ds1.type=
        com.alibaba.druid.pool.DruidDataSource
spring.shardingsphere.datasource.ds1
    .driver-class-name=com.mysql.cj.jdbc.Driver
spring.shardingsphere.datasource.ds1.url=
        jdbc:mysql://localhost:3306/db_order_1
        ?useSSL=false&serverTimezone=Asia/Shanghai
spring.shardingsphere.datasource.ds1.username=root
spring.shardingsphere.datasource.ds1.password=1234

# 配置 ds2 数据源
spring.shardingsphere.datasource.ds2.type=
        com.alibaba.druid.pool.DruidDataSource
spring.shardingsphere.datasource.ds2
    .driver-class-name=com.mysql.cj.jdbc.Driver
spring.shardingsphere.datasource.ds2.url=
```

```
                jdbc:mysql://localhost:3307/db_order_2
                ?useSSL=false&serverTimezone=Asia/Shanghai
spring.shardingsphere.datasource.ds2.username=root
spring.shardingsphere.datasource.ds2.password=1234

# 配置主从逻辑数据源 ds0，对应主数据库 ds1 和从数据库 ds2
spring.shardingsphere.sharding.master-slave-rules
        .ds0.master-data-source-name=ds1
spring.shardingsphere.sharding.master-slave-rules
        .ds0.slave-data-source-names[0]=ds2

# 基于读写分离的数据节点，此处数据源必须为逻辑数据源 ds0
spring.shardingsphere.sharding.tables
        .order.actual-data-nodes=ds0.order_$->{1..2}

# 指定 order 逻辑表的主键及生成策略
spring.shardingsphere.sharding.tables.order
        .key-generator.column=id
spring.shardingsphere.sharding.tables.order
        .key-generator.type=SNOWFLAKE

# 指定 order 逻辑表的分片策略
spring.shardingsphere.sharding.tables.order.table-strategy
        .inline.sharding-column=id
spring.shardingsphere.sharding.tables.order.table-strategy
        .inline.algorithm-expression=order_$->{id%2+1}
```

上述配置完成后，ShardingSphere 就会把对订单的增、删、改操作路由到主数据库 db_order_1，把对订单的查询操作路由到从数据库 db_order_2。

13.7 Sharding-Proxy 简介

扫一扫，看视频

从应用程序的角度，如果 Sharding-JDBC 是支持数据分片的增强版 JDBC，那么 Sharding-Proxy 就是支持数据分片的增强版数据库。应用程序可以像访问普通的数据库一样访问 Sharding-Proxy。

但 Sharding-Proxy 实际上并没有真正实现数据库服务器的功能，而是为实际的数据库服务器提供代理，以增加数据分片的功能。

图 13.16 中数据分片的方式和 13.6.10 小节中的图 13.13 所示相同。Sharding-Proxy 封装了数据分片的细节，向微服务提供了 sharding-db 逻辑数据库，该数据库中包括 order 和 order_detail 逻辑表。微服务只需访问 sharding-db 逻辑数据库即可。

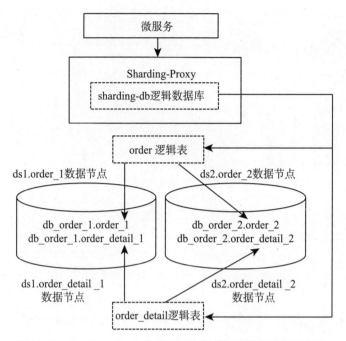

图 13.16　Sharding-Proxy 向应用程序提供逻辑数据库和逻辑表

13.7.1　安装和配置 Sharding-Proxy

Sharding-Proxy 的官方下载网址参见本书技术支持网页的【链接 22】，从该网址下载它的安装压缩文件 apache-shardingsphere-5.1.2-shardingsphere-proxy-bin.tar.gz，并将其解压到本地。

下面介绍安装和配置 Sharding-Proxy 的步骤。

1. 启动 Sharding-Proxy 服务器

为了使 Sharding-Proxy 为 MySQL 提供代理，需要把 MySQL 的 JDBC 驱动类库文件 mysql-connector-java.jar 复制到 Sharding-Proxy 的 lib 目录下。运行 bin/startup.bat 文件，就会启动 Sharding-Proxy 服务器。

2. 基本配置

Sharding-Proxy 的 conf 目录下包含了所有的配置文件，其中 server.yaml 用于配置基础信息，如用户、口令、注册中心等。配置了 Sharding-Proxy 的用户信息的代码如下：

```
rules:
  - !AUTHORITY
    users:
      - root@localhost:root
      - sharding@:sharding
    provider:
      type: ALL_PRIVILEGES_PERMITTED
```

以上代码配置了两个用户。

- root 用户：口令为 root，默认授权访问本地的数据库。
- sharding 用户：口令为 sharding，授权访问所有的数据库。

配置用户的格式为 \<username\>@\<hostname\>:\<password\>，如果 \<hostname\> 为 % 或者空，就表示不限制该用户访问的主机。

3. 配置逻辑数据库和逻辑表

Sharding-Proxy 支持多逻辑数据库，每个逻辑数据库的 yaml 配置文件的名字都以 config- 作为前缀。例如，config-sharding.yaml 用于配置 sharding_db 逻辑数据库，它包含 order 和 order_detail 逻辑表，参见例程 13.6。

例程 13.6　config-sharding.yaml

```
databaseName: sharding_db    # 逻辑数据库

dataSources:
  ds1:
    url: jdbc:mysql://127.0.0.1:3306/db_order_1
         ?useSSL=false&serverTimezone=Asia/Shanghai
    username: root
    password: 1234
    connectionTimeoutMilliseconds: 30000
    idleTimeoutMilliseconds: 60000
    maxLifetimeMilliseconds: 1800000
    maxPoolSize: 50
    minPoolSize: 1
  ds2:
    url: jdbc:mysql://127.0.0.1:3306/db_order_2
         ?useSSL=false&serverTimezone=Asia/Shanghai
    username: root
    password: 1234
    connectionTimeoutMilliseconds: 30000
    idleTimeoutMilliseconds: 60000
    maxLifetimeMilliseconds: 1800000
    maxPoolSize: 50
    minPoolSize: 1

rules:
  tables:
    order:                                       # 配置 order 逻辑表
      # order 逻辑表的数据节点
```

```yaml
          actualDataNodes: ds${1..2}.order_${1..2}
          tableStrategy:                            # 表维度的分片策略
            standard:
              shardingColumn: id
              shardingAlgorithmName: order_inline
          keyGenerateStrategy:                      # 主键生成策略
            column: id
            keyGeneratorName: snowflake

        order_detail:                               # 配置 order_detail 逻辑表
          # order_detail 逻辑表的数据节点
          actualDataNodes: ds${1..2}.order_detail_${1..2}
          tableStrategy:                            # 表维度的分片策略
            standard:
              shardingColumn: id
              shardingAlgorithmName: order_detail_inline
          keyGenerateStrategy:                      # 主键生成策略
            column: id
            keyGeneratorName: snowflake
      bindingTables:                                # 配置绑定表
        - order,order_detail

      defaultDatabaseStrategy:                      # 默认的数据库维度分片策略
        standard:
          shardingColumn: id
          shardingAlgorithmName: database_inline

      defaultTableStrategy:                         # 默认的表维度分片策略
        none:

      shardingAlgorithms:                           # 定义具体的分片算法
        database_inline:
          type: INLINE
          props:
            algorithm-expression: ds${id % 2+1}

        order_inline:
          type: INLINE
          props:
            algorithm-expression: order_${id % 2+1}
```

```
    order_detail_inline:
      type: INLINE
      props:
        algorithm-expression: order_detail_${id % 2+1}

  keyGenerators:
    snowflake:
      type: SNOWFLAKE
```

如果以上配置代码没有显式指定 order 和 order_detail 逻辑表在数据库维度的分片策略，就会使用 defaultDatabaseStrategy 属性设置的默认数据库维度的分片策略。另外，在指定分片策略时，仅仅指定了自定义的分片算法的名字，如 order_inline，然后还要配置该算法的具体分片算法表达式。

13.7.2　在微服务中访问 Sharding-Proxy

13.6 节介绍了 order-service 微服务通过 Sharding-JDBC 访问数据库的过程。下面介绍如何在微服务中访问 Sharding-Proxy。

在 order-service 微服务的 pom.xml 文件中，并不需要加入 Sharding-Proxy 的依赖。如果 Sharding-Proxy 为 MySQL 数据库提供代理，并且微服务通过 MyBatis 访问数据源，那么只要加入 MySQL 的 JDBC 驱动依赖和 MyBatis 的依赖即可。

```xml
<dependency>
  <groupId>mysql</groupId>
  <artifactId>mysql-connector-java</artifactId>
</dependency>

<dependency>
  <groupId>com.baomidou</groupId>
  <artifactId>mybatis-plus-boot-starter</artifactId>
  <version>3.0.5</version>
</dependency>
```

在 order-service 微服务的 application.properties 文件中，只需配置连接到 Sharding-Proxy 的逻辑数据库 sharding_db 的数据源即可。

```
# 配置数据源
spring.datasource.driver-class-name=
                    com.mysql.cj.jdbc.Driver
spring.datasource.url=jdbc:mysql://localhost:3307/sharding_
                    db?useSSL=false
                    &serverTimezone=Asia/Shanghai
```

```
spring.datasource.username=root
spring.datasource.password=root
```

由于 Sharding-Proxy 的默认端口为 3307，因此以上连接 Sharding-Proxy 的 URL 为 jdbc:mysql://localhost:3307。登录 Sharding-Proxy 的用户为 root，口令也是 root。

以上配置代码没有显式设定数据源的类型，将使用 spring.datasource.type 属性的默认值 com.zaxxer.hikari.HikariDataSource。Hikari 数据源的类库是由 Spring Boot 自动加入的，因此无须在 pom.xml 文件中加入 Hikari 数据源的依赖。oder-service 微服务的持久化层通过 Hikari 数据源访问 Sharding-Proxy，如图 13.17 所示。

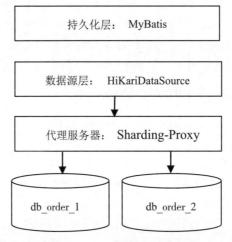

图 13.17　持久化层通过 Hikari 数据源访问 Sharding-Proxy

如果要改为使用 Druid 数据源，则需要加入以下配置代码。

```
spring.datasource.type=
        com.alibaba.druid.pool.DruidDataSource
```

还要在 pom.xml 文件中加入 Druid 数据源的依赖。

```
<dependency>
  <groupId>com.alibaba</groupId>
  <artifactId>druid-spring-boot-starter</artifactId>
  <version>1.1.17</version>
</dependency>
```

在 application.properties 文件中不需要配置数据分片，因为在 Sharding-Proxy 的配置文件 config-sharding.yaml 中已配置了数据分片。

13.7.3　配置读写分离

Sharding-Proxy 也支持读写分离。在图 13.18 中，逻辑数据库为 readwrite_splitting_db，它对应逻辑数据源 readwrite_ds，该逻辑数据源的真正用于写的数据源为 write_ds，用于读的数据源为

read_ds_1 和 read_ds_2。

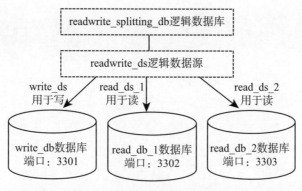

图 13.18　读写分离的数据源

在 Sharding-Proxy 的 conf/config-readwrite-splitting.yaml 文件中，配置了读写分离的 readwrite_splitting_db 逻辑数据库，参见例程 13.7。

例程 13.7　config-readwrite-splitting.yaml

```
databaseName: readwrite_splitting_db                # 逻辑数据库

dataSources:
  write_ds:
    url: jdbc:mysql://127.0.0.1:3301/write_db
          ?useSSL=false&serverTimezone=Asia/Shanghai
    username: root
    password: 1234
    connectionTimeoutMilliseconds: 30000
    idleTimeoutMilliseconds: 60000
    maxLifetimeMilliseconds: 1800000
    maxPoolSize: 50
    minPoolSize: 1

  read_ds_1:
    url: jdbc:mysql://127.0.0.1:3302/read_db_1
          ?useSSL=false&serverTimezone=Asia/Shanghai
    username: root
    password: 1234
    connectionTimeoutMilliseconds: 30000
    idleTimeoutMilliseconds: 60000
    maxLifetimeMilliseconds: 1800000
    maxPoolSize: 50
    minPoolSize: 1
```

```
        read_ds_2:
          url: jdbc:mysql://127.0.0.1:3303/ read_db_2
                ?useSSL=false&serverTimezone=Asia/Shanghai
          username: root
          password: 1234
          connectionTimeoutMilliseconds: 30000
          idleTimeoutMilliseconds: 60000
          maxLifetimeMilliseconds: 1800000
          maxPoolSize: 50
          minPoolSize: 1


rules:
- !READWRITE_SPLITTING
  dataSources:
    readwrite_ds:                                        # 逻辑数据源
      type: Static
      props:
        write-data-source-name: write_ds                 # 用于写
        read-data-source-names: read_ds_1,read_ds_2      # 用于读
      loadBalancerName: random
  loadBalancers:
    random:
      type: RANDOM
```

13.7.4 配置数据加密

在实际应用中，出于安全考虑，不希望把一些敏感数据以明文的形式存放在数据库中，如用户的身份证号、银行卡号、密码等。这样就需要把加密后的数据存放到数据库中，等到程序访问这些数据时，再对其进行解密。

在 Sharding-Proxy 的 conf/config-encrypt.yaml 文件中，配置了包含加密数据的 encrypt_db 逻辑数据库，参见例程 13.8。

例程 13.8   config-encrypt.yaml

```
databaseName: encrypt_db

dataSources:
  ds:
    url: jdbc:mysql://127.0.0.1:3306/demo_db
          ?useSSL=false&serverTimezone=Asia/Shanghai
    username: root
```

```
    password: 1234
    connectionTimeoutMilliseconds: 30000
    idleTimeoutMilliseconds: 60000
    maxLifetimeMilliseconds: 1800000
    maxPoolSize: 50
    minPoolSize: 1

rules:
- !ENCRYPT
  encryptors:
    aes_encryptor:
      type: AES
      props:
        aes-key-value: 123456abc
    md5_encryptor:
      type: MD5
  tables:
    t_secret:
      columns:
        user_id:
          plainColumn: user_plain          # 存放明文数据的字段
          cipherColumn: user_cipher        # 存放加密数据的字段
          encryptorName: aes_encryptor     # 加密规则
        order_id:
          cipherColumn: order_cipher       # 存放加密数据的字段
          encryptorName: md5_encryptor     # 加密规则
```

以上配置代码定义了两个加密规则。

- aes_encryptor：采用 AES 加密算法，密钥 key 为 123456abc。一旦用这个 key 产生了加密数据，建议就不要修改 key，因为如果修改了 key，原有的加密数据就无法被正确地解密。
- md5_encryptor：采用 MD5 加密算法。

以上配置代码指定 t_secret 逻辑表的 user_id 和 order_id 字段需要加密，分别使用 aes_encryptor 和 md5_encryptor 加密算法。需要注意的是，user_id 和 order_id 字段在 t_secret 真实表中并不存在。在 t_secret 真实表中只有 user_plain、user_cipher 和 order_cipher 字段。

以下代码向 Sharding-Proxy 提交了一条操作 t_secret 逻辑表的 SQL 语句。

```
insert into t_secret (user_id, order_id)
values ('123456', '654321')
```

Sharding-Proxy 会解析上述 SQL 语句，向 t_secret 真实表中插入一条记录。其中，user_plain 字段的值为 123456，user_cipher 字段的值为 123456 的加密数据，order_cipher 字段的值为 654321

的加密数据。图 13.19 展示了 t_secret 逻辑表和 t_secret 真实表的对应关系。

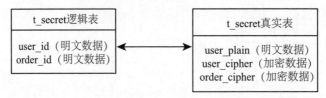

图 13.19　t_secret 逻辑表和 t_secret 真实表的对应关系

13.7.5　配置影子数据源

在分布式的微服务系统中，软件架构非常庞大，业务模块又被切分得很细，这对于测试，尤其是压力测试（简称压测）带来了很大的难度。如果把测试环境部署得和生产环境一模一样，会非常浪费资源。而如果只部署少量的服务，又不能进行全链路的整体压测。解决方案是在生产环境中直接进行压测，得出的结果也是真实有效的。但是，如果不对压测数据进行特殊的处理，就会和生产环境中的真实数据混在一起。

为了把压测数据和真实数据分开，就需要配置影子数据源。Sharding-Proxy 会根据配置的匹配规则，把压测数据分配到影子数据源中，从而与生产环境中的真实数据隔离开。

在图 13.20 中，逻辑数据库为 shadow_db，它对应逻辑数据源 shadowDataSource，shadowDataSource 逻辑数据源的原始数据源为 ds，影子数据源为 shadow_ds。

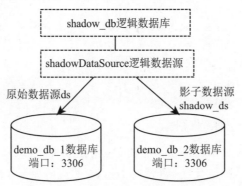

图 13.20　原始数据源和影子数据源

在 Sharding-Proxy 的 conf/config-shadow.yaml 文件中，配置了包含影子数据源的 shadow_db 逻辑数据库，参见例程 13.9。

例程 13.9　config-shadow.yaml

```
databaseName: shadow_db

dataSources:
  ds:
    url: jdbc:mysql://127.0.0.1:3306/demo_db_1
```

```yaml
                ?useSSL=false&serverTimezone=Asia/Shanghai
      username: root
      password: 1234
      connectionTimeoutMilliseconds: 30000
      idleTimeoutMilliseconds: 60000
      maxLifetimeMilliseconds: 1800000
      maxPoolSize: 50
      minPoolSize: 1

  shadow_ds:
    url: jdbc:mysql://127.0.0.1:3306/demo_db_2
            ?useSSL=false&serverTimezone=Asia/Shanghai
      username: root
      password: 1234
      connectionTimeoutMilliseconds: 30000
      idleTimeoutMilliseconds: 60000
      maxLifetimeMilliseconds: 1800000
      maxPoolSize: 50
      minPoolSize: 1

rules:
- !SHADOW
  dataSources:
    shadowDataSource:                            # 逻辑数据源
      sourceDataSourceName: ds                   # 原始数据源
      shadowDataSourceName: shadow_ds            # 影子数据源
  tables:
    order:
      dataSourceNames:
        - shadowDataSource
      shadowAlgorithmNames:
        - user-id-insert-match-algorithm
        - user-id-select-match-algorithm

  shadowAlgorithms:
    user-id-insert-match-algorithm:
      type: REGEX_MATCH
      props:
        operation: insert
        column: user_id
        regex: "[1]"
```

```
user-id-select-match-algorithm:
  type: REGEX_MATCH
  props:
    operation: select
    column: user_id
    regex: "[1]"
```

以上代码中的影子匹配规则表明，当 user_id 字段的值与正则表达式 [1] 匹配，则在对订单数据进行插入和查询操作时，就把订单数据路由到影子数据源 shadow_ds。

除了进行正则表达式匹配，还可以按照值匹配。以下匹配规则为 "当 user_id 字段的值为 0 时，就把订单数据插入影子数据源 shadow_ds"。

```
user-id-insert-match-algorithm:
  type: VALUE_MATCH
  props:
    operation: insert
    column: user_id
    regex: 0
```

13.8 小　结

虽然通过将数据拆分存储到多个表和数据库中可以减轻每个分库的承载负荷，但是也给应用程序操作数据增加了难度。例如，表示订单的 order 表被水平拆分为 order_1 和 order_2 表，它们分别位于 db_order_1 和 db_order_2 数据库中。应用程序在新增一个订单时，需要知道要将订单插入到哪个数据库的哪张表中。

为了简化应用程序的开发，ShardingSphere 作为介于应用程序和数据库之间的中间件，能够按照配置的分片策略，决定执行 SQL 的路由。应用程序只需操纵 ShardingSphere 提供的逻辑表。在逻辑表中包含了所有分表的数据。

ShardingSphere 按照实现方式的不同，包括 Sharding-JDBC、Sharding-Proxy 和 Sharding-Sidecar 这三款各自独立的产品。其中，Sharding-JDBC 属于轻量级的 Java 类库，在 Java 的 JDBC 层提供数据访问服务，以 jar 包形式使用。Sharding-Proxy 通过封装了数据库协议的独立 Sharding-Proxy 服务器，为原始数据库提供透明化的代理，可以支持各种开发语言。Sharding-Sidecar 还在规划中，被定位为 Kubernetes 等云原生数据库的代理，以 Kubernetes 的 DaemonSet 资源控制器的形式代理所有对数据库的访问。

ShardingSphere 不仅可以配置分片策略，还可以指定表之间的绑定关系，以及进行读写分离、对数据加密和操纵影子数据源。

第 14 章　分布式缓存数据库：Redis

阿云："应用程序永久保存数据有哪些方式呢？"

答主："把数据写到文件或 MySQL 等数据库中。"

阿云："文件和 MySQL 等数据库的数据实际上都位于磁盘中。频繁向磁盘读写大量数据会影响程序的运行性能。有什么方式来提高读写数据的性能呢？"

答主："在内存中开辟一块缓存，把经常读写的数据放在缓存中，这样就能减少读写磁盘的次数。"

在图 14.1 中，应用程序首先从磁盘中读取数据 price，假定它的初始值为 0。price 被加载到缓存中，接下来应用程序在缓存中对 price 进行了 100 次更新，再把 price 最终的值写到磁盘中，这样就达到了减少读写磁盘的目的。

图 14.1　应用程序通过缓存减少读写磁盘的目的

阿云："如果缓存是由应用程序负责创建的，那么它位于应用程序所在进程的内存空间内，就不能被其他应用程序访问。在分布式的微服务系统中，如何让缓存被多个微服务共享呢？"

答主："可以使用专门的缓存数据库 Redis"。

在图 14.2 中，每个微服务都可以通过 Redis 客户端组件访问 Redis 服务器，向 Redis 服务器读写数据。

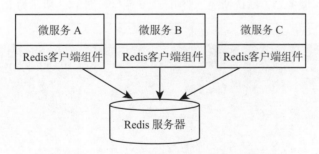

图 14.2　Redis 作为微服务的共享缓存数据库

14.1　Redis 简介

Redis 是一个用 C 语言开发的开源的缓存数据库，具有以下优点。

扫一扫，看视频

- 以 key/value 的形式存取数据。
- 读写性能极高。目前 Redis 读的速度是 110000 次 /s，写的速度是 81000 次 /s。
- 支持事务的原子性。允许把一组操作作为一个事务，保证它的原子性，即所有的操作执行成功才提交事务，否则就撤销事务。
- 支持丰富的数据类型。Redis 支持的数据类型包括 string（字符串）、list（列表）、set（集合）、zset（有序集合）、hash（哈希映射，也称为哈希散列表）。
- 支持数据的持久化。可以将缓存中的数据保存到磁盘中，重启时再把磁盘中的数据加载到缓存中。

虽然 Redis 定位为缓存数据库，实际上也会把数据持久化到磁盘中。这样可以保证重启 Redis 服务器后，原先缓存中的数据不会丢失，还能从磁盘把数据加载到缓存中。

阿云："既然 Redis 也能对数据持久化，是否可以取代 MySQL 等数据库服务器呢？"

答主："不可以。MySQL 等数据库服务器允许客户程序通过 SQL 语句对数据库进行灵活的增、删、改和查询操作。相比之下，Redis 提供的操作持久化数据的能力是很有限的。Redis 最显著的优点是在读写缓存数据方面具有卓越的性能。"

以下是适合存放到 Redis 中的数据。

- 字典表、配置数据。这类数据尽管改动不是很大，但是会被频繁地查询。
- 热点业务数据。这类数据的数据量不是很大，但是会被频繁地访问。
- 临时数据。应用程序临时处理的数据，不需要长久保存，如会话范围内的数据，会话结束后，这些数据就会结束生命周期。

14.2 安装和启动 Redis

扫一扫，看视频

Redis 的下载网址参见本书技术支持网页的【链接 23】。从该网址下载 Redis 的安装压缩文件 Redis-x64-5.0.14.1.zip 并将其解压到本地。运行根目录下的 redis-server.exe 程序，就会启动 Redis 服务器，默认情况下监听 6379 端口。图 14.3 所示为 Redis 的启动界面。

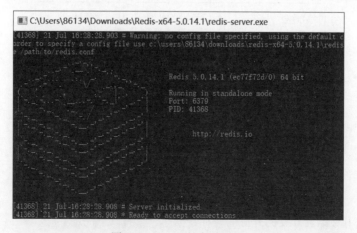

图 14.3　Redis 的启动界面

运行 Redis 根目录下的 redis-cli.exe 程序，就会启动基于 DOS 命令行窗口的 Redis 客户端程序，如图 14.4 所示。

C:\Users\86134\Downloads\Redis-x64-5.0.14.1\redis-cli.exe

```
127.0.0.1:6379> set name Tom
OK
127.0.0.1:6379> get name
"Tom"
127.0.0.1:6379>
```

图 14.4　Redis 客户端程序

在图 14.4 中的 Redis 客户端输入并执行以下 set 命令，就会向 Redis 服务器存入一对 key/value。其中，key 的值为 name，value 的值为 Tom。

```
set name Tom
```

输入并执行以下 get 命令，就会读取 key 为 name 所对应的 value 值。

```
get name
返回：Tom
```

输入并执行以下 del 命令，就会删除 key 为 name 的数据。

```
del name
```

14.3　在微服务中访问 Redis

扫一扫，看视频

本节将对第 2 章中 helloapp 项目的 hello-provider 模块进行修改，使它能访问 Redis 服务器。

（1）在 hello-provider 模块的 pom.xml 文件中加入 Redis 客户端组件的依赖。

```xml
<dependency>
  <groupId>org.springframework.boot</groupId>
  <artifactId>spring-boot-starter-data-redis</artifactId>
</dependency>
```

（2）在 hello-provider 模块的 application.properties 配置文件中配置 Redis。

```properties
spring.redis.host=127.0.0.1              # Redis 服务器的 IP
spring.redis.port=6379                   # Redis 服务器的端口

# 连接池中连接的最长等待时间，以毫秒为单位，默认值为 -1，表示无限等待
spring.redis.lettuce.pool.max-wait=100000
# 连接池中处于空闲状态的连接的最大数目
spring.redis.lettuce.pool.max-idle=10
# 连接池中处于活跃状态的连接的最大数目
```

```
spring.redis.lettuce.pool.max-active=100
```

Lettuce 是 Redis 的一种客户端组件，它会在客户端创建用于连接 Redis 服务器的连接池。以上代码中的 spring.redis.lettuce.pool.max-wait 等属性用于配置连接池。

（3）在 HelloProviderController 类中，通过 RedisTemplate Bean 来访问 Redis 服务器，参见例程 14.1。

例程 14.1　HelloProviderController.java

```java
@RestController
public class HelloProviderController {
  @Autowired
  private RedisTemplate redisTemplate;

  @GetMapping(value = "/test-string")
  public void testString() {
    // 泛类型<String,String> 指定 key 和 value 的 Java 类型为 String
    ValueOperations<String,String> valueOperations=
        redisTemplate.opsForValue();

    // 向 Redis 服务器中保存数据
    valueOperations.set("name","Tom");
    // 从 Redis 服务器中读取数据
    String name = valueOperations.get("name");
    System.out.println(name);        // 输出 Tom

    // 删除 key 为 name 的数据
    redisTemplate.delete("name");
  }
}
```

以上代码中的 testString() 方法通过调用 valueOperations.set("name","Tom") 方法，向 Redis 服务器存入 name/Tom；接下来通过 valueOperations.get("name") 方法，从 Redis 服务器读取 key 为 name 所对应的值 Tom；最后调用 redisTemplate.delete("name") 方法，从 Redis 服务器删除 key 为 name 的数据。

扫一扫，看视频

14.4　Redis 数据类型

Redis 服务器中存放的数据为 Redis 数据类型，包括以下 5 种类型。

- string 类型：Redis 最基本的数据类型。在一对 key/value 数据中，作为 value 的 string 类型数据的最大容量是 512MB。string 类型是二进制安全的，意味着可以包含二进制数据，如 jpg 图片或者对象的序列化数据。因此，Redis 的 string 类型与 Java 的 String 类型不是对等的。
- list 类型：元素按照索引位置排序的列表，数据结构和 java.util.List 列表相似。

- set 类型：不存在重复元素的集合，数据结构和 java.util.Set 集合相似。
- zset 类型：对元素按照评分排序的集合。
- hash 类型：包含映射键 / 映射值的哈希映射，也称为哈希散列表，数据结构和 java.util.Map 映射相似。

向 Redis 服务器中存入一对 key/value 数据时，key 只能是 string 类型，value 可以是以上 5 种类型之一。

14.3 节中的例程 14.1 已经演示了向 Redis 服务器中存入 string 类型数据的用法。接下来介绍如何通过 RedisTemplate Bean 向 Redis 服务器读写其他类型的数据。

14.4.1　读写 list 类型数据

以下代码中的 testList() 方法向 Redis 服务器存入的 key 为 nums，value 是一个 list 列表类型。ListOperations<String,Integer> 中的泛类型表明 key 的 Java 类型为 String，列表中元素的 Java 类型为 Integer。

```java
@GetMapping(value = "/test-list")
public void testList() {
  ListOperations<String,Integer> listOperations =
                     redisTemplate.opsForList();
  // 从 list 的左边加入元素
  listOperations.leftPush("nums",200);
  listOperations.leftPush("nums",100);
  // 从 list 的右边加入元素
  listOperations.rightPush("nums",300);
  listOperations.rightPush("nums",400);

  // 读取 list 中特定范围内的元素
  //0~-1 表示所有的元素，0~2 表示前三个元素
  List<Integer> nums = listOperations.range("nums", 0, -1);

  for (Integer num : nums) {
    System.out.println(num);
  }

  redisTemplate.delete("nums");
}
```

ListOperations 接口用于操作列表，包括以下方法，其中 K 和 V 是 Java 泛型类：

- leftPush(K key,V value)：从列表的左边加入元素。
- rightPush(K key,V value)：从列表的右边加入元素。

- size(K key)：返回与 key 对应的列表中元素的数目。
- range(K key,long start,long end)：从列表中读取特定范围内的元素。其中，start 指定起始索引；end 指定结束索引。列表中第一个元素的索引为 0，第二个元素的索引为 1，以此类推。当 start 参数为 0，end 参数为 −1 时，表示读取列表中的所有元素。

testList() 方法向列表中先后添加了 4 个元素后，列表中的数据如图 14.5 所示。

添加顺序	②	①	③	④
	100	200	300	400
索引	0	1	2	3

图 14.5　包含 4 个元素的列表

以上列表中元素 100 的索引为 0，元素 400 的索引为 3。在 testList() 方法的程序代码中，存入列表的元素的 Java 类型为 Integer；而在 Redis 服务器中，存放的是它们的序列化数据，为 string 类型。

14.4.2　读写 set 类型数据

以下代码中的 testSet() 方法向 Redis 服务器存入的 key 包括 colors、user1:hobbies、user2:hobbies、user3:hobbies，value 都是 set 集合类型。其中，SetOperations<String,String> 中的泛型类表明 key 的 Java 类型为 String，集合中元素的 Java 类型为 String。

```
@GetMapping(value = "/test-set")
public void testSet() {
    SetOperations<String,String> setOperations =
                                    redisTemplate.opsForSet();

    // 向 set 中加入数据
    setOperations.add("colors","red");
    setOperations.add("colors","white");
    setOperations.add("colors","blue");

    for (String color : setOperations.members("colors")) {
        System.out.println(color);
    }

    redisTemplate.delete("colors");

    // 用 add() 方法一次性向集合中加入多个数据
    setOperations.add("user1:hobbies"," 旅游 "," 跳舞 "," 绘画 ");
    setOperations.add("user2:hobbies"," 旅游 "," 唱歌 ");
    setOperations.add("user3:hobbies"," 打篮球 "," 看电影 "," 绘画 ");
```

```
    // 交集中包含一个元素：旅游
    Set<String> hobbies=setOperations
                .intersect("user1:hobbies", "user2:hobbies");
    for (String hobby : hobbies) {
      System.out.println("user1 和 user2 的共同兴趣："+hobby);
    }

    // 交集中包含一个元素：绘画
    hobbies=setOperations
                .intersect("user1:hobbies", "user3:hobbies");
    for (String hobby : hobbies) {
      System.out.println("user1 和 user3 的共同兴趣："+hobby);
    }

    redisTemplate.delete("user1:hobbies");
    redisTemplate.delete("user2:hobbies");
    redisTemplate.delete("user3:hobbies");
}
```

SetOperations 接口用于操作集合，包括以下方法。

- add(K key,V... values)：向集合中加入一个或多个元素。
- remove(K key,Object... values)：从集合中删除一个或多个元素。
- size(K key)：返回与 key 对应的集合中元素的数目。
- intersect(K key, K otherK)：返回两个集合的交集。

SetOperations 接口的 add() 方法可以向集合中加入一个或多个元素。例如：

```
// 向 key 为 colors 的集合中加入一个元素
setOperations.add("colors","red");

// 向 key 为 user1:hobbies 的集合中加入三个元素
setOperations.add("user1:hobbies","旅游","跳舞","绘画");
```

SetOperations 接口的 intersect(K key, K otherK) 方法返回两个集合的交集，以下 setOperations.intersect() 方法获取 key 为 user1:hobbies 和 user2:hobbies 的集合的交集，返回的集合中包含一个元素为 "旅游"。

```
// 交集中包含一个元素：旅游
Set<String> hobbies=setOperations
            .intersect("user1:hobbies", "user2:hobbies");
```

14.4.3 读写 zset 类型数据

以下代码中的 testZSet() 方法向 Redis 服务器存入的 key 为 article，value 是 zset 集合类型，集合中元素的 Java 类型为 String，每个元素有一个用于排序的 score 评分属性。

```java
@GetMapping(value = "/test-zset")
public void testZSet() {
    ZSetOperations<String,String> zSetOperations =
                                redisTemplate.opsForZSet();
    // 排序集合增加了评分属性 score
    zSetOperations.add("article", "about java", 1);
    zSetOperations.add("article", "about redis", 2);
    zSetOperations.add("article", "about Linux", 1);
    zSetOperations.add("article", "about springcloud", 4);

    System.out.println("刷新前的排行榜，由高到低");
    for (String article :
            zSetOperations.reverseRange("article", 0, -1)){
        System.out.println(article);
    }

    // 给 java 文章增加 5 分
    zSetOperations.incrementScore("article", "about java", 5);

    System.out.println("刷新后的排行榜，由低到高");

    for (String article :
                zSetOperations.range("article", 0, -1)){
        System.out.println(article);
    }

    redisTemplate.delete("article");
}
```

ZSetOperations 接口用于操作 zset 集合，包括以下方法。

- add(K key,V value, double score)：向集合中加入一个元素，参数 score 表示评分。
- range(K key,long start,long end)：读取集合中特定范围内的元素。其中，start 参数指定起始索引；end 参数指定结束索引。zset 集合中第一个元素的索引为 0，第二个元素的索引为 1，以此类推。当 start 参数为 0，end 参数为 −1 时，表示读取集合中的所有元素。
- reverseRange(K key,long start,long end)：读取集合按照倒序排列后特定范围内的元素。其中，start 参数指定起始索引；end 参数指定结束索引。
- rangeByScore(K key,double min,double max)：读取集合中特定范围内的元素。其中，min 参

数指定最小的评分；max 参数指定最大的评分。

- reverseRangeByScore(K key,double min,double max)：读取集合按照倒序排列后特定范围内的元素。其中，min 参数指定最小的评分；max 参数指定最大的评分。
- size(K key)：返回与 key 对应的 zset 集合中元素的数目。
- incrementScore(K key,V value, double delta)：增加一个元素的评分值，delta 参数表示评分的增加值。

运行 testZSet() 方法，得到以下输出结果。

```
刷新前的排行榜，由高到低
about springcloud
about redis
about Linux
about java
刷新后的排行榜，由低到高
about Linux
about redis
about springcloud
about java
```

14.4.4　读写 hash 类型数据

以下代码中的 testHash() 方法向 Redis 服务器存入的 key 为 usertable，value 是哈希映射类型。HashOperations<String,String,User> 中的泛型类表明 key 的 Java 类型为 String，哈希映射中映射键的 Java 类型为 String，映射值的 Java 类型为 User。

```java
@GetMapping(value = "/test-hash")
public void testHash() {
  redisTemplate.setHashValueSerializer(
        new Jackson2JsonRedisSerialize(User.class));

  HashOperations<String,String,User> hashOperations =
                redisTemplate.opsForHash();
  // 存入哈希映射类型数据
  hashOperations.put("usertable",
                "user1",new User("Tom",18));
  hashOperations.put("usertable",
                "user2",new User("Mike",19));
  hashOperations.put("usertable",
                "user3",new User("Jack",17));
  hashOperations.put("usertable",
                "user4",new User("Mary",24));
```

```
    // 读取映射键为 user1 的映射值
    User user = hashOperations.get("usertable", "user1");
    System.out.println(user.getName()+","+user.getAge());

    redisTemplate.delete("usertable");
}
```

HashOperations 接口用于操作哈希映射，包括以下方法。

- put(H key,HK hashKey,HV value)：加入一对映射键 / 映射值。其中，hashKey 参数表示映射键；value 参数表示映射值。
- entries(H key)：返回与 key 参数对应的哈希映射，返回值为 Map<HK,HV> 类型。
- keys(H key)：返回与 key 参数对应的哈希映射的所有映射键的集合，返回值为 Set<HK> 类型。
- get(H key,Object hashKey)：返回与 key 参数对应的哈希映射中与 hashKey 映射键对应的映射值。
- size(K key)：返回与 key 对应的哈希映射中元素的数目。

在 testHash() 方法中，向哈希映射中加入 4 对映射键 / 映射值。hashOperations.get("usertable", "user1") 读取映射键为 user1 的映射值，是一个 User 对象。

14.4.5　序列化 Java 对象

阿云："Java 类型各种各样，而 Redis 只有 5 种数据类型，两者并不是一一对应的。如何把任意类型的 Java 对象存放到 Redis 中呢？"

答主："需用借助 Redis 的序列化器。"

在图 14.6 中，当应用程序写数据时，Java 对象被 Redis 的序列化器转换为序列化数据，再存放到 Redis 服务器中。当应用程序读数据时，Redis 服务器中的序列化数据被反序列化为 Java 对象。

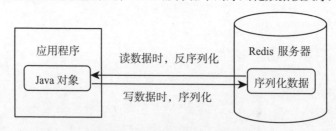

图 14.6　Java 对象的序列化和反序列化

在 14.4.4 小节的 testHash() 方法中，为 User 类指定的序列化器为 Jackson2JsonRedisSerialize，它会把 User 对象序列化为 JSON 格式的数据。

```
redisTemplate.setHashValueSerializer(
            new Jackson2JsonRedisSerialize(User.class));
```

以下代码向 Redis 服务器中存入再读取 User 对象，程序中操作的始终是 User 对象，而序列化和反序列化的操作由 Jackson2JsonRedisSerialize 序列化器来完成，对程序是透明的。

```
hashOperations.put("usertable","user1",new User("Tom",18));
User user = hashOperations.get("usertable","user1");
```

14.5 Redis 集群

扫一扫，看视频

为了保证 Redis 的高可用性，可以为 Redis 建立集群，具体包括以下三种模式。

● 主从模式：主节点（Master）会自动将数据同步到从节点（Slave），可以进行读写分离。
● 哨兵模式：在主从模式的基础上增加了哨兵工具（Sentinel），会监控每个节点的运行状态。当主节点出现故障宕机时，该模式会把可用的从节点转换为主节点。
● 集群模式：采用分布式的存储，数据存储到多个节点上。

> 📢 提示
>
> 第 8 章已经详细介绍了流量控制组件 Sentinel 的用法。Sentinel 就像就就业业的哨兵一样，实时监控请求流量的变化，因此业界也把 Sentinel 称为哨兵工具。

14.5.1 主从模式

在主从模式下，Redis 主节点和从节点中的数据保持一致，如图 14.7 所示。

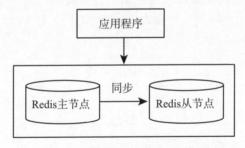

图 14.7 主从模式下的 Redis 集群

下面介绍 Redis 主节点和从节点的数据的同步流程。其中步骤（1）~ 步骤（4）是从节点的初始化过程，步骤（5）和步骤（6）是主从节点在运行期间的常规同步操作。

（1）从节点连接主节点，发送 SYNC 同步命令。

（2）主节点接收到 SYNC 命令后，先执行 BGSAVE 命令，把缓存中的数据持久化到 RDB 文件中，接着利用缓冲区记录此后执行的所有写命令。

（3）主节点执行完 BGSAVE 命令后，向所有从节点发送快照文件，并在发送期间继续记录所执行的写命令。快照文件中包含了主节点当前的存储数据。

（4）从节点收到快照文件后丢弃所有旧数据，载入收到的快照，完成初始化。

（5）主节点发送完快照文件后开始向从节点发送缓冲区中记录的写命令。

（6）主节点每执行一个写命令，就会向从节点发送相同的写命令，从节点接收并执行收到的写命令。

主从模式具有以下优点。

- 主节点会自动将数据同步到从节点，可以进行读写分离。例如，应用程序对主节点执行读写操作，对从节点执行读操作。
- 从节点同样可以接收其他从节点的连接和同步请求，这样可以有效地分担主节点的同步压力。
- 主节点以非阻塞的方式与从节点进行同步，所以在主从节点同步期间，客户端仍然可以向主节点提交查询或修改请求。
- 从节点也以非阻塞的方式完成数据同步。在同步期间，如果有客户端向从节点提交查询请求，则从节点返回同步之前的数据。

主从模式具有以下缺点。

- 不具备自动容错和恢复功能，主从节点的宕机都会导致客户端的部分读写请求失败。
- 在主节点宕机前，如果有部分数据未能及时同步到从节点，则会导致数据不一致问题。
- 较难支持在线扩容，在集群容量达到上限时，在线扩容会变得很复杂。

14.5.2 哨兵模式

对于 14.5.1 小节介绍的主从模式，当主节点宕机后，可以将一个从节点转换为主节点，以便继续提供服务，但是这个转换过程需要用户手动进行操作。为了更方便地管理 Redis 集群，Redis 提供了哨兵工具来实现自动化的系统监控和故障恢复功能。在主从模式的基础上增加哨兵的功能，就形成了哨兵模式，如图 14.8 所示。

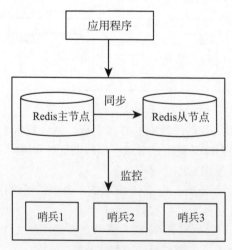

图 14.8　哨兵模式下的 Redis 集群

哨兵工具具有以下功能。

- 监控主节点和从节点是否正常运行。
- 当主节点出现故障宕机时自动将从节点转换为主节点。

哨兵工具作为独立的进程运行，监控 Redis 集群的工作方式如下：

- 每个哨兵进程以每秒一次的频率向整个集群中的主从节点及其他哨兵进程发送一个 PING 命令。集群中所有的主节点、从节点和哨兵进程均作为被监控的实例。
- 如果一个实例距离最后一次有效回复 PING 命令的时间超过 down-after-milliseconds 选项所指定的值，那么该实例会被哨兵进程标记为主观下线（SDOWN）。
- 如果一个主节点被标记为主观下线，那么正在监视该主节点的所有哨兵进程会以每秒一次的频率来确认主节点的确进入了主观下线状态。
- 当有足够数量的哨兵进程（大于等于配置文件指定的值）在指定的时间范围内确认主节点进入了主观下线状态时，主节点会被标记为客观下线（ODOWN）。
- 在一般情况下，每个哨兵进程会以每 10s 一次的频率向集群中所有主从节点发送 INFO 命令。当主节点被哨兵进程标记为客观下线时，哨兵进程向下线的主节点的所有从节点发送 INFO 命令的频率会从每 10s 一次改为每秒一次。
- 如果没有足够数量的哨兵进程同意主节点下线，那么主节点的客观下线状态就会被移除。

哨兵模式的优点如下：

- 基于主从模式，因此具有主从模式的所有优点。
- 从节点可以自动转换为主节点，系统更健壮，可用性更高。

哨兵模式的缺点是较难支持在线扩容，当集群容量达到上限时，在线扩容会变得很复杂。

14.5.3　集群模式

14.5.2 小节中介绍的哨兵模式已经实现了高可用和读写分离，但是在这种模式下，每台 Redis 节点都存储相同的数据，因此浪费内存且扩容很困难，为了解决这一问题，在 Redis3.0 以上版本中加入了集群（cluster）模式，以实现分布式存储，也就是可以把数据分布存储到多个 Redis 节点中。

集群模式采用无中心结构，它的特点如下：

- 所有的 Redis 节点彼此互联，内部使用二进制协议优化传输速度和带宽。
- 认定一个节点下线的标准是集群中超过半数的节点对其检测的结果为不可用。
- 客户端与 Redis 节点直连，不需要中间代理层。客户端不需要连接集群中的所有节点，连接集群中任何一个可用节点即可。每个节点上都有一个集群管理插件，它会计算到底把数据存储到哪个节点中。
- 支持在线扩容，允许向运行中的集群增加新的节点。

为了保证高可用性和健壮性，集群模式也建立在主从模式的基础上，一个主节点对应一个或多个从节点，当主节点宕机时，就会启用从节点。

14.5.4 搭建 Redis 集群

本小节将按照 14.5.3 小节中的集群模式来搭建 Redis 集群。如图 14.9 所示，一共建立 6 个节点，有 3 个是主节点，另外 3 个是从节点。这 6 个节点的安装文件分别位于 C:\redis1、C:\redis2、C:\redis3、C:\redis4、C:\redis5、C:\redis6 目录下。

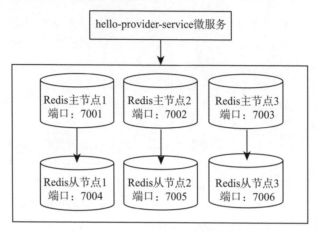

图 14.9　包括 6 个节点的 Redis 集群

创建图 14.9 所示的 Redis 集群的步骤如下：

（1）把 Redis 的安装压缩文件解压到 C:\redis1 目录下，作为第一个 Redis 节点。

（2）在 C:\redis1 目录下创建 redis.conf 配置文件，参见例程 14.2。

例程 14.2　redis.conf

```
# 监听端口
port 7001
# 开启集群功能
cluster-enabled yes
# 集群的配置文件名称不需要自己创建，而由 Redis 自己维护
cluster-config-file node-7001.conf
# 节点心跳失败的超时时间
cluster-node-timeout 5000
# 持久化文件存放目录
dir "\data"
# 绑定地址
bind 0.0.0.0
# 是否让 Redis 后台运行
daemonize no
# 保护模式
protected-mode no
```

```
# 数据库数量
databases 1
```

（3）在 C:\redis1 目录下创建 data 子目录。Redis 节点的存储数据以及 node-7001.conf 集群配置文件都会存放在该目录下。

（4）把 C:\redis1 目录下的内容分别复制到 C:\redis2、C:\redis3、C:\redis4、C:\redis5、C:\redis6 目录下。

（5）修 改 C:\redis2、C:\redis3、C:\redis4、C:\redis5、C:\redis6 目 录 中 的 redis.conf 配 置 文件，修改相应的端口号。例如，对 C:\redis2 目录下的 redis.conf 文件做如下修改，port 改为 7002，cluster-config-file 改为 node-7002.conf。

```
port 7002
...
cluster-config-file node-7002.conf
```

（6）在 DOS 命令行窗口中转到每个 Redis 节点的根目录下，运行以下命令。

```
redis-server redis.conf
```

以上命令会根据 redis.conf 文件中的配置内容启动 Redis 节点。

（7）在 DOS 命令行窗口中转到 C:\redis1 目录下，运行以下命令搭建 Redis 集群。

```
redis-cli --cluster create --cluster-replicas 1
127.0.0.1:7001 127.0.0.1:7002 127.0.0.1:7003
127.0.0.1:7004 127.0.0.1:7005 127.0.0.1:7006
```

以上命令会把 6 个 Redis 节点作为一个集群，输出以下信息。

```
Adding replica 127.0.0.1:7004 to 127.0.0.1:7001
Adding replica 127.0.0.1:7005 to 127.0.0.1:7002
Adding replica 127.0.0.1:7006 to 127.0.0.1:7003
```

以上输出信息显示了各个节点之间的主从关系。例如，端口为 7001 的节点为主节点，它的从节点的端口为 7004。值得注意的是，主从节点的关系并不是一成不变的。redis-cli 命令会按照特定算法选择一个可用的节点作为特定主节点的从节点。

阿云："向 Redis 集群中存入一对 key/value，到底存放到哪个 Redis 主节点中呢？"

答主："每个 Redis 主节点都包含若干哈希槽（hash slot）。这对 key/value 会存放到特定的哈希槽中。"

Redis 集群中内置了 16384 个哈希槽，分摊到所有的 Redis 主节点中。在图 14.10 中，3 个 Redis 主节点分别分配了 5461、5462 和 5461 个哈希槽。每个哈希槽都有编号，依次为 0、1、2，直到 16383。例如，编号为 3 的哈希槽位于 Redis 主节点 1，编号为 5463 的哈希槽位于 Redis 主节点 2，编号为 10925 的哈希槽位于 Redis 主节点 3。

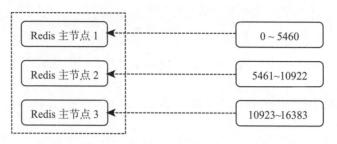

图 14.10　Redis 集群中各主节点的哈希槽分配

　　当应用程序向 Redis 集群中存入一对 key/value 时，位于应用程序端的 Lettuce 客户端组件会计算存放这对 key/value 的节点。Lettuce 先按照 key 计算哈希槽的编号，运算表达式如下：

```
crc16(key) % 16384                //crc16 是一种校验算法
```

　　以上表达式的取值位于 0~16384 之间，表示哈希槽的编号，假定取值为 10925。由于编号为 10925 的哈希槽位于 Redis 主节点 3 中，这对 key/value 就会存放到 Redis 主节点 3 的编号为 10925 的哈希槽中。在一个哈希槽中，可以存放多对 key/value。此外，主节点存放的数据会同步到从节点中。

　　使用哈希槽的优点在于可以方便地添加或移除节点。当需要向 Redis 集群增加节点时，只需把其他节点的某些哈希槽挪到新节点；当需要移除节点时，把被移除节点的哈希槽挪到其他可用节点即可。

14.6　在微服务中访问 Redis 集群

扫一扫，看视频

　　14.3 节已经介绍了在 hello-provider 模块中访问单个 Redis 服务器的方法，如果要改为访问 Redis 集群，只需修改 application.properties 配置文件即可。

```
spring.redis.cluster.nodes=
    127.0.0.1:7001,127.0.0.1:7002,127.0.0.1:7003,
    127.0.0.1:7004,127.0.0.1:7005,127.0.0.1:7006
spring.redis.cluster.max-redirects=6
spring.redis.lettuce.pool.max-wait=100000
spring.redis.lettuce.pool.max-idle=10
spring.redis.lettuce.pool.max-active=100
```

　　以上配置代码指定了每个 Redis 节点的地址。Lettuce 客户端组件会建立与集群中 Redis 节点的连接。

14.7　小　　结

　　在分布式的微服务系统中，服务可以分布式部署，需要永久存储的业务数据可以分布式存储，不仅如此，缓存中的数据也可以分布式存储。本章介绍了分布式缓存数据库 Redis 的用法。Redis

以 key/value 的形式存储数据。

　　Redis 的数据类型包括 5 种：string 类型、list 类型、set 类型、zset 类型和 hash 类型。Redis 以 key/value 的形式存储数据时，key 只能是 string 类型，value 可以是 5 种类型之一。当 Java 程序把自定义的 User 对象存储到 Redis 中时，需要先由 Redis 的序列化器进行序列化，得到 string 类型的数据再进行存储。

　　Redis 的集群包括 3 种模式：主从模式、哨兵模式和集群模式。主从模式可以保证 Redis 的高可用性，但是当主节点宕机后，从节点不能自动转换为主节点。哨兵模式建立在主从模式的基础上，通过哨兵工具的监控自动进行从节点到主节点的转换。集群模式也建立在主从模式的基础上，并且能够把数据分布存储到多个节点中。

第 15 章　分布式任务调度框架：XXL-JOB

阿云："前面章节介绍的微服务都是接收到消费者的请求后，才会通过执行相应的代码来提供服务。在实际应用中，有一些任务需要定时执行，或者由系统管理员来调度执行，如何把这些任务部署到分布式的系统中呢？"

答主："可以使用分布式任务调度框架 XXL-JOB。"

XXL-JOB 是一个轻量级的分布式任务调度框架，其优点是开发迅速、学习简单、轻量级、易扩展。XXL-JOB 已经成为开源项目，开箱即用，已被国内许多公司（如大众点评、京东、联想、网易等）运用到线上产品线中。

XXL-JOB 由美团点评研发工程师许雪里开发，XXL 是其姓名的拼音首字母的缩写。XXL-JOB 的官方文档的网址参见本书技术支持网页的【链接 24】。

如图 15.1 所示，XXL-JOB 框架主要包括以下两个角色。

- xxl-job-admin 调度中心：统一管理执行器和各个任务，指派执行器执行特定的任务。
- xxl-job-executor 执行器：执行特定的任务。无论任务执行成功还是失败，都会向调度中心返回执行结果。

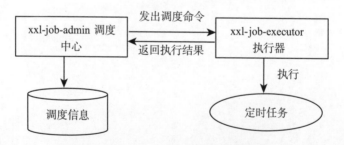

图 15.1　XXL-JOB 框架的主要角色

XXL-JOB 调度的定时任务是指在约定时间执行的一段程序代码。定时任务适用于以下场景。

- 批量处理统计数据的场景。例如，批量统计上个月的订单数据。
- 时间驱动的场景。例如，在某个时间点群发短信或邮件。
- 固定频率的场景。例如，每隔 5min 需要执行某种业务操作。

XXL-JOB 的调度中心和执行器是独立的进程，任务的程序代码可以部署在执行器中，也可以由调度中心托管，调度中心和执行器都可以建立集群，这样就形成了分布式的任务调度系统。

调度中心的调度信息存放在数据库中。系统管理员通过调度中心的管理界面，可以方便地对调度信息进行添加、更新、删除和查询。

15.1　安装和运行 XXL-JOB

扫一扫，看视频

XXL-JOB 是一个 Spring 项目，它的下载网址参见本书技术支持网页的【链接 25】。从该网址下载 XXL-JOB 的项目压缩文件 xxl-job-master.zip 并将其解压到本地。如图 15.2 所示，用 IDEA 打开 xxl-job-master 项目，其中包含三个模块:

- xxl-job-admin 模块:XXL-JOB 的调度中心。
- xxl-job-core 模块:XXL-JOB 的核心模块，提供了 XXL-JOB 的核心类库，其他模块都依赖该模块。
- xxl-job-executor-samples 模块:提供了 XXL-JOB 执行器的范例。它的 xxl-job-executor-sample-springboot 子模块使用了 Spring Boot 框架。

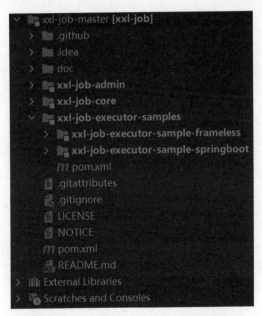

图 15.2　xxl-job-master 项目包含的模块

15.1.1　创建 XXL-JOB 的数据库

XXL-JOB 会把调度信息存放在数据库中。xxl-job-master/doc/db/tables_xxl_job.sql 文件中包含了创建 xxl_job 数据库、表及向表中插入初始数据的 SQL 语句。在 MySQL 中运行 tables_xxl_job.sql 文件中的 SQL 语句，表 15.1 列出了所创建的各个表的作用。

表 15.1　XXL-JOB的数据库表的作用

表	说　明	包含内容
xxl_job_group	执行器信息表	包含执行器的信息
xxl_job_info	调度扩展信息表	包含调度任务的扩展信息，如任务分组、任务名、机器地址、执行器、执行入参和报警邮件等
xxl_job_lock	任务调度锁表	包含调度锁的信息
xxl_job_log	调度日志表	包含调度任务的历史信息，如调度结果、执行结果、调度入参、调度机器和执行器等
xxl_job_log_report	调度日志报表	包含调度日志的报表信息
xxl_job_logglue	GLUE 任务更新日志表	包含 GLUE 任务的更新日志，对 GLUE 任务进行版本回溯时需要用到这些日志
xxl_job_registry	执行器注册表	包含在线的执行器和调度中心的地址信息
xxl_job_user	系统用户表	包含调度中心的用户信息。该表中有一条初始记录，用户名为 admin，口令为 123456

调度中心支持集群部署，集群中的各节点需要连接同一个 MySQL 实例，以保证调度信息的一致与共享。如果 MySQL 搭建了包含主从节点的集群，调度中心集群的节点必须连接到数据库主节点。

15.1.2　配置 XXL-JOB 调度中心

xxl-job-admin 模块实现了 XXL-JOB 调度中心，它的 application.properties 配置文件用于配置 XXL-JOB 调度中心。主要配置代码如下：

```
server.port=8080
server.servlet.context-path=/xxl-job-admin

# 配置数据源的连接信息
spring.datasource.url=
    jdbc:mysql://127.0.0.1:3306/xxl_job
    ?useUnicode=true&characterEncoding=UTF-8
    &autoReconnect=true
    &serverTimezone=Asia/Shanghai
spring.datasource.username=root
spring.datasource.password=1234
spring.datasource.driver-class-name=
    com.mysql.cj.jdbc.Driver

# 配置 Hikari 数据源
spring.datasource.type=
```

```
        com.zaxxer.hikari.HikariDataSource
spring.datasource.hikari.minimum-idle=10
spring.datasource.hikari.maximum-pool-size=30
spring.datasource.hikari.auto-commit=true
spring.datasource.hikari.idle-timeout=30000
spring.datasource.hikari.pool-name=HikariCP
spring.datasource.hikari.max-lifetime=900000
spring.datasource.hikari.connection-timeout=10000
spring.datasource.hikari.connection-test-query=SELECT 1
spring.datasource.hikari.validation-timeout=1000

# 配置告警邮件的信息
spring.mail.host=smtp.qq.com
spring.mail.port=25
spring.mail.username=xxx@qq.com
spring.mail.from=xxx@qq.com
spring.mail.password=xxx
spring.mail.properties.mail.smtp.auth=true
spring.mail.properties.mail.smtp.starttls.enable=true
spring.mail.properties.mail.smtp.starttls.required=true
spring.mail.properties.mail.smtp.socketFactory.class=
                    javax.net.ssl.SSLSocketFactory
```

以上代码中的 spring.mail.password 属性并不是邮箱的登录口令，而是访问 SMTP 服务器的口令。如果不需要发送告警邮件，则不用配置邮件信息。

15.1.3　运行和访问 XXL–JOB 调度中心

运行 xxl-job-admin 模块的 XxlJobAdminApplication 类，就启动了 XXL–JOB 调度中心，默认的监听端口为 8080。通过浏览器访问 http://localhost:8080/xxl-job-admin/，在登录窗口中输入用户名 admin，口令 123456，就会登录到调度中心的管理页面，如图 15.3 所示。用户名和口令是在 xxl_job_user 系统用户表中设置的。

图 15.3　XXL–JOB 调度中心的管理页面

15.1.4　配置 XXL-JOB 执行器

　　xxl-job-executor-sample-springboot 模块是 XXL-JOB 执行器的范例，执行器依赖 xxl-job-core 模块。因此，在 pom.xml 文件中需要加入 xxl-job-core 模块的依赖。

```
<dependency>
  <groupId>com.xuxueli</groupId>
  <artifactId>xxl-job-core</artifactId>
  <version>${project.parent.version}</version>
</dependency>
```

　　xxl-job-executor-sample-springboot 模块的 application.properties 配置文件用于配置 XXL-JOB 执行器。主要配置代码如下：

```
server.port=8081
# 配置日志文件
logging.config=classpath:logback.xml
# 配置调度中心的地址，多个地址以英文逗号隔开
xxl.job.admin.addresses=http://127.0.0.1:8080/xxl-job-admin
# 执行器与调度中心通信的 token，两边需要设置相同的 token
xxl.job.accessToken=default_token
# 执行器的应用名字
xxl.job.executor.appname=xxl-job-executor-sample
# 执行器的默认注册地址
xxl.job.executor.address=
# 执行器的 IP 地址
xxl.job.executor.ip=
# 执行器与调度中心通信的端口
xxl.job.executor.port=9999
# 执行器的日志路径
xxl.job.executor.logpath=/data/applogs/xxl-job/jobhandler
# 执行器的日志保留天数
xxl.job.executor.logretentiondays=30
```

　　以上代码中的 xxl.job.executor.address 属性指定执行器在调度中心的默认注册地址，如果该属性为空，就会使用 xxl.job.executor.ip 和 xxl.job.executor.port 属性。当 xxl.job.executor.ip 属性为空时，执行器会自动获取 IP 地址。如果服务器中有多个网卡，则自动获取的 IP 地址有可能不正确，此时应该显式设置 xxl.job.executor.ip 属性。

　　xxl-job-executor-sample-springboot 模块的 XxlJobConfig 类会根据 application.properties 配置文件的配置信息对执行器进行初始化，参见例程 15.1。

例程 15.1　XxlJobConfig.java

```java
@Configuration
public class XxlJobConfig {
  private Logger logger =
      LoggerFactory.getLogger(XxlJobConfig.class);

  @Value("${xxl.job.admin.addresses}")
  private String adminAddresses;              // 调度中心的地址

  // 执行器与调度中心通信的 token
  @Value("${xxl.job.accessToken}")
  private String accessToken;

  @Value("${xxl.job.executor.appname}")
  private String appname;                     // 执行器的名字

  @Value("${xxl.job.executor.address}")
  private String address;                     // 执行器的地址

  @Value("${xxl.job.executor.ip}")
  private String ip;                          // 执行器的 IP 地址

  @Value("${xxl.job.executor.port}")
  private int port;                           // 执行器的端口

  @Value("${xxl.job.executor.logpath}")
  private String logPath;                     // 日志保存路径

  @Value("${xxl.job.executor.logretentiondays}")
  private int logRetentionDays;               // 日志保留天数


  @Bean
  // 初始化执行器
  public XxlJobSpringExecutor xxlJobExecutor() {
    logger.info(">>>>>>>>>>> xxl-job config init.");
    XxlJobSpringExecutor xxlJobSpringExecutor =
        - new XxlJobSpringExecutor();
    xxlJobSpringExecutor
        .setAdminAddresses(adminAddresses);
```

```
    xxlJobSpringExecutor.setAppname(appname);
    xxlJobSpringExecutor.setAddress(address);
    xxlJobSpringExecutor.setIp(ip);
    xxlJobSpringExecutor.setPort(port);
    xxlJobSpringExecutor.setAccessToken(accessToken);
    xxlJobSpringExecutor.setLogPath(logPath);
    xxlJobSpringExecutor
        .setLogRetentionDays(logRetentionDays);

    return xxlJobSpringExecutor;
    }
}
```

15.1.5 运行 XXL-JOB 执行器

运行 xxl-job-executor-sample-springboot 模块的 XxlJobExecutorApplication 类，就会启动 XXL-JOB 执行器。该执行器会注册到调度中心。

在调度中心的管理页面中选择菜单"执行器管理"，新注册一个执行器，如图 15.4 所示。

图 15.4   在调度中心注册的执行器

扫一扫，看视频

15.2   创建和执行 GLUE 模式的任务

任务的具体操作是由一段程序代码来指定的。XXL-JOB 可以通过以下模式创建任务。

- GLUE 模式：在调度中心的 GLUE IDE 界面中创建 GLUE 模式的任务（简称 GLUE 任务），任务代码由调度中心托管。GLUE 模式支持的语言包括 Java、Python、PHP、Node.js 等。这种模式非常轻量，便于在线维护，但是编写复杂的业务逻辑比较麻烦。
- BEAN 模式：在执行器的模块中，用@XxlJob 注解定义任务代码，参见 15.3 节。这种模式可以编写任意的复杂业务逻辑。

创建和执行 GLUE 任务的步骤如下：

（1）在调度中心的管理页面选择菜单"任务管理"→"新增"，新增一个 GLUE 任务，如图 15.5 所示。

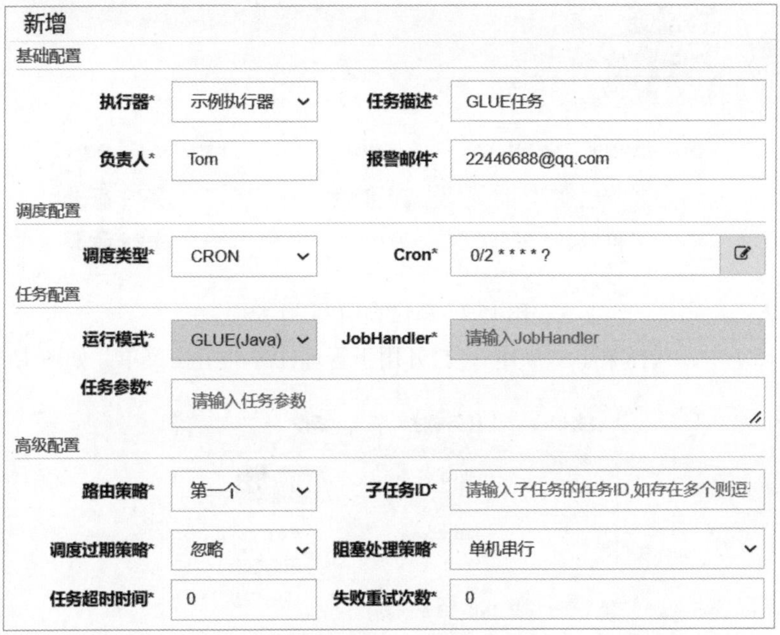

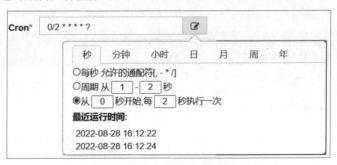

图 15.5　新增一个 GLUE 任务

在图 15.5 中，将 "运行模式" 设为 GLUE（Java），"调度类型" 设为 CRON，表示通过 CRON 表达式来设置定时的时间。CRON 表达式的格式如下：

〔秒数〕　〔分钟〕　〔小时〕　〔日期〕　〔月份〕　〔星期〕　〔年份（可为空）〕

例如，表达式 "0 0 12 ? * WED" 表示每星期三的 12:00 执行一次定时任务。

在图 15.5 中，CRON 表达式 "0/2 * * * * ?" 表示每 2s 执行一次定时任务。在图 15.5 中，单击 CRON 表达式右边的编辑图标 ✐ ，就可以直观地编辑 CRON 表达式，如图 15.6 所示。

图 15.6　直观地编辑 CRON 表达式

（2）GLUE 任务创建完成后，在 XXL-JOB 的管理页面中选择菜单 "任务管理"，显示新建的 GLUE 任务的任务 ID 为 2，如图 15.7 所示。

任务管理
执行器
示例执行器
全部
请输入任务描述
每页 10 条记录
任务ID 任务描述 调度类型 运行模式 负责人 状态 操作
2 GLUE任务 CRON：0/2 * 0/1 * * ? GLUE(Java) Tom STOP 操作
1 测试任务1 CRON：0 0 0 * * ? * BEAN：demoJobHandler XXL STOP 操作

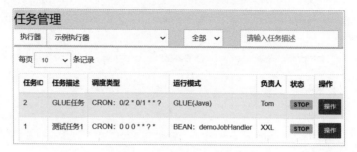

图 15.7　新建的 GLUE 任务

（3）在图 15.7 中，选择菜单“操作”，打开用于管理任务的下拉菜单，如图 15.8 所示。

任务ID 任务描述 操作
2 GLUE任务 操作
1 测试任务1
第 1 页（总共 1 页，2 条记录）
执行一次
查询日志
注册节点
下次执行时间
GLUE IDE
启动
编辑
删除
复制

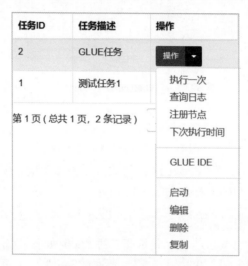

图 15.8　管理任务的下拉菜单

在图 15.8 中选择菜单 GLUE IDE，打开编辑 GLUE 任务的窗口，如图 15.9 所示。

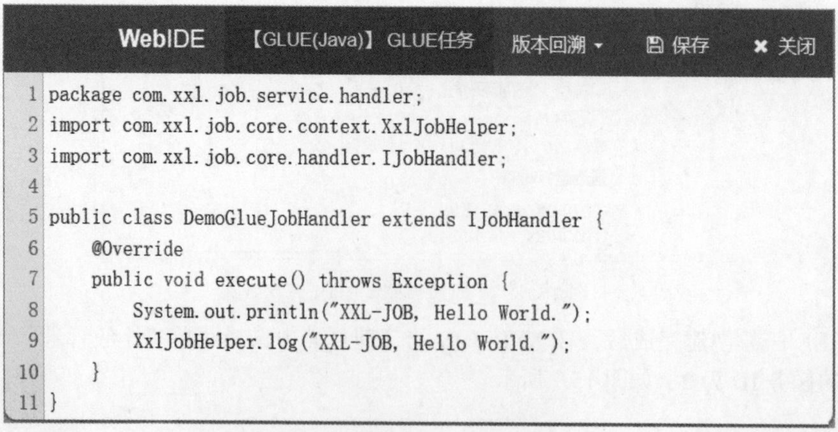
WebIDE
【GLUE(Java)】 GLUE任务
版本回溯
保存
关闭
package com.xxl.job.service.handler;
import com.xxl.job.core.context.XxlJobHelper;
import com.xxl.job.core.handler.IJobHandler;
public class DemoGlueJobHandler extends IJobHandler {
@Override
public void execute() throws Exception {
System.out.println("XXL-JOB, Hello World.");
XxlJobHelper.log("XXL-JOB, Hello World.");
}
}

图 15.9　编辑 GLUE 任务的窗口

在图 15.9 中，DemoGlueJobHandler 类的 execute() 方法指定 GLUE 任务包含的具体操作如下：在控制台和日志文件中分别输出字符串 "XXL-JOB,Hello World."。

（4）GLUE 任务编辑完成后，在图 15.8 所示的下拉菜单中选择菜单 "启动"，就会启动该任务。

（5）在图 15.8 所示的下拉菜单中选择菜单 "查询日志"，就会显示每次执行任务的日志清单，如图 15.10 所示。

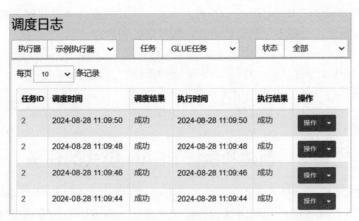

图 15.10　执行任务的日志清单

从图 15.10 中列出的执行时间可以看出，新建的 GLUE 任务每 2s 就执行一次。

（6）在图 15.10 中，针对一条日志，选择菜单 "操作" → "执行日志"，就会显示这条日志的详细信息，如图 15.11 所示。

图 15.11　GLUE 任务的一次执行日志

（7）观察 IDEA 中运行 xxl-job-executor-sample-springboot 模块的控制台，每隔 2s，就会输出字符串 "XXL-JOB,Hello World."，这是 DemoGlueJobHandler 类的 execute() 方法中 System.out.println() 语句的输出内容。由此可见，尽管 DemoGlueJobHandler 类的源代码由 XXL-JOB 调度中心托管，但是由 XXL-JOB 执行器负责执行。

（8）重新编辑图 15.9 中的 DemoGlueJobHandler 类，修改 System.out.println() 语句的输出内容，如输出字符串 "Hello Tom."，观察 IDEA 中运行 xxl-job-executor-sample-springboot 模块的控制台，会看到输出的字符串变为 "Hello Tom."。由此可见，GLUE 任务具有在线热部署的优点，源代码修改后，无须手动编译，只要不存在语法错误，就可以顺利执行。

（9）在图 15.8 所示的下拉菜单中选择菜单 "执行一次"，就会立即执行一次 GLUE 任务。由此可见，任务不仅可以定时执行，也可以由系统管理员操控立即执行。

如果执行器在执行任务的过程中出现异常，会向调度中心返回异常信息。调度中心收到异常信息后，会向系统管理员发送告警邮件。

扫一扫，看视频

15.3　创建和执行 BEAN 模式的任务

BEAN 模式的任务是由 xxl-job-executor-sample-springboot 执行器模块中的 Bean 实例实现的。任务的源代码由执行器模块来维护。调度中心负责调度任务，执行器负责执行任务。创建和执行 BEAN 模式的任务的步骤如下：

（1）在执行器模块的 SampleXxlJob 类中定义一个 demoJobHandler() 方法，它用 @XxlJob("demoJobHandler") 注解标识，表明该方法定义了一个任务，参数 demoJobHandler 代表任务的名字。例程 15.2 是 SampleXxlJob 类的源代码。

例程 15.2　SampleXxlJob.java

```java
@Component
public class SampleXxlJob {
  private static Logger logger =
              LoggerFactory.getLogger(SampleXxlJob.class);

  @XxlJob("demoJobHandler")
  public void demoJobHandler() throws Exception {
    XxlJobHelper.log("XXL-JOB, Hello World.");

    for (int i = 0; i < 5; i++) {
      XxlJobHelper.log("beat at:" + i);
      TimeUnit.SECONDS.sleep(2);
    }
  }
}
```

（2）在调度中心的管理页面中，参照 15.2 节的步骤（1）再新增一个任务，其中"运行模式"设为 BEAN，JobHandler 设为 demoJobHandler，如图 15.12 所示。

图 15.12　新增一个 BEAN 模式的任务

（3）参照 15.2 节的步骤（4）启动该任务，使它进入运行状态，如图 15.13 所示。

图 15.13　进入运行状态的 BEAN 模式的任务

（4）该任务也是每 2s 执行一次，图 15.14 是它的一次执行日志。

图 15.14　BEAN 模式的任务的一次执行日志

15.3.1　任务的初始化和销毁

一个任务的生命周期包括以下三个阶段。

（1）初始化：当用户在调度中心的管理页面中启动任务时，任务就会进入初始化阶段。

（2）运行：当调度中心指派执行器定时执行任务时，任务就会进入运行阶段。

（3）销毁：当用户在调度中心的管理页面中停止任务时，任务就会进入销毁阶段。

在任务的初始化和销毁阶段，也可以自定义一些与特定业务相关的操作。例如，在执行器模块的 SampleXxlJob 类中增加以下方法。

```
@XxlJob(value = "demoJobHandler2",
        init = "init", destroy = "destroy")
```

```
public void demoJobHandler2() throws Exception {
  XxlJobHelper.log("XXL-JOB, Hello World.");
}


public void init(){                // 在任务的初始化阶段执行
  logger.info("init");
}


public void destroy(){             // 在任务的销毁阶段执行
  logger.info("destroy");
}
```

以上代码中,@XxlJob(value = "demoJobHandler2", init = "init", destroy = "destroy") 注解的 init 属性和 destroy 属性分别指定了任务在初始化阶段和销毁阶段所执行的方法。

15.3.2　带参数的任务

任务也可以带有参数。在执行器模块的 SampleXxlJob 类中增加以下 httpJobHandler() 方法,它通过 XxlJobHelper.getJobParam() 方法来读取参数。

```
@XxlJob("httpJobHandler")
public void httpJobHandler() throws Exception {
  // 读取任务的参数
  String param = XxlJobHelper.getJobParam();
  if (param==null || param.trim().length()==0) {
    XxlJobHelper.log("param["+ param +"] invalid.");

    XxlJobHelper.handleFail();
    return;
  }

  String[] httpParams = param.split("\n");
  String url = null;
  String method = null;
  String data = null;
  for (String httpParam: httpParams) {
    if (httpParam.startsWith("url:")) {
      url = httpParam.substring(
                    httpParam.indexOf("url:") + 4).trim();
    }
    if (httpParam.startsWith("method:")) {
      method = httpParam.substring(
```

```
                            httpParam.indexOf("method:") + 7)
                        .trim().toUpperCase();
        }
        if (httpParam.startsWith("data:")) {
            data = httpParam
                .substring(httpParam.indexOf("data:") + 5).trim();
        }
    }

    // 检查参数是否合法
    if (url==null || url.trim().length()==0) {
        XxlJobHelper.log("url["+ url +"] invalid.");

        XxlJobHelper.handleFail();
        return;
    }
    if (method==null ||
        !Arrays.asList("GET", "POST").contains(method)) {

        XxlJobHelper.log("method["+ method +"] invalid.");

        XxlJobHelper.handleFail();
        return;
    }
    boolean isPostMethod = method.equals("POST");

    // 访问参数指定的 URL
    HttpURLConnection connection = null;
    BufferedReader bufferedReader = null;
    try {
        URL realUrl = new URL(url);
        connection = (HttpURLConnection) realUrl.openConnection();

        // 设置连接属性
        connection.setRequestMethod(method);
        connection.setDoOutput(isPostMethod);
        connection.setDoInput(true);
        connection.setUseCaches(false);
        connection.setReadTimeout(5 * 1000);
```

```java
connection.setConnectTimeout(3 * 1000);
connection.setRequestProperty("connection", "Keep-Alive");
connection.setRequestProperty("Content-Type",
        "application/json;charset=UTF-8");
connection.setRequestProperty("Accept-Charset",
        "application/json;charset=UTF-8");

// 建立连接
connection.connect();

// 发送数据
if (isPostMethod && data!=null
                    && data.trim().length()>0) {
  DataOutputStream dataOutputStream =
        new DataOutputStream(connection.getOutputStream());
  dataOutputStream.write(data.getBytes("UTF-8"));
  dataOutputStream.flush();
  dataOutputStream.close();
}

// 读取响应结果的状态代码
int statusCode = connection.getResponseCode();
if (statusCode != 200) {
  throw new RuntimeException(
      "Http Request StatusCode(" + statusCode + ") Invalid.");
}

// 读取响应结果
bufferedReader = new BufferedReader(
        new InputStreamReader(
          connection.getInputStream(), "UTF-8"));
StringBuilder result = new StringBuilder();
String line;
while ((line = bufferedReader.readLine()) != null) {
  result.append(line);
}
String responseMsg = result.toString();

// 把响应结果写到日志中
```

```
      XxlJobHelper.log(responseMsg);

      return;
    } catch (Exception e) {
      XxlJobHelper.log(e);
      XxlJobHelper.handleFail();
      return;
    } finally {
      try {
        if (bufferedReader != null) {
          bufferedReader.close();
        }
        if (connection != null) {
          connection.disconnect();
        }
      } catch (Exception e2) {
        XxlJobHelper.log(e2);
      }
    }
  }
```

以上代码中的 httpJobHandler() 方法会访问参数指定的 URL,把响应结果写到日志中。

在调度中心的管理页面中,参照 15.2 节的步骤(1)再新增一个任务,其中"运行模式"设为 BEAN,JobHandler 设为 httpJobHandler,如图 15.15 所示。

图 15.15　新增一个 BEAN 模式的任务

图 15.15 中的任务参数指定了一个 URL,SampleXxlJob 类的 httpJobHandler() 方法会先读取该参数,再访问该参数指定的 URL。

参照 15.2 节中的步骤(4)启动该任务,使它进入运行状态,该任务也是每 2s 执行一次,图 15.16 是它的一次执行日志。

图 15.16　httpJobHandler 任务的一次执行日志

单击图 15.16 中的"登录"链接，就会跳转到百度的登录网页。

扫一扫，看视频

15.4 执行器集群和分片执行任务

阿云："如果任务繁重，又要频繁地执行，会让单个执行器不堪重负。执行器也可以建立集群吗？"

答主："可以的。调度中心会调度集群中的各个执行器节点分摊执行任务。"

XXL-JOB 把执行器集群中的每个节点看作一个分片。在图 15.17 中，执行器集群中有两个节点，它们的分片序号分别为 0 和 1。调度中心会让这两个分片分摊执行任务。

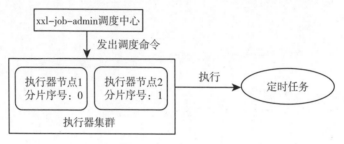

图 15.17 分片执行任务

搭建执行器集群及分片执行任务的步骤如下：

（1）在执行器模块的 SampleXxlJob 类中增加以下 shardingJobHandler() 方法，它通过 XxlJob-Helper.getShardIndex() 方法得到当前执行该方法的执行器节点的分片序号，通过 XxlJobHelper.getShardTotal() 方法得到分片总数。

```java
@XxlJob("shardingJobHandler")
public void shardingJobHandler() throws Exception {
    // 获取当前分片的序号
    int shardIndex = XxlJobHelper.getShardIndex();
    // 获取分片总数
    int shardTotal = XxlJobHelper.getShardTotal();

    XxlJobHelper.log("分片参数：当前分片序号 = {},
            总分片数 = {}", shardIndex, shardTotal);


    // 执行业务逻辑
    for (int i = 0; i < shardTotal; i++) {
      if (i == shardIndex) {
        XxlJobHelper.log("第 {} 片，命中分片开始处理 ", i);
      } else {
        XxlJobHelper.log("第 {} 片，忽略 ", i);
      }
```

```
    }
  }
```

（2）在 IDEA 中再为 XxlJobExecutorApplication 类创建一个启动配置，把 sever.port 和 xxl.job. executor.port 属性分别设为 8082 和 9998，如图 15.18 所示。

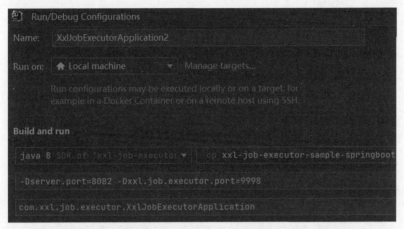

图 15.18　新建一个 XxlJobExecutorApplication 类的启动配置

（3）分别按照 XxlJobExecutorApplication 类的默认启动配置及步骤（2）中新建的启动配置运行该类。这样就启动了两个执行器节点，它们监听不同的端口。

（4）在调度中心的管理页面中选择菜单"执行器管理"，会显示注册了两个执行器节点，如图 15.19 所示。

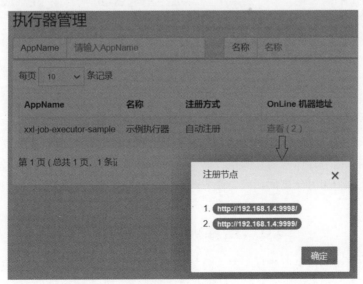

图 15.19　在调度中心显示注册了两个执行器节点

（5）在调度中心的管理页面中新建一个分片执行的任务，把 JobHandler 项设为步骤（1）中创建的 shardingJobHandler，"路由策略"设为"分片广播"，如图 15.20 所示。

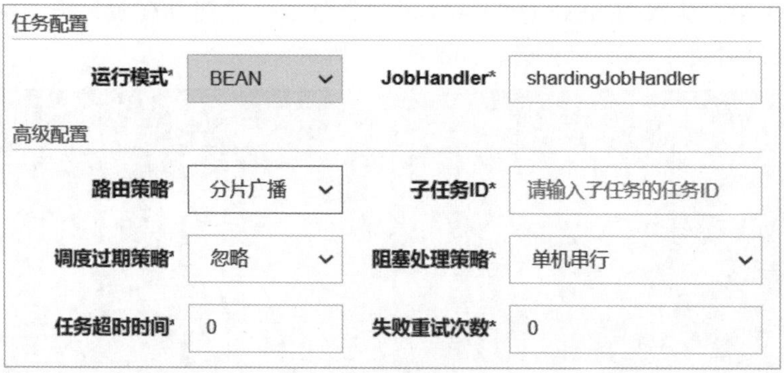

图 15.20　新建一个分片执行的任务

（6）参照 15.2 节中的步骤（4）启动该任务，使它进入运行状态，该任务也是每 2s 执行一次，图 15.21 是它的一次执行日志。

图 15.21　BEAN 模式的分片任务的一次执行日志

图 15.21 表明，由分片序号为 0 的执行器节点执行本次任务。如果查看该任务的其他执行日志，会看到分片序号在 0 和 1 之间切换，说明调度中心会调度两个执行器节点分摊执行任务。

15.5　搭建调度中心的集群

扫一扫，看视频

调度中心也可以建立集群。只要复制调度中心的模块，每个模块就表示一个调度中心节点。每个模块的配置文件需要做一些修改，保证每个调度中心节点的地址不同，但连接的数据库相同，并且服务的时钟保持一致。图 15.22 展示了调度中心集群的架构。

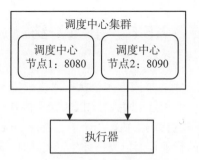

图 15.22 调度中心集群的架构

在执行器模块的配置文件中,需要指定所有调度中心节点的地址。

```
xxl.job.admin.addresses=
    http://127.0.0.1:8080/xxl-job-admin,
    http://127.0.0.1:8090/xxl-job-admin
```

还可以使用 Nginx 为调度中心节点提供统一的代理,在 Nginx 的 conf/nginx.conf 配置文件中,需要设置代理的调度中心节点的地址,以及代理转发的 URL。

```
# 所代理的调度中心节点的地址
upstream xxljob{
  server 127.0.0.1:8080;
  server 127.0.0.1:8090;
}

server {
  listen 8000;
  server_name  localhost;


  # 指定代理转发 URL
  location / {
    proxy_pass http://xxljob;
  }
  ...
}
```

在执行器模块的配置文件中,只需指定 Nginx 的地址。

```
xxl.job.admin.addresses=
    http://127.0.0.1:8000/xxl-job-admin
```

15.6 小　结

　　XXL-JOB 是一个分布式的、轻量级的任务调度框架,具有开发迅速、学习简单、轻量级、易扩展的优点。XXL-JOB 通过调度中心来调度多个执行器执行任务,利用 MySQL 等数据库来存放调度信息。任务包括 GLUE 模式和 BEAN 模式,GLUE 模式的任务的代码由调度中心托管,支持多种开发语言;BEAN 模式的任务的代码由执行器维护,支持 Java 语言。

　　XXL-JOB 提供了操作方便的管理页面,当任务执行失败时,还会发送告警邮件。为了分担执行器的运行负荷,可以建立执行器的集群,分片执行任务。为了保证调度中心的高可用性,也可以建立调度中心的集群。

　　至此,整个 Spring Cloud Alibaba 框架中的各种组件都一一亮相,展示了它们的功能、运行原理和用法。不妨把整个微服务系统比作一个城池,做一个整体的归纳。

- GateWay 就像守门员坚守城池的大门,进行必要的安检,掌控进入城池的人流。
- 各种微服务就像城池内的批发市场、零售商店、理发店、餐饮店等,热情地为消费者提供服务。
- Nacos 注册中心就像 114 查询系统,各种门店都在 114 查询系统中做了登记,消费者只要查询 114 查询系统,就能获悉各门店的具体地址。
- 各种门店之间也会互相通信,如零售商店会从批发市场进货。OpenFeign 和 Dubbo 就像快递员,把消费者的请求发送给提供者,再把提供者的响应发送给消费者。
- 道路上各种货物川流不息,Sentinel 就像交通警察,负责管理流量,解决道路拥堵。
- 各种门店之间不仅需要同步通信,也需要异步通信,Stream 和 RocketMQ 就像支持异步收发货物的物流系统。生产者发送的货物存放在货物队列中,消费者从货物队列中提取货物。
- SkyWalking 就像道路上的监控系统,通过在每个交通要道设置摄像头,监控整个道路的交通状况,及时发现故障。
- 数据库就像城池里的仓库,如果货物量很庞大,可以将其分开存放到多个仓库的仓位中。ShardingSphere 就像虚拟仓库,封装了分库的细节,为访问仓库的客户提供业务逻辑统一的虚拟视图。
- 当多个服务存取仓库中同样的货物时,为了保证事务的 ACID 特性,引入了 Seata 协调员,统一管理分布式事务。
- 仓库都位于城池的偏远郊区,客户向仓库存取货物比较耗时。Redis 就像位于寸土寸金的城池中心的小型货柜,客户频繁地存取货物很便捷,但是它的容量比郊区的仓库小很多。
- 城池里还有一些定时任务,如定时清理垃圾、维护绿化、统计人口等,XXL-JOB 就像调度部门,会指挥相关执行部门定时执行任务。

质检06